工程量清单计价造价员培训教程

装饰装修工程

本书编委会 编

中国建筑工业出版社

图书在版编目（CIP）数据

装饰装修工程/本书编委会编．—北京：中国建筑工业出版社，2004

工程量清单计价造价员培训教程

ISBN 978-7-112-06715-2

Ⅰ．装… Ⅱ．本… Ⅲ．建筑装饰-工程造价-技术培训-教材 Ⅳ．TU723.3

中国版本图书馆 CIP 数据核字（2004）第 073439 号

工程量清单计价造价员培训教程
装 饰 装 修 工 程
本书编委会　编

*

中国建筑工业出版社出版、发行（北京西郊百万庄）
新 华 书 店 经 销
北京建筑工业印刷厂印刷

*

开本：787×1092 毫米　1/16　印张：17¾　字数：430 千字
2004 年 9 月第一版　2007 年 5 月第二次印刷
印数：4001—5200 册　定价：25.00 元
ISBN 978-7-112-06715-2
（12669）

版权所有　翻印必究
如有印装质量问题，可寄本社退换
（邮政编码 100037）

本社网址：http://www.cabp.com.cn
网上书店：http://www.china-building.com.cn

本书为《工程量清单计价造价员培训教程》之一。本书将建设部新颁《建设工程工程量清单计价规范》与《全国统一装饰工程基础定额》有机地结合起来，以便帮助读者更好地掌握新规范，巩固旧知识。

本教程是技术性、实践性和政策性较强的课程用书。在编写时力求深入浅出、通俗易懂，加强其实用性，在阐述基础知识、基本原理的基础上，以应用为重点，做到理论联系实际，列举了大量的实例，突出了定额的应用、概（预）算编制及清单的使用等重点内容。

本书适合高等专科学校、高等职业技术学校和中等专业技术学校装饰工程专业、土建经济类专业教学用书，也可供装饰工程技术人员及从事有关经济管理的工作人员参考。

* * *

责任编辑：时咏梅　封　毅
责任设计：崔兰萍
责任校对：李志瑛　刘玉英

编委会

主　　编　胡　丹　李　飞

参编人员　胡　锐　　田　艳　　黄俊芳　　周　龙
　　　　　　周红莲　　文　冲　　刘志文　　付路平
　　　　　　张惠艳　　韩二静　　李雪梅　　张　莉
　　　　　　颜红宇　　吴倩怡　　田　丹　　赵炳昌
　　　　　　王　登　　徐　爽　　熊　敏　　袁善宏
　　　　　　毛　雄　　查　丽　　李巧云　　张志周
　　　　　　付安喜　　何心怡　　谢雨欣　　彭　玄
　　　　　　王　平　　杨雄武　　刘建荣

前　言

目前，高职高专教育中土建类及其相关专业已成为主要专业之一，专业学习人数不断扩大，教学要求越来越高，加之新规范的颁布，新制度的改革，以往出版的教材难以满足教学的需要。为了促进高职高专教学改革，加强新规范的应用，我们特组织编写此书。

本书将建设部新颁《建设工程工程量清单计价规范》和《全国统一装饰工程基础定额》有机地结合起来。内容包括：楼地面工程，墙柱面工程，顶棚工程，门窗工程，油漆、涂料工程，脚手架、垂直运输工程等。

本教程与同类书相比，具有以下特点：

(1) 内容更新，即新规范的使用；

(2) 针对性、实用性强，重点突出，注重整体的逻辑性、连贯性；

(3) 内容全面，吸收了我国近10年来教学改革的阶段性成果，并以我国现行建筑行业的最新政策、法规为依据。

由于时间的限制和作者水平有限，本书在编写上还存在某些欠缺，望广大读者给出批评指正，以便修订时完善。

目 录

第一章 装饰工程制图及识图 ………………………………………………… 1
第一节 装饰工程制图 …………………………………………………… 1
第二节 装饰工程识图 …………………………………………………… 23

第二章 装饰装修工程量清单计价的编制 …………………………………… 25
第一节 概述 ……………………………………………………………… 25
第二节 楼地面工程 ……………………………………………………… 41
第三节 墙、柱面工程 …………………………………………………… 75
第四节 顶棚工程 ………………………………………………………… 113
第五节 门、窗工程 ……………………………………………………… 146
第六节 油漆、涂料工程 ………………………………………………… 168
第七节 其他工程 ………………………………………………………… 194
第八节 措施项目 ………………………………………………………… 215

第三章 装饰装修工程量清单计价实例 ……………………………………… 234
第一节 工程量清单设置与计价举例 …………………………………… 234
第二节 某区小别墅室内装饰工程量清单报价示例 …………………… 255

第一章 装饰工程制图及识图

第一节 装饰工程制图

一、投影原理

(一) 投影的概念

在光线的照射下,人和物在地面或墙面上产生影子的现象,早已为人们所熟知。人们经过长期的实践,将这些现象加以抽象,分析研究和科学总结,从中找出影子和物体之间的关系,用以指导工程实践。这种用光线照射形体,在预先设置的平面上投影产生影像的方法,称之为投影法。光源称为投影中心,从光源射出的光线称为投影线;预设的平面称为投影面;形体在预设的平面上的影像,称为形体在投影面上的投影。投影中心、投射线、空间形体、投影面以及它们所在的空间称为投影体系,如图1-1-1所示。

(二) 投影的分类和工程图的种类

根据投影中心与投影面之间距离的不同,投影法分为中心投影法和平行投影法两大类,如图1-1-2所示。

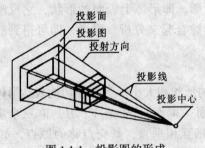

图 1-1-1 投影图的形成

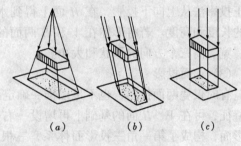

图 1-1-2 投影法
(a) 中心投影; (b) 斜投影; (c) 正投影

1. 中心投影法

当投影中心距离投影面有限远时,所有的投射线都经过投影中心(即光源),这种投影法称为中心投影法,所得投影称为中心投影。中心投影常用于绘制透视图,在表达室外或室内装饰效果时常用这种图样来表示。如图1-1-2 (a) 所示。

2. 平行投影法

当投影中心距离投影面为无限远时,所有的投射线都相互平行,这种投影法称为平行投影法,所得投影称为平行投影。根据投射线与投影面的关系,平行投影又分为正投影和斜投影两种。斜投影主要用来绘制轴测图,这种图样具有立体感(图1-1-2b);正投影(也称直角投影,图1-1-2c)在工程上应用最广,主要用来绘制各种工程图样;其中标高投影图是一种单面正投影图,用来表达地面的形状。假想用间隔相等的水平面截割地形面，其交线即为等高线，将不同高程的等高线投影在水平的投影面上，并标出各等高线的高程数字，即得标高投影图。

（三）正投影及正投影规律

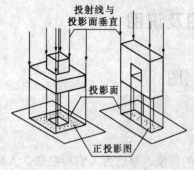

图 1-1-3　正投影图

《房产建筑制图统一标准》图样画法中规定了投影法：房屋建筑的视图，应按正投影法并用第一角画法绘制。建筑制图中的视图就是画法几何中的投影图。它相当于人们站在离投影面无限远处，正对投影面观看形体的结果。也就是说在投影体系中，把光源换成人的眼睛，把光线换成视线，直接用眼睛观看的形体形状与在投影面上投影的结果相同。

采用正投影法进行投影所得的图样，称为正投影图，如图 1-1-3 所示。正投影图的形成及其投影规律如下：

1. 三面正投影图的形成

（1）单面投影

台阶在 H 面的投影（H 投影）仅反映台阶的长度和宽度，不能反映台阶的高度。我们还可以想像出不同于台阶的其他形体的投影，它们的 H 投影都与台阶的 H 投影相同。因此，单面投影不足以确定形体的空间形状和大小。

（2）两面投影

在空间建立两个相垂直的投影面，即正立投影面和水平投影面，其交线称为投影轴。将三棱体（两坡屋顶模型）放置于 H 面之上，V 面之前，使该形体的底面平行于 H 面，按正投影法从上向下投影，在 H 面上得到水平投影，即形体上表面的形状，它反映出形体的长度和高度。若将形体在 V 和 H 两面的投影综合起来分析、思考，即可得到三棱体长、宽、高三个方向的形状和大小。

（3）正面投影

有时仅凭两面投影，也不足以惟一确定形体的形状和大小。为了确切地表达形体的形状特征，可在 V、H 面的基础上再增设一右侧立面（W 面），于是 V、H、W 三个垂直的投影面，构成了第一角三投影面体系，三根坐标轴互相垂直，其交点称为原点，如图 1-1-4 和图 1-1-5 所示。

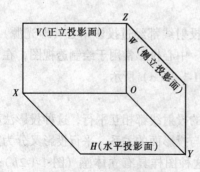

图 1-1-4　三投影面的建立

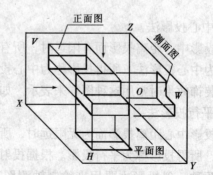

图 1-1-5　投影图的形成

2. 三面正投影规律及尺寸关系

每个投影图（即视图）表示形体一个方向的形状和两个方向的尺寸。V 投影图（即主视图）表示从形体前方向后看的形状和长与高方向的尺寸；H 投影图（即俯视图）表示从形体上方向下俯视的形状和长与宽方向的尺寸；W 投影图（即左视图）表示从形体左方向右看的形状和宽与高方向的尺寸。因此，V、H 投影反映形体的长度，这两个投影左右对齐，这种关系称为"长对正"；V、W 投影反映形体的高度，这两个投影上下对齐，这种关系称为"高平齐"；H、W 投影反映形体的宽度，这种关系称为"宽相等"。"长对正、高平齐、宽相等"是正投影图重要的对应关系及投影规律，如图 1-1-6 所示。

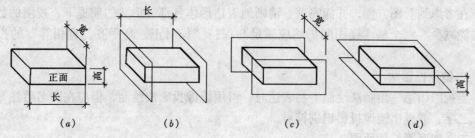

图 1-1-6 形体的长、宽、高

3. 三面正投影图与形体的方位关系

在投影图上能反映出形体的投影方向及位置关系，V 投影反映形体的上下和左右关系，H 投影反映形体的左右和前后关系，W 投影反映形体的上下和前后关系。

（四）建筑形体的基本视图和镜像投影法

1. 基本视图

在原有三面投影体系 V、H、W 的基础上，再增加三个新的投影面 V_1、H_1、W_1，可得到六面投影体系，形体在此体系中向各投影面作正投影时，所得到的 6 个投影图即称为 6 个基本视图。投影后，规定正面不动，把其他投影面展开到与正面成同一平面（图纸），如图 1-1-7 所示。展开以后，6 个基本视图的排列关系如在同一张图纸内则不用标注视图的名称。按其投影方向，六个基本视图的名称分别规定为：主视图、俯视图、左视图、右视图、仰视图、后视图。

在建筑制图中，对视图图名也作出了规定：由前向后观看形体在 V 面上得到的图形，

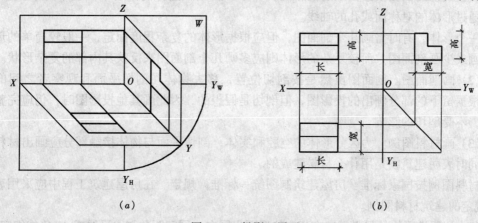

图 1-1-7 投影面展开
(a) 展开；(b) 投影图

3

称为正立面图；由上向下观看形体在 H 面上得到的图形，称为平面图；由左向右观看形体在 W 面上得到的图形，称为左侧立面图；由下向上观看形体在 H_1 面上得到的图形，称为底面图；由后向前观看形体在 V_1 面上得到的图形，称为背立面图；由右向左观看形体在 W_1 面上得到的图形，称为右侧立面图。这6个基本视图如在同一张图纸上绘制时，各视图的位置宜按顺序进行配置，并且每个视图一般均应标注图名。图名宜标注在视图下方或一侧，并在图名下用粗实线绘一条横线，其长度应以图名所占长度为准。

制图标准中规定了6个基本视图，不等于任何形体都要用6个基本视图来表达；相反，在考虑到看图方便，并能完整、清晰地表达形体各部分形状的前提下，视图的数量应尽可能减少。六个基本视图间仍然应满足与保持"长对正、高平齐、宽相等"的投影规律。

2. 镜像投影法

当视图用第一角画法绘制不易表达时，可用镜像投影法绘制，但应在图名后注写"镜像"二字，或画出镜像投影识别符号。

二、剖面图、截面图

（一）剖面图

1. 剖面图的概念

在画形体投影图时，形体上不可见的轮廓线在投影图上需用虚线画出。这样，对于内部形状复杂的形体，例如一幢房屋，内部有各种房间、走廊、楼梯、门窗、基础等，如果用虚线来表示这些看不见的部分，必然形成图面虚实线交错，混淆不清，既不利于标注尺寸，也不容易进行读图。为了解决这个问题，可以假想地将形体剖开，让它的内部构造显露出来，使形体的不可见部分变为可见部分，从而可用实线表示其形状。

用一个假想的剖切平面将形体剖切开，移去观察者和剖切平面之间的部分，作出剩余部分的正投影，叫做剖面图。

2. 剖面图的画法

（1）确定剖切平面的位置和数量。画剖面图时，应选择适当的剖切平面位置，使剖切后画出的图形能确切、全面地反映所要表达部分的真实形状。当剖切平面平行于投影面时，其被剖切的面在投影面上的投影反映实形。所以，选择的剖切平面应平行于投影面，并且通过形体的对称面或孔的轴线。

一个形体，有时需画几个剖面图，但应根据形体的复杂程度而定，一般较简单的形体可不画或少画剖面图，而较复杂的形体则应多画几个剖面图来反映其内部的复杂形状。

（2）画剖面图。剖面图虽然是按剖切位置，移去物体在剖切平面和观察者之间的部分，根据留下的部分画出的投影图，但剖切是假想的，因此画其他投影图时，仍应完整地画出，不受剖切的影响。

（3）画材料图例。为区分形体的空腔和实体，剖切平面与物体接触部分应画出材料图例，同时表明建筑物是用什么材料建成的。

材料图例按国家标准《房屋建筑制图统一标准》规定。在房屋建筑工程中应采用表1-1-1规定的建筑材料图例。

如未注明该形体的材料，应在相应位置画出同向、同间距并与水平线成45°角的细实线，也叫剖面线。画剖面线时，同一形体在各个剖面图中剖面线的倾斜方向和间距要一致。

建筑材料图例　　　　　　　　　　表 1-1-1

序号	名称	图例	说明	序号	名称	图例	说明
1	自然土		包括各种自然土	14	多孔材料		包括水泥珍珠岩、沥青珍珠岩、泡沫混凝土、非承重加气混凝土、泡沫塑料、软木等
2	夯实土						
3	砂、灰土	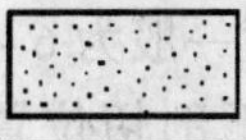	靠近轮廓线点较密的点	15	纤维材料		包括麻丝、玻璃棉、矿渣棉、木丝板、纤维板等
4	砂砾石、碎砂三合土			16	松散材料		包括木屑、石灰木屑、稻壳等
5	天然石材	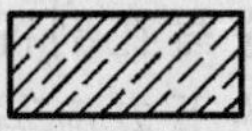	包括岩层、砌体、铺地、贴面等材料	17	木材		1. 上图为横断面、左上图为垫木、木砖、木龙骨；2. 下图为纵断面
6	毛石			18	胶合板		应注明×层胶合板
7	普通砖	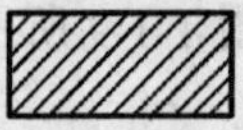	1. 包括砌体、砌块；2. 断面较窄，不易画出图例线、可涂红	19	石膏板		
8	耐火砖		包括耐酸砖等	20	金属		1. 包括各种金属；2. 图形小时可涂黑
9	空心砖		包括各种多孔砖	21	网状材料		1. 包括金属，塑料等网状材料；2. 注明材料
10	饰面砖		包括铺地砖、陶瓷地砖、陶瓷锦砖、人造大理石等	22	液体		注明名称
11	混凝土		1. 本图例仅适用于能承重的混凝土及钢筋混凝土；2. 包括各种标号、骨料、添加剂的混凝土；	23	玻璃		包括平板玻璃、磨砂玻璃、夹丝玻璃、钢化玻璃等
				24	橡胶		
12	钢筋混凝土		3. 在剖面图上画出钢筋时不画图例线；4. 如断面较窄，不易画出图例线，可涂黑	25	塑料		包括各种软、硬塑料、有机玻璃等
				26	防水卷材		构造层次多和比例较大时采用上面图例
13	焦渣、矿渣		包括与水泥、石灰等混合而成的材料	27	粉刷	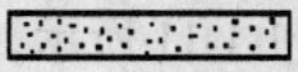	本图例点以较稀的点

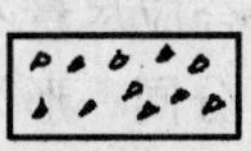

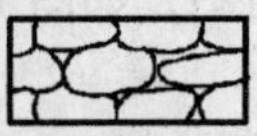

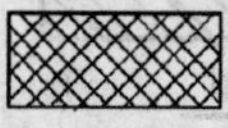

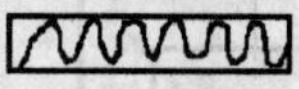

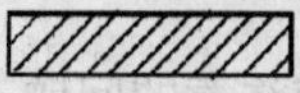

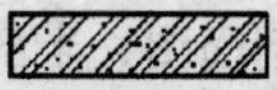

(4) 省略不必要的虚线。为了使图形更加清晰，剖视图中应省略不必要的虚线。

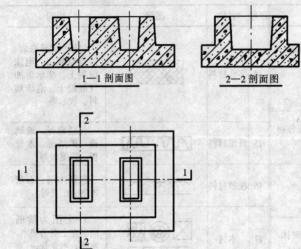

图 1-1-8 剖面图的标注

(5) 剖面图的标注。剖面图本身不能反映剖切平面的位置，在其他投影图上必须标注出剖切平面的位置及剖切形式。剖切位置及投影方向用剖切符号表示，剖切符号由剖切位置线及剖视方向线组成。这两种线均用粗实线绘制。剖切位置线的长度一般为 6~16mm。剖视方向线应垂直于剖切位置线，长度为 4~6mm，剖切符合应尽量不穿越图画上的图线。为了区分同一形体上的几个剖面图，在剖切符号上应用阿拉伯数字加以编号，数字应写在剖视方向线的一边。在剖面图的下方应写上相应的编号，如 X-X 剖面图，如图 1-1-8 所示。

3. 画剖面图应注意的问题

(1) 由于剖面图的剖切是假想的，所以除剖面图外，其他投影图仍应完整画出。

(2) 当剖切平面通过肋、支撑板时，该部分按不剖绘制。如图 1-1-9 所示。正投影图改画剖面图时，肋部按不剖画出。

(3) 剖切平面应避免与形体表面重合，不能避免时，重合表面按不剖画出，如图 1-1-10 所示。

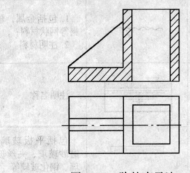

图 1-1-9 肋的表示法

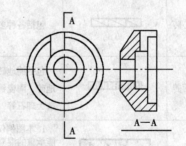

图 1-1-10 剖切平面通过形体表面

4. 剖面图的种类及应用

由于形体的形状不同，对形体作剖面图时所剖切的位置和作用方法也不同，通常所采用的剖面图有：全剖面图、半剖面图、阶梯剖面图、局部剖面图和展开剖面图五种。

(1) 全剖面图

不对称的建筑形体，或虽然对称但外形比较简单，或在另一个投影中已将它的外形表达清楚时，可假想用一个剖切平面将形体全部剖开，然后画出形体的剖面图，该剖面图称为全剖面图。如图 1-1-11 所示，该形体虽然对称，但比较简单，分别用正平面、侧平面和水平面剖切形体，得到 1-1 剖面图、2-2 剖面图和 3-3 剖面图。

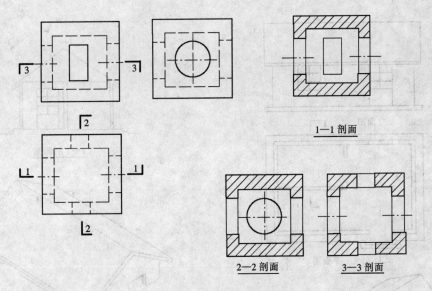

图 1-1-11 全剖面图

再如图 1-1-12 所示,作建筑物的水平剖面图,图中(b)为直观剖切图,图中(a)为水平剖面图,上方为立面图。

(2) 半剖面图

如果被剖切的形体是对称的,画图时常把投影图的一半画成剖面图,另一半画形体的外形图,这个组合而成的投影图叫半剖面图。这种画法可以节省投影图的数量,从一个投影图可以同时观察到立体的外形和内部构造。

如图 1-1-13 所示,为一个杯形基础的半剖面图。在正面投影和侧面投影中,都采用了半剖面图的画法,以表示基础的内部构造和外部形状。

在画半剖面图时,应注意以下几点:

1) 半剖面图的半外形投影图应以对称轴线作为分界线,即画成细点划线。
2) 半剖面图一般应画在水平对称轴线的下侧或垂直对称轴线的右侧。
3) 半剖面图一般不画剖切符号。

(3) 阶梯剖面图

如图 1-1-14 (a) 所示,形体具有两个孔洞,但这两个孔洞不在同一轴线上,如果仅作一个全剖面图,势必不能同时剖切两个孔洞。因此,可以考虑用两个相互平行的平面通过两个孔洞剖切,如图 1-1-14 (b),这样画出来的剖面图,叫做阶梯剖面图。其剖切位置线的转折处用两个端部垂直相交的粗实线画出。需注意,这样的剖切方法可以是两个或两个以上的平行平面剖切。其剖切平面转折后由于剖切而使形体产生的轮廓线不应在剖面图中画出,如图 1-1-14 (c)。再如图 1-1-12 作的 1-1 剖面图,为了将门和内屋窗户同时剖开,作出的 1-1 阶梯剖面图,解决了这个问题。

(4) 展开剖面图

有些形体,由于发生不规则的转折或圆柱体上的孔洞不在同一轴线上,采用以上三种剖切方法都不能解决,可以用两个或两个以上相交剖切平面将形体剖切开,所画出的剖面图,称为展开剖面图。如图 1-1-15 所示为一个楼梯的展开剖面图。由于楼梯的两个梯段互相之间在水平投影图上成一定夹角,如用一个或两个平行的剖切平面都无法将楼梯表示清

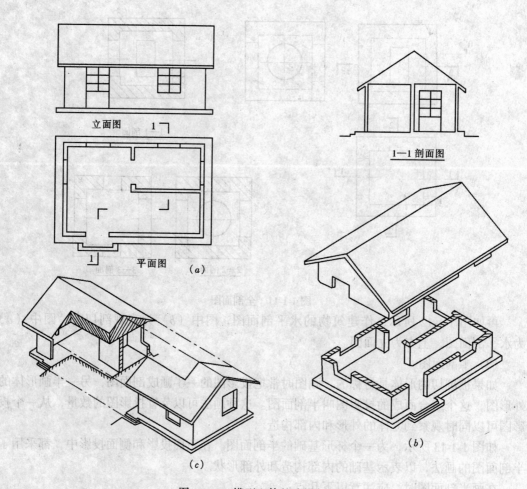

图 1-1-12 模型立体的阶梯剖面图

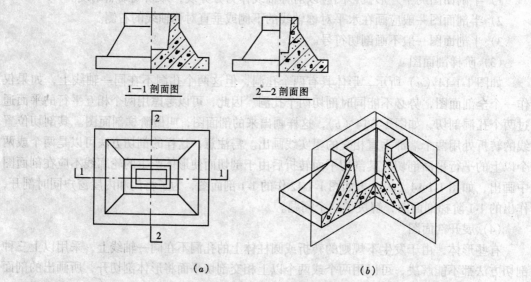

图 1-1-13 杯形基础的半剖面图
(a) 投影图；(b) 直观图

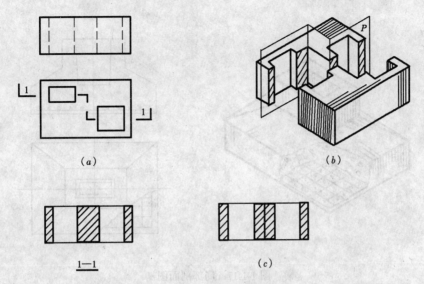

图 1-1-14 阶梯剖面图

楚。因此,可以用两个相交的剖切平面进行剖切。展开剖面图的图名后应注"展开"字样,剖切符号的画法如图 1-1-15 所示。

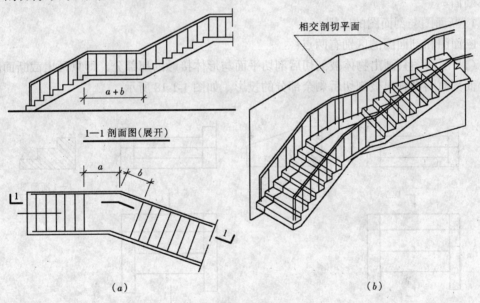

图 1-1-15 楼梯的展开剖面图
(a) 投影图;(b) 直观图

(5) 分层剖面图和局部剖面图

有些建筑的构件,其构造层次较多或只有局部构造比较复杂,可用分层剖切或局部剖切的方法表示其内部的构造,用这种方法剖切所得的剖面图,称为分层剖面图或局部剖面图。如图 1-1-16 所示为分层剖面图,图 1-1-17 所示为局部剖面图。

(二) 截面图 (断面图)

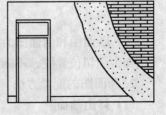

图 1-1-16 分层剖切剖面图

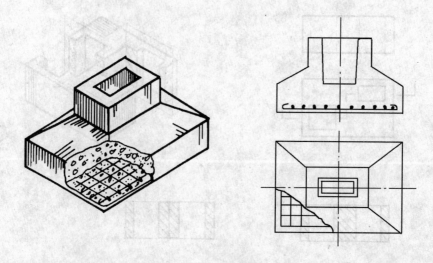

图 1-1-17 局部剖面图

对于某些单一的杆件或需要表示某一部位的截面形状时，可以只画出形体与剖切平面相交的那部分图形，即假想用剖切平面将物体剖切后，仅画出断面的投影图称为断面图，简称断面。

1. 断面图与剖面图的区别

断面图和剖面图的区别有两点：

(1) 断面图只画出物体被剖切后剖切平面与形体接触的那部分，即只画出截断面的图形，而剖面图则画出被剖切后剩余部分的投影。如图 1-1-18 所示。

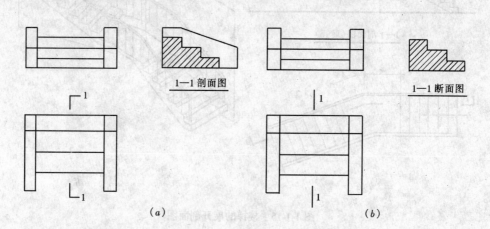

图 1-1-18 断面图与剖面图的区别
(a) 剖面图的画法；(b) 断面图的画法

(2) 断面图和剖面图的符号也有不同，断面图的剖切符号只画长度为 6～10mm 的粗实线作为剖切位置线，不画剖视方向线，编号写在投影方向的一侧。

2. 断面图的配置方法

(1) 移出断面

将形体某一部分剖切后所形成的断面图移画于主投影图的一侧，称为移出断面，如图

1-1-19 和图 1-1-20 所示。

断面图移出的位置，应与形体的投影图靠近，以便识读。断面图也可用适当的比例放大画出，以利于标注尺寸和清晰地显示其内部构造。

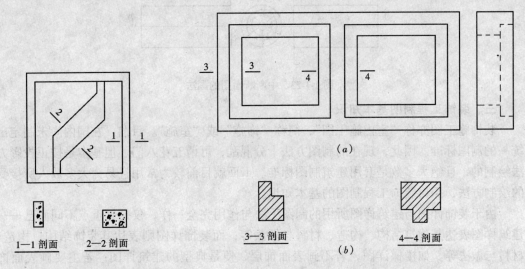

图 1-1-19 移出断面图的画法　　　　图 1-1-20 移出断面的画法
　　　　　　　　　　　　　　　　　　（a）正投影图；（b）断面图

（2）重合断面

将断面图直接画于投影图中，二者重合在一起的称为重合断面，如图 1-1-21 所示。

重合断面图的比例应与原投影图一致。断面轮廓线可能是闭合的（如图 1-1-22 所示），也可能是不闭合的（如图 1-1-21 所示），比例应于断面轮廓线的内侧加画图例符号。

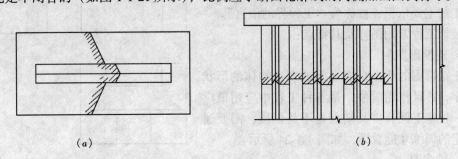

图 1-1-21 断面图与投影图重合
（a）厂房的屋面平面图；（b）墙壁上装饰的断面图

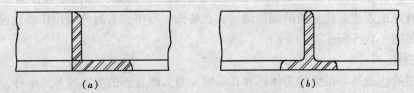

图 1-1-22 断面图是闭合的

(3) 中断断面

对于单一的长向杆件，也可在杆件投影图的某一处用折断线断开，然后将断面图画于其中，如图 1-1-23 所示。

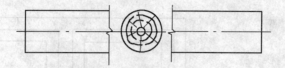

图 1-1-23 中断断面图的画法

三、装饰工程制图基本知识

装饰施工图亦称"室内施工图"，简称"饰施"或"室施"。目前，在国内尚未制定出统一的制图标准。因此，现在的制图方法十分混乱，可谓五花八门。但基本是按正投影方法绘制的，且绝大多数是套用建筑制图标准。下面就目前较为常用且易为大多数人所接受的绘制方法，探讨装饰工程制图的基本知识。

由于装饰详图与建筑详图所用的制图手法与作用完全一样，仅是侧重点不同而已——建筑详图表达其建筑结构、构造、材料与做法等；而装饰详图则表达其装饰结构、构造、材料与做法等。如楼梯详图，若不画表面饰层，便是典型的建筑详图；若主要画表面饰层，则为装饰详图。

任何工程（房屋建筑、装饰装修、道路桥梁、水利工程等）从设计到完工的整个过程都离不开图样：设计阶段，要用图样来表达设计思想，选择、修改和确定设计方案；施工阶段，则必须按确定的图纸编制施工计划、准备材料和组织施工。因此，图样是工程技术中不可缺少的技术资料，也是设计文件的主要组成部分和施工的主要依据，被称为"工程界的语言"。

装饰工程常用图样及其特点：

1. 正投影图

正投影图的优点是能准确地表达物体的形状和大小，并且作用简便，是各种工程中应用最广泛的一种施工图样。其缺点是不易识读，需要通过一定的训练才能看懂，如图 1-1-24 所示。

2. 轴测图

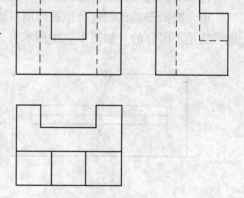

图 1-1-24 正投影图

轴测图的优点是立体感较强，且能按一定的方法度量，但有变形且作图不如正投影图简便的缺点。因此，轴测图常作为一种辅助图样，帮助直观地表达某些复杂的局部结构。在装饰工程中，有时亦可用作表达设计方案的效果图，如图 1-1-25 所示。

3. 透视图

透视图的优点是有很强的主体感和真实感，与人眼看到的实物或照片一样。因此，透视图是设计人员用于表达设计方案的主要手段，着色的透视图俗称"效果图"。因它作图繁琐，且不反映物体的实形，故不能作为施工的依据。如图 1-1-26 所示。

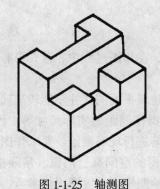
图 1-1-25　轴测图

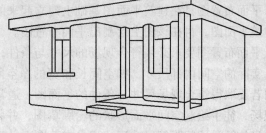
图 1-1-26　透视图

四、装饰工程制图的基本表示方法

建筑室内装饰施工图是表达建筑内墙、顶棚、地面的造型与饰面以及美化配置、灯光配置、家具配置等内容的图样。它主要包括装饰平面图、顶棚图、内墙立面图、剖面图和装修节点详图等，是室内装饰施工、室内家具和设备的制作、购置和编制装修工程预算的依据。

（一）装饰平面图

装饰平面图的形成与建筑平面图的形成方法相同，即假设一个水平剖切平面沿着略高于窗台的位置对建筑进行剖切，将上面部分挪走，按剖面图画法作剩余部分的水平投影图；用粗实线绘制被剖切的墙体、柱等建筑结构的轮廓；用细实线绘制在各房间内的家具、设备的形状，并用尺寸标注和文字说明的形式表达家具、设备的位置关系和各表面的饰面材料及工艺要求等内容。

根据装饰平面图，可进行家具、设备购置单的编制工作，结合尺寸标注和文字说明，可制作材料计划和施工安排计划等。

（二）顶棚图

为了表达顶棚的设计做法，我们就要仰面向上看，若就此绘制顶棚的正投影图，可能与实际的情况相反，造成一些误会。因此，通常采用镜像投影法绘制顶棚图。

顶棚图主要表达室内各房间顶棚的造型、构造形式、材料要求，顶棚上设置的灯具的位置、数量、规格，以及在顶棚上设置的其他设备的具体情况。

根据顶棚图可以进行顶棚材料的准备和施工，购置顶棚灯具和其他设备以及灯具、设备的安装等工作。

（三）内墙立面图

内墙立面图应按照装饰平面图中的投影符号所规定的位置和投影方向来绘制。内墙立面图的图名通常也是按照装饰平面图中的投影符号的编号来命名的，如 A 立面图、B 立面图等。

在绘制内墙立面图时，通常用粗实线绘制该空间周边一圈的断面轮廓线，即内墙面、地面、顶棚等处的轮廓；用细实线绘制室内家具、陈设、壁挂等处的立面轮廓；标注该空间相关轴线、尺寸、标高和文字说明。

根据内墙立面图，可进行墙面装饰施工和墙面装饰物的布置等工作。

（四）作图方法

1. 平面布置图作图方法

(1) 测绘草图

平面布置图是在建筑平面图基础上建立起来的，因此，在作图过程中，首先要有原来的建筑平面图，再在该图上绘制出平面布置图。

平面布置图要求必须符合现场的尺寸与条件，原来的建筑平面图往往不能较准确地反映出实际的空间内部尺寸，如空间长和宽的净空间尺寸、梁柱间距的实际尺寸等。因此，作图若要取得符合现场尺寸与条件的平面图，通常在作图前进行现场测绘。要求作图者观察现场，徒手绘制空间平面形状的轮廓草图，并将丈量所得的空间高、门窗、房间格局、室内设施及梁柱间距等尺寸逐一记录在草图上，为下一步绘制平面布置图提供参考。

(2) 绘制现况图

绘制现况图是依据现场测绘草图上标示的空间轮廓尺寸，按缩小比例后的尺寸绘制的。现况图的尺寸比例准确、图形端正、平面形状与实际符合，现况图的绘制方法与建筑平面图相同。

(3) 作图程序

1) 第一步，选定比例和图幅。

①根据原来的建筑平面图或现场测绘草图上标示的空间轮廓尺寸，并视室内平面布置的复杂程度选定比例。

②图幅的选定应根据室内装饰平面外轮廓总尺寸所画图形的大小情况，以及标注尺寸、符号、文字说明等所需的位置，选择适合的图幅。

2) 第二步，绘制图稿。

①根据原来的建筑平面图或现场测绘草图画出室内装饰平面轮廓图。

②绘制新的空间、格局的分割墙体或分割线。

③将室内各空间的地板、家具设施等按缩小比例后的尺寸，用平面表示图例逐一绘制在图面相应的位置上。

④标注尺寸及有关符号。

⑤图稿完成后，需仔细校稿，如有问题，应及时解决和修正。经校核无误后，才可上墨。

3) 第三步，描图。平面布置图的描图方法与前述的建筑平面图相似，通常按照下列线型上墨线。

①用线宽为 b 的粗实线描墙、柱轮廓线。

②用线宽为 $0.5b$ 的中实线描地板造型和家具设施等的轮廓线。

③用线宽为 $0.35b$ 的细实线画铺面材料质感线，通常画得较轻，应掌握浓淡、轻重、虚实的变化关系，灵活运用。质感线不能画得太琐碎，花样太多。

④用线宽为 $0.35b$ 的细实线描尺寸线、标高符号、引出线等。

⑤描立面图图示符号或其他符号。

⑥注写全部数字、字母和汉字。

⑦通常柱的厚度涂黑，墙心涂成浅灰色，需借助直尺来完成。家具设施部分也可以考虑用浅灰色依设定方向上一次阴影，以增进图面的美观效果，但不可太乱。

⑧校核修正无误后，即完成了该平面布置图的绘图工作。如图 1-1-27 所示。

2．顶棚平面图作图方法

(1) 第一步，选定比例和图幅。

选定与对应的平面布置图相同的比例和图幅。

(2) 第二步，绘制图稿。

通常用铅笔、细实线起稿。

1) 拷贝平面图中的柱、墙、门、窗等轮廓图形。

2) 画顶棚上的造型轮廓线以及装饰件的形状轮廓线。

3) 将顶棚上的各类电器设备按缩小比例后的尺寸，用图例逐一绘制在图面相应的位置上。

4) 标注尺寸及有关符号，必要时可在图侧画一图例说明表。

5) 图稿完成后，需仔细校稿。经校核无误后，才可上墨。

(3) 第三步，描图。

顶棚平面图的描图方法与前述的平面布置图相似，通常按照下列线型上墨线。

1) 用线宽为 b 的粗实线描墙、柱轮廓线。

2) 用线宽为 $0.5b$ 的中实线描顶棚造型轮廓线，以及装饰件，各类电器设备图例等的轮廓线。

3) 用线宽为 $0.35b$ 的细实线画顶棚饰面材料质感线，其画法要求与平面布置图相同。

4) 用线宽为 $0.35b$ 的细实线描尺寸线、标高符号、引出线等。

5) 描详图索引符号或其他符号。

6) 注写全部数字、字母和汉字。

7) 涂黑柱的厚度，并用浅灰色涂墙心，要求涂色深浅一致。通常天花板平面图不画阴影。

8) 校核修正无误后，即完成了该顶棚平面图的绘制工作。如图 1-1-28 所示。

3．装饰立面图作图方法

(1) 第一步，选定比例和图幅。

(2) 第二步，绘制图稿。

通常用铅笔、细实线起图稿。

1) 画立面图的外轮廓线，即画左右墙内墙面、地面和顶棚平面的投影线。

2) 画立面造型主要轮廓线。

3) 画立面造型细部及有关装饰件的轮廓线。

4) 标注尺寸及有关符号。

5) 图稿完成后，需仔细校核，如有问题，应及时解决和修正。经校核无误后，方可上墨。

(3) 第三步，描图。

装饰立面图的描图方法与前述建筑立面图相似。

1) 用线宽为 b 的粗实线描地面投影线。

2) 用线宽为 b 的粗实线描左右墙内墙面和顶棚平面的投影线。

3) 用线宽为 $0.5b$ 的中实线描立面图造型轮廓线及有关装饰件的轮廓线。

4) 用线宽为 $0.35b$ 的细实线画饰面材料质感线，其画法要求与平面布置图相同。

5）用线宽为 0.35b 的细实线描尺寸线、引出线。
6）描详图索引符号或其他符号。
7）注写全部数字、字母和汉字。
8）经校核修正无误后，即完成了装饰立面图。如图 1-1-30 所示。

4. 装饰剖面图作图方法

(1) 第一步，选定比例和图幅。

1）一般装饰剖面图选用较大的比例。

2）装饰剖面图可以画在装饰立面图旁边，若不能画在同一张纸上，则另选相同的图幅，要求图面布置合理，避免无序零乱。

(2) 第二步，绘制图稿。

通常用铅笔、细实线起稿。

1）画地面、顶棚线以及剖切面深度的左、右轮廓线。
2）画细部构造的主要轮廓线。
3）画断面材料的轮廓线。
4）标注尺寸及有关符号。
5）图稿完成后，需仔细校核，如有问题，应及时解决和修正。经校核无误后，才可上墨。

(3) 第三步，描图。

装饰剖面图的描图方法与前述建筑剖面图相似。

1）用线宽为 b 的加粗实线描地面线。
2）用线宽为 b 的粗实线描墙体（或楼板、梁）的断面轮廓线。
3）用线宽为 0.5b 的中实线描被剖切的装饰构造材料断面轮廓线。
4）用线宽为 0.35b 的细实线描未被剖切的材料轮廓线。
5）按材料图例画断面材料。
6）用线宽为 0.35b 的细实线描尺寸线、引出线。
7）描详图牵引符号或其他符号。
8）注写全部数字、字母和汉字。
9）校核修正无误后，即完成了装饰剖面图。如图 1-1-31 所示。

五、装饰施工图

随着我国经济的发展及人民生活水平的提高，建筑装饰越来越受到人们的重视，成为建筑工程中不可忽视的内容，所以，识读装饰施工图也是学习建筑识图的任务之一。

(一) 装饰施工图的组成

装饰施工图是用于表达建筑物室内室外装饰美化要求的图样。它是以透视效果图为主要依据，采用正投影等投影法反映建筑的装饰结构、装饰造型、饰面处理，以及反映家具、陈设、绿化等布置内容。图纸内容一般有平面布置图、顶棚平面图、装饰立面图、装饰剖面图和节点详图等。

(二) 装饰施工图的特点

装饰施工图与建筑施工图的图示方法、尺寸标注、图例代号等基本相同。因此，其制图与表达应遵守建筑制图的规定。装饰施工图是在建筑施工图的基础上，结合环境艺术设计的要求，更详细地表达了建筑空间的装饰做法及整体效果，它既反映了墙、地、顶棚三个界面的装饰结构、造型处理和装修做法，又图示了家具、织物、陈设、绿化等的布置，乃至它们的制作图。常用的装饰图例见表1-1-2。

装 饰 图 例　　　　　　　　　　表 1-1-2

图例	名称	图例	名称	图例	名称
	单扇门		其他家具（写出名称）		盆花
	双扇门		双人床及床头柜		地毯
					嵌灯
	双扇内外开双弹门				台灯或落地灯
	四人桌椅		单人床及床头柜		吸顶灯
					吊灯
	沙 发		电视机		消防喷淋器
					烟感器
	各类椅凳		帘布		浴缸
					脸面台
	衣柜		钢琴		坐式大便器

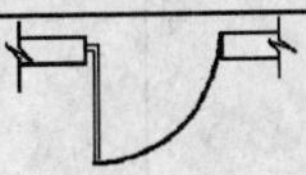

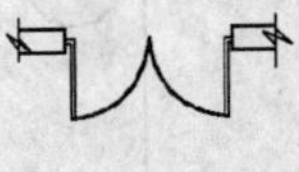

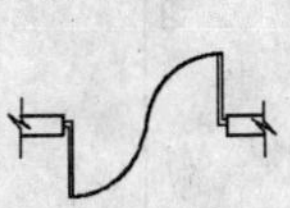

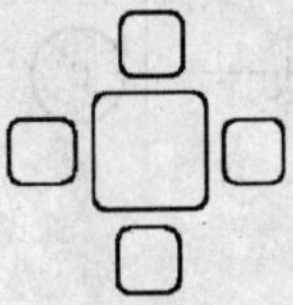

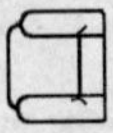

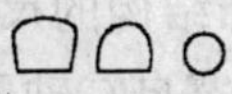

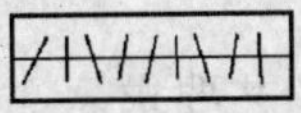

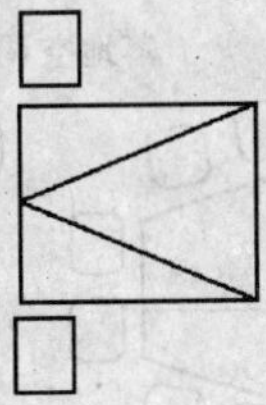

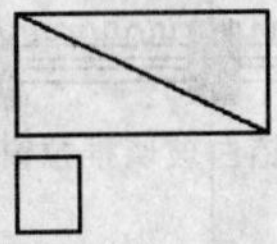

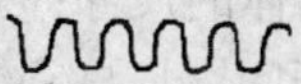

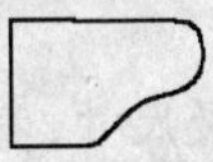

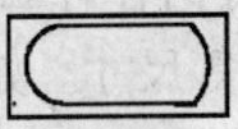

(三) 装饰施工图的内容

1. 平面布置图

(1) 形成

平面布置图是假想用一水平的剖切平面，沿需装饰的房间的门窗洞口处作水平全剖切，移去上面部，对剩下部分所作的水平正投影图。它与建筑平面图的形成及表达的结构体内容相同（个别有改动者除外），所不同的是增加了装饰和陈设的内容。

平面布置图的比例一般采用1:100、1:50，内容比较少时采用1:200。剖切到的墙、柱等结构体的轮廓，用粗实线表示，其他内容均用细实线表示。

（2）图示内容

现以某宾馆会议室为例，说明平面布置图的内容，如图1-1-27所示。

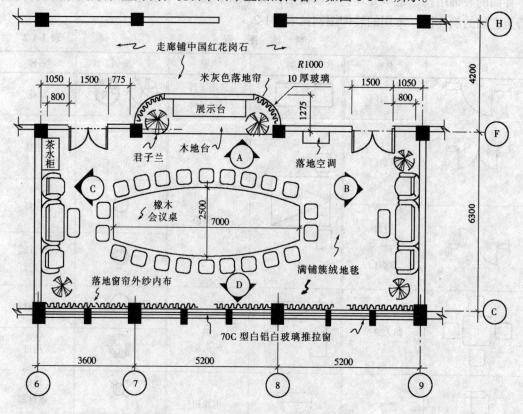

图1-1-27 会议室平面布置图（1:50）

1) 图上尺寸内容有三种：一是建筑结构体的尺寸；二是装饰布局和装饰结构的尺寸；三是家具、设备等尺寸。如会议室平面为三开间，长自⑥轴到⑨轴线共14m，宽自ⓒ轴到Ⓕ轴线共6.3m，Ⓕ轴线向上有局部突出；各室内柱面、墙面均采用白橡木板装饰，尺寸见图；室内主要家具有橡木制船形会议桌、真皮转椅，及局部突出平面上的展示台和大门后角的茶具柜等家具设备。

2) 表明装饰结构的平面布置、具体形状及尺寸，表明饰面的材料和工艺要求。一般装饰体随建筑结构而做，如本图的墙面柱面的装饰，但有时为了丰富室内空间、增加变化和新意，而将建筑平面在不违反结构要求的前提下进行调整。本图上方，平面就作了向外突出的调整：两角做成10mm厚的圆弧玻璃墙（半径1m）周边镶50m宽钛金不锈钢框，平直部分作100mm厚轻钢龙骨纸面石膏板墙，表面贴红色橡木板。

3) 室内家具、设备、陈设、织物、绿化的摆放位置及说明。本图中船形会议桌是家具陈设中的主体，位置居中，其他家具环绕布置，为主要功能服务。平面突出处有两盆君子兰起点缀作用；圆弧玻璃处有米灰色落地帘等。

4) 表明门窗的开启方式及尺寸。有关门窗的造型、做法，在平面布置图中不反映，交由详图表达。所以图中只见大门为内开平开门，宽为1.5m，距墙边为800mm；窗为铝合金推拉窗。

5) 画出各面墙的立面投影符号（或剖切符号）。如图中的Ⓐ，即为站在 A 点处向上观察Ⓕ轴墙面的立面投影符号。

2. 顶棚平面图

(1) 形成

用一个假想的水平剖切平面，沿需装饰房间的门窗洞口处，作水平全剖切，移去下面部分，对剩余的上面部分所作的镜像投影，就是顶棚平面图，如图 1-1-28 所示。镜像投影原理，如图 1-1-29 所示。它是镜面中反射图像的正投影。顶棚平面图一般不画成仰视图。

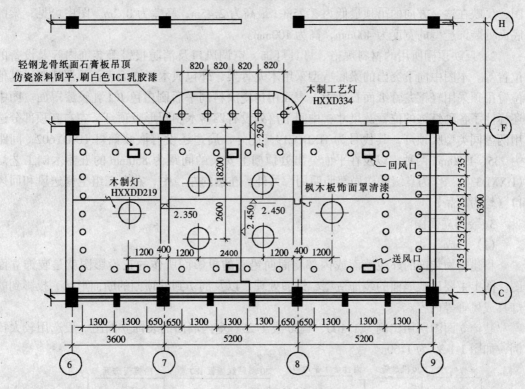

图 1-1-28　顶棚平面图（1:50）

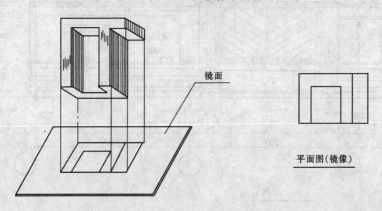

图 1-1-29　镜像投影

顶棚平面图用于反映房间顶面的形状、装饰做法及所属设备的位置、尺寸等内容。常用比例同平面布置图。

(2) 图示内容

现结合图 1-1-28 说明：

1) 反映顶棚范围内的装饰造型及尺寸。本图所示为一吊顶的顶棚，因房屋结构中有大梁，所以⑦、⑧轴处吊顶有下落，下落处顶棚面的标高为 2.35m（通常指距本层地面的标高），而未下落处顶棚面标高为 2.45m，故两顶棚面的高差为 0.1m。图内横向贯通的粗实线，即为该顶棚在左右方向的重合断面图。在图内的上下方向也有粗线表示的重合断面图，反映在这一方向的吊顶最低为 2.25m，最高为 2.45m，高差为 0.2m。图中可见，梁的底面处装饰造型的宽度为 400mm，高为 100mm。

2) 反映顶棚所用的材料规格、灯具灯饰、空调风口及消防报警等装饰内容及设备的位置等。本图中向下突出的梁底造型采用木龙骨架，外包枫木板饰面表面再罩清漆。其他位置吊顶采用轻钢龙骨纸面石膏板，表面用仿瓷涂料刮平后刷白色 ICI 乳胶漆罩面。图中还标注了各种灯饰的位置及尺寸：中间下落处设有四盏木制圆形吸顶灯，左右高顶部分选用两盏同类型吸顶灯，其代号为 HXDD219；此外，周边还设有嵌装筒灯 HXDY602，间距为 735、1300mm 两种，以及在平面突出处顶棚上安装的间距为 850mm 的五盏木制工艺灯（HXXD334），作为点缀并作局部照明用。另外，在图的左、中、右有三组空调送风和回风口（均为成品）。

3. 装饰立面图

(1) 形成

将建筑物装饰的外观墙面或内部墙面向铅直的投影面所作的正投影图就是装饰立面图。图上主要反映墙面的装饰造型、饰面处理，以及剖切到的顶棚的断面形状、投影到的灯具或风管等内容。

装饰立面图所用比例为 1:100、1:50 或 1:25。室内墙面的装饰立面图一般选用较大比例，如图 1-1-30 为 1:50。

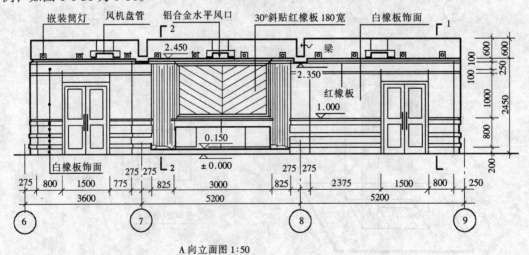

图 1-1-30 装饰立面图

(2) 图示内容

以图 1-1-30 为例说明：

1) 在图中用相对于本层地面的标高，标注地台、踏步等的位置尺寸。如图中（A 向立面中间）的地台标有 0.150 标高，即表示地台高 0.15m。

2) 顶棚面的距地标高及其叠级（凸出或凹进）造型的相关尺寸。如图中顶棚面在大梁处有凸出（即下落），凸出为 0.1m；顶棚距地最低为 2.35m、最高为 2.45m。

3) 墙面造型的样式及饰面的处理。本图墙面用轻钢龙骨作骨架，然后钉以 8mm 厚密度板，再在板面上用万能胶粘贴各种饰面板，如墙面为白橡板，踢脚为红橡板（高为 200mm）。图中上方为水平铝合金送风口。

4) 墙面与顶棚面相交处的收边做法。图中用 100mm×3mm 断面的木质顶角线收边。

5) 门窗的位置、形式及墙面、顶棚面上的灯具及其他设备。本图大门为镶板式装饰门，顶棚上装有吸顶灯和筒灯，顶棚内部（闷顶）中装有风机盘管设备（数量见顶棚平面图）。

6) 固定家具在墙面中的位置、立面形式和主要尺寸。

7) 墙面装饰的长度及范围，以及相应的定位轴线符号、剖切符号等。

8) 建筑结构的主要轮廓及材料图例。

4. 装饰剖面图及节点详图

(1) 形成

装饰剖面图是将装饰面（或装饰体）整体剖开（或局部剖开）后，得到的反映内部装饰结构与饰面材料之间关系的正投影图。一般采用 1:10～1:50 的比例。

节点详图是前面所述各种图样中未明之处，用较大的比例画出的用于施工图的图样（也称作大样图）。

(2) 图示内容

在图 1-1-31 中，墙的装饰剖面及节点详图即为一例。图中反映了墙板结构作法及内外饰面的处理墙面主体结构采用 100 型轻钢龙骨，中间填以矿棉隔声，龙骨两侧钉以 8mm 厚密度板，然后用万能胶粘贴白橡板面层，清漆罩面。

（四）装饰施工图的画法

装饰施工图的绘图步骤、要求同建筑施工图，这里不再赘述。

六、装饰结构图

楼梯详图主要用来表达楼梯的类型、结构形式、各部位的尺寸和装修做法等。由于它的构造较为复杂，因此，常用平面详图、剖面详图与节点详图等来综合表示。

1. 楼梯平面图

楼梯平面图的画法与建筑平面图相同，都是水平的剖面图。除底层与顶层必画时，若中间各层的级数与形式相同时，可只画一个中间层平面图。顶层平面层规定在顶层扶手的上方剖切，其他各层规定在每层上行的第一楼梯（休息平台下）的任一位置剖切，各层被剖切到的梯段规定以一根 45°折断线表示。

通常将各个平面图画在同一张图纸内，并互相对齐，这样既便于读图，又可省略标注一些重复尺寸。

楼梯平面图应表示出楼梯的类型、踏步级数及其上下方向、各部分的平面尺寸及楼、

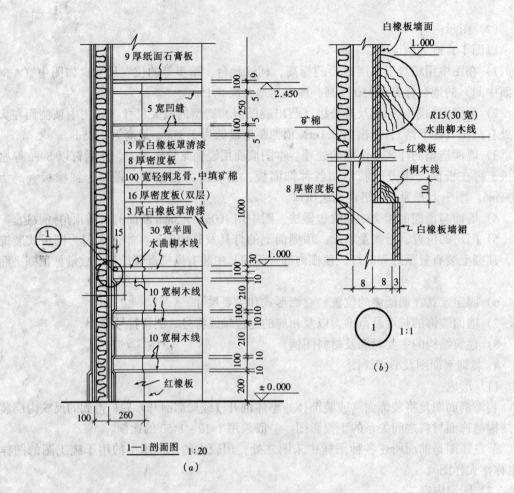

图 1-1-31 装饰剖面图及节点详图
(a) 装饰剖面图；(b) 节点详图

地面和休息平台等的标高尺寸等；另外，还需画定位轴线确定其位置，以便与建筑平面图对照阅读。在底层平面图中还应注明楼梯剖面图的剖切位置、剖切名称与投影方向等。

2. 楼梯剖面图

楼梯剖面图主要用来表示楼梯梯段数、步级数、楼梯的类型与结构形式以及楼梯、平台、栏板（或栏杆）等的构造和它们的相互关系等。

楼梯剖面图的画法遵循剖面画法和有关规定，但一般不画屋顶和楼面，将屋顶和楼面用折断线省去。

读剖面图时，需对照平面图，明确其剖切位置与投影方向等。

3. 楼梯节点详图

楼梯平面图、剖面图基本上确定了楼梯的概况，但对于某些细部的详细构造、材料与做法等，往往还不能表达清楚，必须用更详细的图样来表示。

七、构配件图

建筑装饰所属的构配件项目很多。它包括各种室内配套设置体，如酒吧台、酒吧柜、服务台、售货柜和各种家具等，还包括结构上的一些装饰构件，如装饰门、门窗套、装饰隔断、花格、楼梯栏板（杆）等。这些配置体和构件受图幅和比例的限制，在基本图中无法表达精确，都要根据设计意图另行作出比例较大的图样，来详细表明它们的式样、用料、尺寸和做法，这些图样即为装饰构配件图。

构配件图有图例和详图等形式。图例是以图形规定出的画法，详图是为表达准确而作出比例较大的图样。详图主要用来表达建筑细部构造、构配件的形状。图例多采用国家制图标准规定的图例。

第二节　装饰工程识图

一、装饰平面图识图要点

（1）根据图名了解房间的名称、功能及所用比例。与建筑平面图不同的是，装饰平面图很少用层数确定平面图的名称，而往往是直接按房间的功能、用途等命名，如"××办公室平面图"、"××会议室平面图"等。如图1-1-27所示。

（2）根据各承重构件的布局，了解装饰空间的平面形状和建筑结构形式，并根据承重构件的轴线编号，找到其在整个建筑中的位置。

（3）分析装饰平面图例，了解室内设置，家具安放的位置、规格和要求以及与装饰布局的关系。

（4）根据尺寸，了解装饰平面面积、各陈设的大小、形状及其与建筑结构的相对位置关系。

（5）通过阅读详细的文字说明，了解施工图对材料规格、品种及色彩等要求及具体施工工艺要求等。

（6）在平面布置图中，一般有表示装饰立面图的投影方向的图示符号以便于与立面图对照阅读。该符号的画法如下：在一直径为10mm的中实线圆中，用大写拉丁字母表示投影名称，涂黑的箭头表示投影方向，它由两条成直角的圆的切线所围成；当各个方向均需画立面图时，该符号亦可合在一起，而将字母写在箭头所指的位置来表示。

（7）在有些平面布置中，由于表达方法的不同，还有表示剖面的剖切符号及详图的牵引符号等，读图时要注意分析。

二、装饰立面图识图要点

（1）根据图名和比例，在平面图中找到相应投影方向的墙面。如图1-1-30所示。

（2）根据立面造型，分析各立面上有几种不同的装饰面，这些装饰面的所用材料及其施工工艺要求与最终体现的风格。

（3）根据立面尺寸，分析各立面的总面积及各细部的大小与位置。立面尺寸一般分为二道：第一道为立面的总长和总高尺寸，用以计算各立面面积；第二道为各细部尺寸，用以确定各细部的大小与位置。

（4）了解各不同材料饰面之间的衔接收口方式，所用材料和工艺要求等。

（5）注意检查电源开关、插座等设施的安装位置和安装方式，以便在施工中留位。

三、装饰剖面图识图要点

（1）根据图形特点，分清是墙身剖面图还是顶棚剖面图，并由图名找出它在相应图中的剖切位置与投影方向。如图1-1-31所示。

（2）对于墙身剖面图，可从墙角开始自上而下对各装饰结构由里及表地识读，分析其各房屋所用材料及其规格、面层的收口工艺与要求、各装饰结构之间及装饰结构与建筑结构之间的连接与固定方式，并根据尺寸进一步确定各细部的大小。

（3）对于吊顶剖面图，可从吊点、吊筋开始，依主龙骨、次龙骨、基层板与饰面的顺序进行识读，分析各层次的材料与规格及其连接方法，尤其注意各凹凸层面的边缘、灯槽、顶棚与墙体的连接与收口工艺及各细部尺寸。

（4）对于某些仍未表达清楚的细部，可由牵引符号找到其对应的局部放大图。

第二章 装饰装修工程量清单计价的编制

第一节 概 述

一、建筑装饰工程工程量概述

(一) 正确计算工程量的意义

工程量是以物理计量单位或自然计量单位表示的各分项工程或结构构件的数量。

自然计量单位是指以物体本身的自然属性为计量单位表示完成工程的数量。一般以件、块、个（或只）、台、座、套、组等或它们的倍数作为计量单位。例如，音乐喷泉控制设备以台为单位，装饰灯具以套为单位。

物理计量单位是以物体的某种物理属性为计量单位，定额均以我国法定计量单位表示工程数量。以长度（米、m）、面积（平方米、m^2）、体积（立方米、m^3）、重量（吨、t）等或它们的倍数为单位。例如，楼地面，墙、柱面的装饰工程量以平方米（m^2）为计量单位，踢脚线、扶手、栏杆以延长米（m）为计量单位，玻璃棉毡保温层以"m^3"为计量单位。

计算工程量是编制装饰工程预算造价的基础工作，是预算文件的重要组成部分。装饰工程预算造价主要取决于两个基本因素。一是工程量，二是工程单价（即定额基价）。工程量是按照图纸规定的尺寸与工程量计算规则计算的，工程单价是按定额规定确定的。为了准确计算工程造价，这两者的数量都得正确，缺一不可。因此，工程量计算的准确与否，将直接影响定额直接费，进而影响整个装饰工程的预算造价。

工程量又是施工企业编制施工组织计划，确定工程工作量、组织劳动力、合理安排施工进度和供应装饰材料、施工机具的重要依据。同时，工程量也是建设项目各管理职能部门，像计划部门和统计部门工作的内容之一，例如，某段时间某领域所完成的实物工程量指标就是以工程量为计算基准的。

工程量的计算是一项比较复杂而细致的工作，其工作量在整个预算中所占比重较大，任何粗心大意，都会造成计算上的错误，致使工程造价偏离实际，造成国家资金和装饰材料的浪费与积压。从这层意义上说工程量计算也独具重要性。因此，正确计算工程量，对建设单位、施工企业和工程项目管理部门、对正确确定装饰工程造价都具有重要的现实意义。

(二) 装饰工程量计算的依据

1. 经审定的设计施工图纸及设计说明

设计施工图是计算工程量的基础资料，因为施工图纸反映了装饰工程的各部位构造、做法及其相关尺寸，是计算工程量获取数据的基本依据。装饰施工图纸包括施工图、效果图、局部大样、展开图及其有关说明。在取得施工图和设计说明等资料后，必须全面、细致地熟悉和核对有关图纸和资料，检查图纸是否齐全、正确。如果发现设计图纸有错漏或相互间有矛盾的,应及时向设计人员提出修正意见,及时更正。经审核、修正后的施工图才能作为计算工程量的依据。

2. 装饰工程量计算规则

装饰工程预算定额中的工程量计算规则和相关说明详细地规定了各分部分项工程量的计算规则、计算方法和计量单位。它们是计算工程量的惟一依据,计算工程量时必须严格按照定额中的计量单位、计算规则和方法进行。否则,计算的工程量就不符合规定,或者说计算结果的数据和单位等与定额所含内容不相符。预算列项的顺序一般也就是预算定额子项目的编排顺序,亦即工程量计算的顺序,依此顺序列项并计算工程量,就可以有效地防止漏算工程量和漏套定额,确保预算造价真实可靠。

3. 装饰施工组织设计与施工技术措施方案

计算工程量时,还必须结合施工组织设计的要求进行。装饰施工组织设计是确定施工方案、施工方法和主要施工技术措施等内容的基本技术经济文件。例如,在施工组织设计中要明确:铝合金吊顶,是方板面层铝合金吊顶方案还是条板面层铝合金吊顶方案;大理石或花岗石贴墙柱面项目中,是挂贴式还是粘贴式或者是干挂,粘贴时是用水泥砂浆粘贴还是用干粉型胶粘剂。施工方案或施工方法不同,与分项工程的列项及套用定额相关,工程量计算也不一样。当然,施工组织设计要和工程设计的要求一致,应满足设计内容和要求。

(三) 工程量计算的方法

这里所说的工程量计算方法主要是讨论计算顺序问题,因为,一个单位装饰工程,其分项繁多,少则几十个分项,多则几百个,甚至更多些,而且很多分项类同,相互交叉。如果不按科学的顺序进行计算,就有可能出现漏算或重复计算工程量的情况,计算了工程量的子项进入工程造价,漏算或重复算了的,就少计或多算了工程造价,给造价带来虚假性,同时,也给审核、校对带来诸多不便。因此计算工程量必须按一定顺序进行,以免差错。常用的计算顺序有以下几种:

1. 按装饰工程预算定额分部分项顺序计算

一般装饰分部分项的顺序为:楼地面工程、墙柱面工程、顶棚工程、门窗工程、油漆、涂料、裱糊工程、其他工程以及脚手架及垂直运输超高费等分部,再按一定的顺序列工程分项子目,如江苏装饰定额共列 1088 个子目。

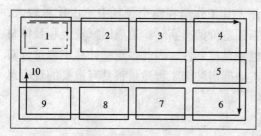

图 2-1-1 顺时针计算法

2. 从下到上逐层计算

对不同楼层来说,可先底层、后上层;对同一楼层或同一房间来说,可以先楼地面,再墙柱面、后顶棚,先主要、后次要;对室内外装饰,可先室内、后室外,按一定的先后次序计算。

3. 按顺时针顺序计算

在一个平面上,先从平面图的左上角开始,按顺时针方向自左至右,由上而下逐步计算,环绕一周后再回到起始点。对墙、柱立面装饰可按顺时针或立面展开图的顺序进行。这一方法适用于楼地面、墙柱面、踢脚线、顶棚等,如图概所示。图中实线箭号表示各房间地面的计算顺序,虚线表示某一房间的墙面或踢脚板的计算顺序。示图见图 2-1-1。

4. 按先横后竖计算

这种方法是依据图纸，按先横后竖，先上后下，先左后右依次计算工程量。这种方法适用于计算内墙或隔墙装饰，先计算横向墙，从上而下进行，同一横线上的，按先左后右，横向计算完后再计算竖向，同一竖线上的按先上后下，然后自左而右地直至计算完毕。

5. 按构件编号顺序计算

此法是按图纸所标各构件、配件的编号顺序进行计算。例如，门窗、内墙装饰立面等均可按其编号顺序逐一计算。

此外，计算工程量还应运用其他技巧，例如：

（1）将计算规则用数学语言表达成计算式，然后再按计算公式的要求从图纸上获取数据代入计算，数据的量纲要换算成与定额计量单位一致，不要将图纸上的尺寸单位毫米代入，以免在换算时搞错。

（2）采用表格法计算，其顺序及定额编号与所列子项一致，这可避免错、漏项，也便于检查复核。

（3）采用、推广计算机软件计算工程量，它可使工程量计算既快又准，减少手工操作，提高工作效率。

运用以上各种方法计算工程量，应结合工程大小，复杂程度，以及个人经验，灵活掌握，综合运用，以使计算全面、快速、准确。

（四）工程量计算注意事项

1. 严格按计算规则的规定进行计算

工程量计算必须与定额中规定的工程量计算规则（或计算方法）一致，才符合定额的要求。装饰工程预算定额各分部中，对分项工程的工程量计算规则和计算方法都作了具体规定，计算时，必须严格按规定执行。例如，楼地面整体面层、块料面层按主墙间净空面积计算，而楼梯、台阶镶贴块料面层按展开面积计算；墙、柱面贴（挂）块料面层按实贴（挂）面积计算等。

2. 工程量计算所用原始数据（尺寸）的取得必须以施工图纸（尺寸）为准

工程量是按每一分项工程，根据设计图纸进行计算的，计算时所采用的原始数据都必须以施工图纸所表示的尺寸或施工图纸能读出的尺寸为准进行计算，不得任意加大或缩小各部位尺寸。在装饰工程量计算中，较多的使用净尺寸，不得直接按图纸轴线尺寸，更不得按外包尺寸取代之，以免增大工程量，一般来说，净尺寸要按图示尺寸经简单计算取定。

3. 计算单位必须与预算定额一致

计算工程量时，所算各工程子项的工程量单位必须与装饰预算定额中相应子项的单位相一致。例如，预算定额分项以平方米作单位时，所计算的工程量也必须以平方米作单位。在《全国统一建筑工程预算工程量计算规则》及各地区装饰预算定额中，工程量的计算单位规定为：

（1）以体积计算的为立方米（m^3）；

（2）以面积计算的为平方米（m^2）；

(3) 长度为米（m）；
(4) 重量为吨或千克（t 或 kg）；
(5) 以件（个或组）计算的为件（个或组）。

在装饰工程预算定额中，大都用扩大单位（按计算单位的倍数）的方法来计量的，如"10米"、"100米"、"10平方米"等。因此，在计算时应注意，务必使所算子项的计量单位与定额规定单位一致，不能随意取定工程量的单位，以免由于计算单位的差错而影响工程量的正确性。同时，也应注意，计算工程量时所取单位是基本单位（如米、平方米），而不用扩大计量单位，还要注意某些定额单位的简化，比如踢脚线以"延长米"计算，而不是以"平方米"。

4. 工程量计算的准确度

工程量计算数字要准确，一般应精确到小数点后三位，汇总后，其准确度取值要达到：
(1) 立方米（m^3）、平方米（m^2）及米（m）以下取两位小数；
(2) 吨（t）以下取三位小数；
(3) 千克（kg）、件等取整数。

5. 各分项工程子项应标明子项名称、所在部位（轴线号表示或文字说明）、定额编号，以便于检查和审核。

二、建筑装饰工程施工预算概述

(一) 施工预算及其作用

1. 建筑装饰工程施工预算

(1) 施工预算的意义。建筑装饰工程施工预算是指施工单位针对施工对象，根据施工设计图纸、施工定额和有关资料，计算出施工期间所应投入的人工、材料和资金等数量的一种内部工程预算。

它是以一个单位工程为对象，为施工企业所提供，是加强工程的施工管理、对工程进行施工成本核算和拟订施工投入的节约措施等所必须的一项重要内容。

(2) 施工预算与施工图预算的异同点。

施工预算与施工图预算的主要相同点：

1) 二者在编制方法和计算原理上基本相同。
2) 图纸依据相同。

施工预算与施工图预算的主要不同点：

1) 依据定额不同：施工预算依据劳动定额或施工定额，而施工图预算则依据基础定额。
2) 编制作用不同：施工预算主要用于两算对比和用于施工计划成本管理，而施工图预算主要用来作为签定施工合同和拨付工程价款的依据。

2. 施工预算的基本任务

施工预算的基本任务有三点：

(1) 根据施工现场情况、施工组织设计、施工设计图纸、施工定额和有关资料，正确地计算出所应投入的人工、材料的数量和工程的直接费用。

(2) 将施工预算和施工图预算的各个分项工程，进行一一对比，找出两者之间的差距，对产生负差的部分提出针对性的改进措施，以保证施工投入不超出施工图预算的量值。

(3) 为企业内部的成本核算和项目承包提供可靠数据。

3. 施工预算的作用

施工预算是每个施工企业加强施工管理的一项主要内容。它的主要作用可以归纳为以下四点：

(1) 它是进行两算对比，掌握工程盈亏的核心内容。

通过将施工图预算和施工预算的人工、直接费等进行对比，可以看出两者之间的差额大小。如果出现负差额时，还可进一步寻找亏损原因，以便采取措施加以改善。

(2) 它是施工企业制定施工成本计划和项目承包责任的重要依据。

一个完整的施工预算就是一项工程的施工成本预算，它详细地计算出施工期间所应投入的人工、材料和直接费用，需要时也可计算机械台班。这都是施工企业在安排施工成本计划和责任承包等方面所需要的基本数据。

(3) 它是施工企业针对工程具体情况，制定施工管理措施的主要依据。

经过两算对比，明确了问题的症结，即可针对不同情况拟订不同措施，使问题解决到预先察觉之中。

(4) 它是计划安排各项施工资源投入量的基本依据。

施工预算的数据，是提供生产劳动部门、材料物资部门和计划财产部门等生产计划安排的主要依据。

(二) 编制建筑装饰工程施工预算的依据

编制施工预算的依据主要有两方面的依据。

1. 定性方面的依据

主要是确定施工方法、施工条件、如何套用定额等方面的依据。这些依据有：

(1) 施工现场的勘察资料和调查材料。这些材料包括：

1) 施工现场在场地平整方面的挖方和填方数量或具体尺寸。确定是否要计算土方。

2) 施工材料在规格品种方面的技术资料。如长、宽、厚的尺寸，材料单位重量等，以便在计算材料用量时使用。

3) 拆旧换新的项目和无图纸依据的工程量，以便在预算时作补充项目的计算。

(2) 施工组织设计或施工计划提纲。其中应明确以下内容：

1) 脚手架和垂直运输机械的确定方案。确定是否使用脚手架和垂直运输机械以及使用脚手架和垂直运输机械的种类及其数量等。

2) 材料运输和弃土或垃圾外运的距离。以便确定是否需要增算运输费用。

3) 在设计图纸中没有明确的施工方法和有关构件的施工尺寸规格。以便于计算工程量和确定套用定额的项目。

2. 定量方面的依据

它是确定计算工程量、人工和直接费等数量方面的依据。这些依据包括：

(1) 现行的基础定额和劳动定额或施工定额。主要用于计算人工或材料。

(2) 施工设计图纸和配备的标准图集，以及图纸会审后的变更资料。它是计算工程量的主要依据。

(3) 与施工图预算相适应的材料价格和人工单价。主要用来计算人工费和材料费。

(4) 施工图预算及其工程量计算表。以便用作两算对比和计算工程量参考。

(三) 建筑装饰工程施工预算的编制

1. 施工预算的编制方法和步骤

施工预算编制的方法，由于与所依据的定额资料不同而有所区别。在1956年，国家基本建设委员会曾颁布过《建筑安装工程统一施工定额》；1962年，建筑工程部对这一定额作了重新修订，去掉了材料消耗定额部分，另行颁发了《建筑安装工程统一劳动定额》，至此以后再没有颁布过全国性的统一施工定额。但在上世纪70年代，有些省市根据原国家统一施工定额，结合本地区情况编有本省市的地区统一施工定额。1982年后，国家再没有重新编制过统一的施工定额，由各施工企业自行处理。

因此，施工预算的编制，就分为有施工定额和无施工定额两种情况。有以施工定额为依据编制施工预算的方法，我们称它为"定额编制法"；无施工定额为依据编制施工预算的方法，我们称它为"实物编制法"。

(1)"定额编制法"编制施工预算的方法和步骤。有施工定额为依据编制施工预算时，可根据施工定额的计量单位和要求，参照施工图预算的编制程序和方法进行编制即可。具体步骤如下：

1) 阅读施工定额有关部分的说明和工程量计算规则，对照施工图纸进行工程量计算。

因为各种定额有它自己的规定和计算要求，所以在计算前，都要认真阅读计算部分的定额说明和规定，按要求查取尺寸计算工程量，以免多走弯路，浪费时间。

工程量的计算仍按施工图预算的"工程量计算表"来进行。

2) 套用施工定额来计算直接费和计算人工、材料的需要量。

具体的计算方法和计算表格完全同施工图预算一样。

3) 填写两算对比表，进行两算对比。

两算对比表的形式可依对比的要求不同自行编制，但基本内容如表 2-1-1 所示。

表××× ×× 工程两算对比表　　　　表 2-1-1

对比工程项目名称	施工图预算		施工预算		两算对比 +－差值	
	直接费	综合工日	直接费	人工工日	直接费	工日

注：两算对比差 = 施工图预算 - 施工预算。

施工预算的直接费可只计算人工费和材料费，而机械费一般不作对比。因此施工图预算中的直接费也要扣除机械费后填入表内。

4) 找出负差项目的问题所在，提出改进措施。

(2)"实物编制法"编制施工预算的方法和步骤。实物编制法与定额编制法的最大区别，就是人工和材料用量要分别计算。人工依劳动定额要求计算，而材料按使用项目的计算公式计算。具体步骤如下：

1) 依劳动定额的计量单位和有关规定，分别计算图纸中各分部工程的工程量。

劳动定额中对项目的计算规定，有很多项目与基础定额要求不同，如门窗工程，基础定额要求按洞口面积计算，而劳动定额规定按块料大小以樘或扇计算。因此计算工程量时，要求先看后算。

2）套用现行《建筑安装工程劳动定额》、《建筑装饰工程劳动定额》，计算人工工日和人工费。

$$人工工日 = 工程量 \times 时间定额$$
$$人工费 = 人工工日 \times 工日单价$$

3）计算各分项工程所需的材料量和材料费。

材料量依不同的工程项目列式计算，具体计算公式因篇幅所限，可参考第3章中各有关分部工程的计算式。

$$材料费 = \Sigma（各种材料量 \times 材料取定价格）$$

4）填写两算对比表，进行两算对比。

5）查找负差项目的问题所在，并拟订改进措施。

2. 两算对比

两算对比是指将施工图预算和施工预算的计算结果进行对比，一般要求施工预算的值不超出施工图预算的值。也就是说，要求投入（即支出）量不超出收入量，工程才不至亏本。通过两算对比后，如若发现有超出的项目，就应设法降低工程成本，在保证工程质量的前提下减少支出，使问题预先得以解决，这就是两算对比的目的。

（1）两算对比的内容。两算对比的内容主要有以下三个方面：

1）人工及人工费对比：

要求：施工预算的人工及人工费≤施工图预算的人工及人工费。即：

$$施工图预算综合工日 - 施工预算人工 = +值$$
$$施工图预算人工费 - 施工预算人工费 = +值$$

2）材料费对比：

要求：

$$施工图预算材料费 - 施工预算材料费 = +值$$

3）直接费对比：

直接费是由人工费、材料费和机械费组成，但在大多数情况下，机械费一般不作对比。因为对施工机械的使用一般有两种情况，一种是按工期计划的使用时间进行租赁，交付机械租赁费；另一种是按固定资产调拨使用，时间可长可短。这两种情况都不是按实际使用台班计算，故一般不作机械费的对比，如果需要时，机械费可另行计算。因此，对比的直接费只包括人工费和材料费。要求：

$$施工图预算直接费 - 施工预算直接费 = +值$$

（2）两算对比的方法步骤。两算对比按以下顺序进行：

1）首先选取一个分部工程，计算出施工预算的值，然后分别将人工费和材料费进行对比，得出对比值。如果对比差均为正值时，说明符合要求，再进行下一个分部工程的计算。如果对比差为负值时，应进行检查后，再进行下一步。

2）将直接费进行对比，如果对比差为正值，说明总的投入能满足要求，只是对上一步产生负差的部分应制定严格管理措施。如果对比差为负值，则应进一步对产生负差的人工或材料中的每个分项进行检查：

①首先检查施工预算的工程量计算是否正确。

②再检查工日数或材料量计算是否正确。

③进一步检查劳动定额的套用是否准确。

对上述错误排除后,将其中的每个分项与施工图预算中的相应分项进行一一对比,找出负差较大的分项。

3)针对负差较大的分项,拟订降低费用措施。这些措施可以从以下几方面考虑:

①在不降低工程质量情况下,适当改变品种规格(如小块料改成大块料),以减少人工使用量。

②在保证工程质量前提下,采用代用材料或掺合料,以减少材料费。

③在不影响原设计情况下,对细部构件作适当合并或拆分等的调整。如镶板门扇将四块镶板改成三块镶板,亮窗扇将三扇改成对开等,以减少用工用料量。

附:两算对比实践举例

现以铝合金门窗为例,说明其两算对比的做法。

1. 铝合金门窗的工程量和人工计算

由于在劳动定额中只有铝合金门窗安装,而没有铝合金门窗制安的项目,在计算门窗制安人工时,可根据编制《全国统一建筑装饰工程预算定额》中所取定数据:

铝合金地弹门按 1.8 工日/m^2,全玻地弹门按 2.1 工日/m^2,平开门窗、推拉门窗按 1.6 工日/m^2。

(1) 门窗工程量计算

M-1 面积 = $1.45 \times 2.475 = 3.59 m^2$,C-1 面积 = $1.45 \times 1.95 \times 10 = 28.28 m^2$

C-2 面积 = $1.45 \times 1.75 \times 6 = 15.23 m^2$,C-3 面积 = $1.15 \times 1.75 \times 2 = 4.02 m^2$

C-5 面积 = $0.7 \times 0.45 \times 6 = 1.89 m^2$,

窗面积小计 = $28.28 + 15.23 + 4.02 + 1.89 = 49.42 m^2$

(2) 门窗人工工日及人工费计算

铝合金门(M-1)用工量 = $3.59 \times 1.8 = 6.46$ 工日,铝合金窗(C-1~C-5)用工量 = $49.42 \times 1.6 = 79.07$ 工日。则:人工费 = $(6.46 + 79.07) \times 19.50 = 1667.84$ 元

2. 铝合金门窗材料及材料费计算

(1) 铝合金型材:包括门窗框、门窗扇和门窗亮等铝合金型材,它们按其框料的长、宽尺寸计算。

①门窗框型材:门窗框型材一般为铝合金扁方管,其外框尺寸按下式计算:

$$门窗框高 = 洞口宽 - 墙框空隙$$

$$门窗框宽 = 洞口宽 - 墙框空隙$$

式中 墙框空隙——每一边按 0.025m 计,地弹门只算上一边,推拉与平开门窗算上下两边。

门窗框型材用量 = (2 边框长 + 上下横框长 + 中横框长) × 型材单位重 × 1.06

式中 中横框长 = 门窗框宽 - 2 × 边框方管厚

②门窗扇型材:门窗扇铝合金型材有外边料(推拉窗称光企)、内边料(推拉窗称勾企)和上、下横材(推拉窗还配有上滑和下滑)。

门扇高一般按 2m 或 2.1m 取定,窗扇高按图纸设计。门窗扇宽 = 门框宽 - 2 边框方管厚

一个门窗扇型材用量 =（外边斜长×单位重 + 内边料长×单位重 + 上横材长×单位重 + 下横材长×单位重）×1.06

③玻璃压条：玻璃压条有两种，一是固定门扇玻璃的专用压条；另一种是固定亮窗玻璃的普通压条。

门扇玻璃压条用量 =（边料压条长 + 横料压条长）×根数×单位重×1.06

亮窗普通压条用量 =（竖框压条长 + 横框压条长）×根数×单位重×1.06

式中　1.06——损耗率；

边料压条长——扇边框料长（高）- 上下横材高；

横料压条长——扇宽 - 2 边框料宽；

　　根数——玻璃每个边按 2 根计算；

　　单位重——根据型材出厂厂家的"型材规格技术资料"选用，因各厂家的生产工艺有所不同，即使同一型号的型材，所得出的单位重都有一定区别。

现摘录郑州铝型材厂有关规格如下：

①地弹门型材规格：

扁方管：宽×厚×壁 = 75mm×45mm×1.5mm，单位重按 0.948kg/m

扇边料：宽×厚×壁 = 51.3mm×46mm×1.3mm，外料单位重 0.977kg/m，内边料单位重 0.91kg/m

上横：宽×厚×壁 = 54mm×44mm×1.5mm，单位重 1.025kg/m，下横：宽×厚×壁 = 81×44×1.3，单位重 1.64kg/m

门扇玻璃压条：宽×厚×壁 = 13.5mm×14.8mm×1.0mm，单位重 0.14kg/m

②推拉窗型材规格：

扁方管：宽×厚×壁 = 90mm×25mm×1.3mm，单位重 0.789kg/m

上滑：宽×厚 = 90mm×51mm，单位重 1.03kg/m，下滑：宽×厚 = 86×31（mm），单位重 0.953kg/m

上横：宽×厚×壁 = 51mm×28mm×1.3mm，单位重 0.71kg/m，上横：宽×厚×壁 = 76mm×28mm×1.3mm，单位重 0.907kg/m

勾企：宽×厚×壁 = 51mm×38mm×1.3mm，单位重 0.855kg/m，光企：宽×厚×壁 = 46mm×38mm×1.3mm，单位重 0.774kg/m

边封：宽×厚×壁 = 90mm×2mm×1.3mm，单位重 0.662kg/m，中框：宽×厚×壁 = 31mm×44mm×1.3mm，单位重 0.515kg/m

亮扇玻璃压条：宽×厚×壁 = 10mm×10mm×1mm，单位重 0.076kg/m

(2) 玻璃：按洞口面积计算，不扣减框料宽度。

(3) 密封毛条：按扇边料的长度计算。

(4) 玻璃胶：用于密封玻璃压条的周边，每支玻璃胶按挤胶 14m 长计算。

$$玻璃胶用量 = 玻璃压条长度 \div 14（支）$$

(5) 地脚、膨胀螺栓、螺钉等按基础定额指标计算。

现按上述要求计算如下：

1) 铝合金型材：

①1M-1（1.5×2.5）：门框：宽 = 1.45m，高 = 2.475m，中横框宽 = 1.45 - 0.045×2 =

1.36m。

则：扁方管长 = 2.475×2 + 1.45 + 1.36 = 7.76m

门扇：宽 = 1.36m，高 = 2m。则：内外边料各长 = 2m×2扇 = 4m。上下横各长 = 1.36 - 0.0513×2 = 1.2574m

门扇玻璃压条：宽 = 1.257m。高 = 2 - 0.054 - 0.081 = 1.865m。则：压条长 = (1.257 + 1.865)×2×2扇 = 12.49m

亮窗：宽 = 1.36m，高 = 2.475 - 2 - 0.045×2 = 0.385m。则玻璃压条长 = (1.36 + 0.385)×2×2面 = 6.98m

②10C-1（1.5×2）：窗框：宽 = 1.45m。高 = 1.975m。中横框宽 = 1.45 - 0.025×2 = 1.4m

则：扁方管长 = (1.4×3 + 1.975×2)×10 = 81.50m

窗扇：两扇宽按1.4m。高按1.2m

则：边封、光企、勾企各长 = 1.2×2根×10樘 = 24m。上下横滑各长 = (1.4 - 0.027×2)×10 = 13.46m

亮窗：宽 = 1.4m。高 = 2 - 1.2 - 0.025×3 = 0.725m。则：玻璃压条长 = (1.4 + 0.725)×4×10 = 85.00m

③6C-2（1.5×1.8）窗框：宽 = 1.45m。高 = 1.75m。中横框宽 = 1.4m

则：扁方管长 = (1.4×3 + 1.75×2)×6 = 46.20m

窗扇：宽 = 1.4m。高 = 1.2m

则：边封、光企、勾企各长 = 1.2×2×6 = 14.40m。上下横、滑各长 = (1.4 - 0.027×2)×6 = 8.076m

亮窗：宽 = 1.4m。高 = 1.75 - 1.2 - 0.025×3 = 0.475m。则：玻璃压条长 = (1.4 + 0.475)×4×6 = 45.00m

④2C-3（1.2×1.8）窗框：宽 = 1.15m。高 = 1.75m。中横框宽 = 1.15 - 0.025×2 = 1.10m

则：扁方管长 = (1.1×3 + 1.75×2)×2 = 13.60m

窗扇：宽 = 1.1m。高 = 2m

则：边封、光企、勾企各长 = 1.2×2×2 = 4.8m。上下横、滑各长 = (1.1 - 0.027×2)×2 = 2.092m

亮扇：宽 = 1.1m。高 = 0.475m。则：玻璃压条长 = (1.1 + 0.475)×4×2 = 12.60m

⑤6C-5（0.75×0.50）窗框：宽 = 0.70m，高 = 0.45m。则：扁方管长 = (0.7 + 0.45)×2×6 = 13.80m

窗扇：宽 = 0.7 - 0.05 = 0.65m。高 = 0.45 - 0.05 = 0.40m

则：边封、光企、勾企各长 = 0.4×2×6 = 4.80m。上下横、滑各长 = (0.65 - 0.054)×6 = 3.576m

综合以上构件材料，计算其重量如下：

①地弹门：扁方管 = 7.76×0.948 = 7.36kg，扇边料 = 4×(0.977 + 0.91) = 7.55kg

上下横 = 1.2574×(1.025 + 1.64) = 3.35kg。门压条 = 12.49×0.14 = 1.75kg，亮压条 = 6.98×0.076 = 0.53kg

小计　　　　20.54kg

②推拉窗：扁方管 $= (81.5 + 46.2 + 13.6 + 13.8) \times 0.789 = 122.37 \text{kg}$

边封、光企、勾企 $= (24 + 14.4 + 4.8 + 4.8) \times (0.774 + 0.855 + 0.662) = 109.97 \text{kg}$

上下横、滑 $= (13.46 + 8.076 + 2.092 + 3.576) \times (1.03 + 0.953 + 0.71 + 0.907)$
$= 97.93 \text{kg}$

压条 $= (85 + 45 + 12.6) \times 0.076 = 10.83 \text{kg}$

小计 341.10kg 总计 $= 20.54 + 341.10 = 361.64 \text{kg}$

铝合金型材 $= 361.64 \times 1.06 = 383.34 \text{kg}$，按基础定额单价，则：材料费 $= 383.34 \times 16.87 = 6466.95$ 元

2）5mm 玻璃按洞口面积 56.52m^2，则：材料费 $= 56.52 \times 30.85 = 1743.64$ 元

3）玻璃胶按压条总长 $149.58 \div 14 = 10.68$ 支，则：材料费 $= 10.68 \times 20.76 = 221.72$ 元

4）密封毛条按门扇边料和窗扇边封总长 $49.6 \times 2 = 99.2$ 支，则：材料费 $= 99.2 \times 1.64 = 162.69$ 元

5）软填料按基础定额计算（同施工图预算）19kg，则：材料费 $= 19 \times 8.08 = 153.52$ 元

6）密封油膏同上，17.07kg，则：材料费 $= 17.07 \times 3.74 = 63.84$ 元

7）地脚同上，226 个，则：材料费 $= 226 \times 1.30 = 293.80$ 元

8）膨胀螺栓同上，445 个，则：材料费 $= 445 \times 1.44 = 640.80$ 元

9）螺钉同上，4.24 百个，则：材料费 $= 4.24 \times 3.22 = 13.65$ 元

10）胶纸同上，65m^2，则：材料费 $= 65 \times 4.32 = 280.80$ 元

11）小五金材料费 $= 0.04 \times 6762.38 + 0.02 \times 3205.46 + 0.04 \times 2290.13 + 0.53 \times 1250.71$
$= 1089.09$ 元（门窗工程量×基础定额小五金费）

以上材料费总计：11130.50 元

3．两算对比

对比项目	施工图预算	施工预算	两算对比 +－差
人工费	2156.93 元	1667.84 元	+489.09 元
材料费	10011.31 元	11130.50 元	－1119.19 元
直接费	12168.24 元	13173.57 元	－630.10 元

通过上述对比，材料费产生负差 1119.19 元，而总直接费负差 630.10 元，这说明施工用材超出施工图预算，需进一步查找原因。通过材料用料检查，施工计算铝合金型材为 383.34kg，而施工图预算铝合金型材为 292.93kg，两者相差 90.41kg（材料费 $90.41 \times 16.87 = 1525.22$ 元）。究其原因是郑州铝厂型材的单位重量偏高。因此，在选购铝合金型材时，应尽量按照定额内所使用的型材规格进货，即可克服这一负差现象。

三、建筑装饰工程预算造价概述

（一）装饰工程预算造价计算依据

1．施工图纸和有关设计资料

（1）经有关部门审批后的全套施工图纸和图纸说明是计算建筑装饰工程预算造价的重要依据之一。这些图纸包括：装饰平面布置图、顶棚平面图、装饰立面图、装饰剖面图和局部大样图等。

（2）经甲、乙、丙三方对施工图会审签字后的会审记录，也是计算装饰工程预算造价的重要依据。

(3) 装饰效果图，包括整体效果图和局部效果图。

2. 建筑装饰工程预算定额或单位估价表

装饰工程预算定额是编制装饰工程预算的基本法规之一，是正确计算工程量，确定装饰分项工程基价（或称单价），进行工料分析的重要基础资料。要注意的是，必须按工程性质和当地有关规定正确选用定额，例如，不论施工企业是什么地方的，也不论是何部门主管，在何地承包装饰工程就应该执行该地规定的预算定额，地方性的装饰工程不能执行某个行业的装饰定额；也不能甲行业（专业）的装饰工程按乙行业的预算定额执行等等。一句话，按工程所在地区规定或行业规定的定额执行。

另外，装饰工程是个综合性的艺术创作，整个装饰工程不可能按某一种定额执行。应按装饰内容不同执行规定的定额。例如，《江苏省建筑装饰工程预算定额》总说明中规定，装饰工程中需要做卫生洁具、装饰灯具、给排水及电气管道等安装工程的，均按《全国统一安装工程预算定额》的有关项目执行；进行二次或再次装修的工程，在旧基层上修凿、清理及间接费的计算，应按省《房屋修缮定额及其收费标准》规定执行。建筑装饰工程与室内装饰工程要按规定分别执行相应的定额。总之，要按定额的适用范围，结合工程项目内容执行规定的定额，或者说，干什么工程就执行什么定额。

有的地区执行单位估价表，单位估价表也称地区单位估价表，它是根据地区的预算定额、建筑装饰工人工资标准、装饰材料预算价格和施工机械台班价格编制的，以货币形式表达的分项（子项）工程的单位价值。单位估价表是地区编制装饰工程施工图预算的最基本的依据之一。

此外，各地区装饰工程预算定额的名称并不统一，有的地区称装饰工程综合定额，有的称装饰工程计价定额，还有的称装饰工程估价指标。不管名称上的差异如何，它们都是编制本地区装饰工程预算造价的基础。

3. 装饰工程费用定额及其他取费文件

装饰工程费用定额是根据国家和各省、直辖市、自治区有关规定编制的，它是编制装饰工程预算、标底、结算和审核的依据。费用定额的内容包括：(1) 定额费用组成；(2) 取费标准；(3) 工程造价计算程序。

装饰工程费用定额应与装饰预算定额配套使用，这一点也是很重要的。例如，江苏省1998年建筑装饰工程费用定额必须与1998年装饰工程预算定额配套执行使用，不得配错。另外，费用定额中的取费标准不是固定不变的，而是要根据市场行情进行定期调整的。这些调整和变化包括各种取费率、材料价差系数以及人工、机械费调整系数等。这些资料一般是由国家或地区主管部门、工程所在地的工程造价管理部门所颁发的，及时收集上述文件，便于工程造价费用计算，提高造价计算的准确性。

4. 材料价格信息

装饰材料费在装饰工程造价中所占比重很大，而且装饰新材料不断出现，价格也随时间起伏颇大，因此，随着时间的推移，预算定额基价中的材料费就不能正确反映工程实施当时的真实价格。为了准确反映工程造价，目前各地工程造价管理有关部门均定期发布建筑装饰材料市场价格信息，以供调整定额中的材料预算价格之用。

有的地区，装饰材料也不使用预算价格，直接按当时材料实际价格计入定额直接费，这时材料价格信息资料就显得格外重要。

5. 施工组织设计资料

建筑装饰工程施工组织设计具体规定了装饰工程中各分项工程的施工方法、施工机具、构配件加工方式、技术组织措施和现场平面布置图等内容。它直接影响整个装饰工程的预算造价，是计算工程量、选套预算定额或单位估价表和计算其他费用的重要依据。

6. 装饰工程施工合同或协议书

装饰工程施工合同是承、发包双方依法签定的有关双方各自承担的责任、义务和分工的经济契约。工程造价要根据甲、乙双方签定的施工合同或施工协议进行编制。因为合同是法规性文件，它规定了承包工程范围、结算方式、包干系数、材料质量、供应方式和材料价差的计算、工期等，这些都是计算工程造价必不可少的依据。

7. 有关标准图集和手册

当前装饰工程设计中，广泛地使用标准设计图，这是工程设计的趋势。为了方便而准确地计算工程量，必须备有相关的标准图集，包括国家标准图集和本地区标准图集。同时，还应准备符合当地规定的建筑材料手册和金属材料手册等，以备查用。

（二）计算装饰工程预算造价应具备的基本条件

（1）装饰施工图纸及有关设计资料符合规定，并经有关部门审批，图纸经过交底和会审，得到建设单位、施工单位和设计单位共同认可。

（2）施工单位编制的装饰工程施工组织设计或施工方案，必须经有关主管部门批准，符合招标文件规定。

（三）装饰工程预算造价编制方法

建筑装饰工程预算造价的编制方法主要有以下两种：

1. 单位估价法

单位估价法是根据分部分项工程的工程量，预算定额基价或地区单位估价表单价，计算定额直接费，并以此为基础计算其他直接费、现场经费、间接费、计划利润、定额编制管理费和税金，最后汇总求得装饰工程预算造价。

2. 实物造价法

实物造价法是根据实际施工中所用的人工、材料和机械台班消耗量，分别乘以地区人工预算工资单价、材料预算价格和机械台班价格，得人工费、材料费和机械费，以其和为基数计算各项取费，最后汇总形成装饰工程预算造价的方法。

装饰工程正在兴盛、发展，设计和施工中广泛使用新材料、新工艺、新结构和新设备，有些项目在现行装饰预算定额中没有包括，若编制临时补充定额，时间上又不允许，在这种情况下常采用实物造价法编制工程预算，更多的情况下是用单位估价法编制预算。

（四）装饰工程预算编制步骤

装饰工程预算常称为施工图预算，通常按下列顺序进行：

1. 熟悉施工图纸和有关资料

施工图纸及其说明是编制预算、计算工程量的基本依据。阅读图纸，掌握工程全貌，有利于正确划分工程（子）项目；熟悉工程内容和各部位尺寸，有利于准确计算工程量；了解工程结构、施工做法和所用材料，就能正确套用或换算定额，求出定额基价。一般来说，熟悉图纸包括如下几方面工作：

（1）首先是将图纸按规定顺序编排，装订成册，如发现缺漏图纸，应及时补齐。

（2）阅读审核图纸。图纸齐全后，认真阅读，做到全面熟悉工程内容、做法和各相应尺寸。发现设计问题，及时研究解决。

（3）掌握交底、会审资料。在熟悉图纸的基础上，参加由建设单位主持，设计单位参加的图纸交底、会审会，了解会审记录的有关内容。

（4）阅读与装饰工程内容相关的其他图纸，包括土建、给排水、电气、装饰灯具、暖通等方面的施工图纸。

（5）已经批准的招标文件，包括工程范围和内容、技术质量和工期的要求等。

（6）必要时，查阅有关局部构造或构配件的标准图样。

另外，应准备足够的其他基础资料，包括预算定额或单位估价表，施工组织设计和施工技术措施方案，材料价格信息，施工合同和政府部门发布的各项工程造价文件等。

2. 列工程分项子目

根据设计图纸，列出全部需要编制预算的装饰工程项目，就称为列分项子目。注意，这里所说的项目是指设计图纸中所包含的，又要与预算定额相对应的那些项目，通常称为分项、子项或子目。

（1）列工程子项时应掌握的基本原则是：既不能多列、错列，也不能少列、漏列。

1）凡图纸上有的工程内容，定额中也有相应子目，列子项；

2）凡图纸上有的工程内容，而定额中却无相应子目，也要列项；

3）当图纸上无而定额中有的，不得列子项。

（2）列子项的方法和顺序通常有两种：

1）按照施工图纸和预算定额，且以预算定额的编制顺序列项，从一个分部工程开始，找出相应的分项工程，在该分项工程中，再以定额编号为序，按上述原则逐一列出，直到图纸所含工程内容全部列出为止。

2）按照施工图纸和施工顺序列项。装饰工程的施工顺序，与一般土建工程稍有差异，装饰工程施工是在主体结构工程基本完成之后进行的，它不一定要从下向上依次进行。在楼地面、墙柱面、顶棚、门窗等分部工程中，可以先做顶棚、墙柱面，再做门窗、地面，也可以组织平行流水作业，还可以多个房间（或单元）同时进行，或者数个楼层同时进行。因此，按施工顺序列项就要按照具体的施工组织设计来确定。通常，按定额的分部分项顺序列项者居多。

（3）列子项的要求。

一般情况下，要求每一个子项列出如下内容：

1）工程子项序号；

2）定额编号；

3）子项工程名称。

当图纸的构造做法、所用材料、规格与定额规定完全相同时，则列出定额所示子目名称及其编号；当定额规定内容及做法与图纸要求不完全相符时，应按图纸列子项名称，同时在查阅定额基价前需确认是否可以换算，如定额允许换算，则在定额编号的右下角加一个角注"换"字，以示该子项应进行定额调整或换算。

3. 计算工程量

工程量是以规定的计量单位（自然计量单位或法定计量单位）所表示的各分项（子项）工程或结构构件的数量，它是编制预算造价的主要基础数据。工程量的正确与否直接影响到预算造价的准确性。工程量要按工程量计算规则，仔细认真地逐项计算。实际工作中，工程量用工程量计算表进行计算（表2-1-2）。

装饰工程工程量计算表　　　　　　　　表2-1-2

序号	定额编号	分项工程名称	计算式	单位	工程量
1					
2					

4. 确定分项工程价值，计算单位装饰工程定额直接费

根据汇总整理后的工程量，按分部分项套用预算定额或单位估价表，得定额基价（或单价），随后计算分项工程价值（也称复价），将各分项复价汇总后，即得单位装饰工程定额直接费。同样，复价及定额直接费，也是用装饰工程预算表计算（表2-1-3）。

装饰工程预算表　　　　　　　　表2-1-3

序号	定额编号	分项工程名称	工程量		复价（元）		其　　中		
			单位	数量	定额基价	金额	人工费	材料费	机械费
1									
2									

5. 计算单位装饰工程其他直接费、现场经费和间接费等各项应取费用

计算完单位装饰工程定额直接费后，就可以按费用定额规定的各项取费标准计算各项费用，它们包括：其他直接费、现场经费、间接费、计划利润、定额编制管理费和税金等。

6. 进行工料分析

分别计算项目所需各种不同品种、规格材料数量。

7. 计算材料价差

分别计算不同品种的装饰材料的差价。

8. 计算工程造价

汇总以上4、5各项费用即得单位装饰工程总造价。

9. 编制装饰工程造价预算书

单位装饰工程预算造价确定后，就可着手编制预算书。预算书是装饰工程预算文件的综合体，一般包括：

(1) 装饰工程预算书封面。

(2) 编制说明：编制说明没有规定的格式及内容要求，通常包括：编制预算所依据的施工图纸，预算定额，费用定额及取费标准，计算材料价差的依据和方法（有的施工合同写明，预算造价不计入材差，决算时再列入，此时在说明中应交待清楚），包干系数的确定，定额缺项的处理及编制补充定额的依据，以及其他应该说明的事项。

(3) 装饰工程造价汇总表。

采用"装饰工程造价计算程序"的地区,按造价计算程序所列的计算表就是造价汇总表。表的最后一项即为工程总造价。

没有规定造价计算程序的地区,按各项取费计算表和工程直接费汇总表即可求得工程造价总额。

(4) 装饰工程预算表。

(5) 装饰工程工程量计算表(或工程量计算原稿)。

(6) 工料分析表(包括分项分析表和工料汇总表)。

(7) 材料价差计算表。

(8) 其他,如独立费、工程质量奖、技术措施费等。

四、装饰装修工程工程量清单项目及计算规则

随着人们物质生活水平的提高,建筑装饰档次逐年上升,其造价已接近或超过土建工程造价,专业的建筑装饰企业逐渐成熟、壮大,成为建筑行业一大支柱产业。鉴于上述现实,我们将"装饰装修工程工程量清单项目及计算规则"单独列为附录B(以下简称附录B)。

1. 内容及适用范围

(1) 包括内容:附录B清单项目包括楼地面工程、墙(柱)面工程、顶棚工程、门窗工程、油漆涂料裱糊工程、其他工程共6章47节214个项目。

(2) 适用范围:附录B清单项目适用于采用工程量清单计价的装饰装修工程。

2. 章、节、项目的设置

(1) 附录B清单项目与《全国统一建筑装饰装修工程消耗量定额》(以下简称《消耗量定额》)章、节、项目设置进行适当对应衔接。

(2)《消耗量定额》的装饰装修、脚手架及项目成品保护费、垂直运输费列入工程清单措施项目费,附录B减至6章。

(3) 附录B清单项目"节"的设置,基本保持消耗量定额顺序,但由于清单项目不是定额不能将同类工程一一列项,如:《消耗量定额》将楼地面工程的块料面层分为天然石材、人造大理石板、水磨石、陶瓷地砖、玻璃地砖等,而在清单项目中只列一项"块料面层"。还有一些在消耗量定额中列为一节,如"分隔嵌条、防滑条"列为一节,而在清单项目中,嵌条、防滑条仅是项目的一项特征。为此,清单项目仅有47节。

(4) 附录B清单项目"子目"设置,在消耗量定额基础上增加了:楼地面水泥砂浆,菱苦土整体面层、墙柱面一般抹灰项目、特殊五金安装、存包柜、鞋柜、镜箱等项目。

3. 有关问题的说明

(1) 附录之间的衔接。

1) 附录B清单项目也适用于附录E(园林绿化工程工程量清单项目及计算规则)中未列项的清单项目。

2) 附录A(建筑工程工程清单项目及计算规则)的垫层只适用于基础垫层,附录B中楼地面垫层包含在相关的楼地面、台阶项目内。

(2) 共性问题的说明。

1) 附录B清单项目中的材料、成品、半成品的各种制作、运输、安装等的一切损耗,应包括在报价内。

2) 设计规定或施工组织设计规定的已完产品保护产生的费用，应列入工程量清单措施项目费用。

3) 高层建筑物所发生的人工降效、机械降效、施工用水加压等应包括在各分项报价内。

第二节 楼地面工程

一、楼地面工程造价概述

(一) 定额项目内容及定额的运用与换算

1. 定额项目内容

本分部定额项目内容包括：找平层、整体面层、块料面层、地板、地毯及栏杆、扶手和踢脚线。

(1) 找平层

找平层是指为铺设楼地面面层所做的平整底层，也称打底或刮糙。找平层一般铺设在填充材料和硬基层或混凝土表面上，以填平孔眼、抹平表面，使面层和基层结合牢固。例如，水泥砂浆地面双层做法的底层，块料地面结合层下的底层均属找平层。

找平层这个概念一般仅用于楼地面工程，墙柱面和顶棚面层装饰中，虽然也有找平层，但它已包括在定额中，不再另列项计算找平层。

装饰预算定额根据常用找平层材料，列水泥砂浆找平层，细石混凝土找平层和沥青砂浆找平层三种。其中，水泥砂浆找平层又按基层的不同，列铺在混凝土或硬基层上和铺在填充材料（如保温、隔热材料）上两个子项。

水泥砂浆找平层，定额按配合比 1:3 列项；细石混凝土找平层按混凝土强度等级 C20（碎石最大粒径 15mm）列项；沥青砂浆找平层按沥青（30 号石油沥青）：滑石粉：砂 = 1:2:6 的普通沥青砂浆列项。

(2) 整体面层

整体面层是指大面积整体浇筑、连续施工而成的现制地面或楼面。定额项目包括楼面、地面、楼梯、台阶、踢脚线等，按面层所用材料分，包括水泥砂浆面层、水磨石面层两类。

1) 水泥砂浆面层。水泥砂浆面层包括楼地面、楼梯、台阶和踢脚线共列 6 个子项。图 2-2-1 是水泥砂浆地面构造层次图。定额中所列加浆抹光随捣随抹是指在水泥砂浆或细石混凝土面层施工中，为提高面层光滑平整度而铺设的一层水泥砂浆面层，并随即用铁抹子压实赶光，定额所列水泥砂浆配合比为 1:1，厚度 5mm。

水泥砂浆踢脚线是指设计有踢脚线时，按踢脚线子目 1-13 执行，除水泥砂浆楼梯已包括了踢脚线外，整体面层、块料面层中均不包括踢脚线在内。另外，水泥砂浆踢脚线高度定额是按 150mm 编制的。

2) 水磨石面层。在基层上做水泥砂浆找平层后，按设计分格镶嵌嵌条，抹水泥砂浆面层，硬化后磨光露出石渣并经补浆、细磨、酸洗、打蜡，即成水磨石面层。图 2-2-2 是现制水磨石面层构造，其施工程序如下：

基层清理→刷素水泥浆→做标筋→铺水泥砂浆找平层→养护→嵌条分格→刷素水泥浆

一道→铺抹水泥石子浆面层→研磨→酸洗打蜡。

水磨石面层包括水磨石楼地面、楼梯、踢脚线和台阶，共列 8 个子项。水磨石楼地面按带嵌条，不带嵌条，分格调色和彩色镜面列项。嵌条是在水磨石面层铺设前，在找平层上按设计要求的图案设置的分格条，一般可用铜条、铝条或玻璃条，分格条的设置要求如图 2-2-3 所示。

定额中的分格调色是指用白色水泥彩色石子浆代替水泥白石子浆而做成的水磨石面层，也称彩色水磨石地面。

定额所列彩色镜面水磨石面层是一种高级水磨石面层，除质量要达到规范要求外，表面磨光一般应按"五浆五磨"研磨，七道"抛光"工序施工。

水磨石楼梯包括踏步板（平面）、踢脚线、踢脚板（垂直面）、平台、堵头在内，不包括楼梯踏步上嵌铜条的内容。定额分本色（或称不分色）和彩色（称分色）两个子项。本色水磨石是指采用普通水泥白石子浆做面层，彩色是用白水泥彩色石子浆作面层，其他定额材料含量和做法均相同。

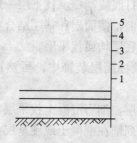

图 2-2-1 水泥砂浆地面
1—素土夯实；2—100 厚灰土垫层；
3—50 厚 C10 素混凝土垫层；4—素水泥浆结合层；
5—20 厚 1:2～1:2.5 水泥砂浆抹面

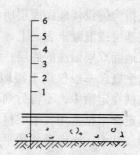

图 2-2-2 水磨石面层
1—素土夯实；2—混凝土垫层；3—刷素水泥浆一道；
4—18 厚 1:3 水泥砂浆找平层；5—刷水泥浆结合层一道；
6—10～15 厚 1:1.5～2 水泥白石子浆

与水泥砂浆踢脚线一样，水磨石踢脚线子目是为除水磨石楼梯之外所有设计做踢脚线的楼地面项目使用的。踢脚线的高度仍按 150mm。

(3) 块料面层

随着装饰业的发展和人们生活水平的提高，新型块料面层日渐增多。块料面层也称板块面层，是指用一定规格的块状材料，采用相应的胶结料或水泥砂浆结合层（找平层）镶铺而成的面层。常见铺地块料种类颇多，定额按块料品种列有大理石、花岗石、缸砖、陶瓷锦砖、假麻石、地砖、塑料板、橡胶板、玻璃地面 9 个分项，64 个子项，现将有关项目分述如下：

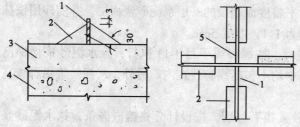

图 2-2-3 分格嵌条设置
1—分格条；2—素水泥浆；3—水泥砂浆找平层；
4—混凝土垫层；5—40～50mm 内不抹素水泥浆

1) 大理石、花岗石。大理石一般

分为天然大理石和人造大理石两种，天然大理石因盛产于云南大理而得名。大理石具有表观致密，质地坚实，色彩鲜艳，吸水率小等优点。装饰用大理石板材是将荒料经过锯、磨、切、抛光等工序加工而成。大理石一般为白色，纯净大理石，洁白如玉，常称为汉白玉。含有不同杂质的大理石呈黑色、玫瑰色、桔红色、绿色、灰色等多种色彩和花纹，磨光后非常美观。人造大理石是以大理石碎料、石英砂、石粉等为骨料，以聚酯、水泥等作胶粘剂，经搅拌、浇注成型、打磨、抛光而制成。大理石板材的化学稳定性较差，主要用作室内装饰材料。表 2-2-1 是常用大理石品种规格。

常用大理石板材品种及产地　　　　　　表 2-2-1

产品名称	产　　地	特　　征
汉白玉	北京房山、河南淅川、光山、湖北黄石、天津、西安、云南大理	玉白色，微有杂点和脉纹
晶白	湖北	白色晶粒、细致而均匀
雪花	山东淄博、青岛、掖县、河南淅川、天津、杭州、西安、宝鸡、安庆	白间淡灰色，有均匀中晶，有较多黄杂点
雪云	广东云浮	白和灰白相间
影晶白	江苏高资	乳白色有微红至深赭的脉纹
墨晶白	河北曲阳	玉白色，微晶，有黑色脉纹或斑点
风雪	云南大理	灰白间有深灰色晕带
冰浪	河北曲阳	灰白色均匀粗晶
黄花玉	湖北黄石	淡黄色，有较多稻黄脉纹
碧玉	辽宁连山关	嫩绿或深绿和白色絮状相渗
彩云	河北获鹿、河南淅川	浅翠绿色底，深绿絮状相渗，有絮斑或脉纹
斑绿	山东青岛、莱阳、淄博、陕西宝鸡、杭州、北京	灰白色底，有斑状堆状深草绿点
云灰	山东青岛、淄博、陕西宝鸡、北京房山、云南大理、河北阜平	白或浅灰色镀，有烟状或云状黑纹带
驼灰	江苏苏州	土灰色底，有深黄赭色、浅色疏脉纹
裂玉	湖北大冶	浅灰带微红色底，有红色脉络和青灰色斑
艾叶青	北京房山、西安、天津	青底、深黄间白色叶状斑云，间有片状纹缕
残雪	河北铁山	灰白色、有黑色斑带
晚霞	北京顺义、天津	石黄间土黄斑带，有深黄叠状脉编印，间有黑晕
虎纹	江苏宜兴、河南光山	赭色底、有流纹状石黄色经络
灰黄玉	湖北大冶	浅黑灰底，有焰红色、黄色和浅灰经络
秋枫	江苏南京	灰红底、有血红晕脉纹
砾红	广东云浮	浅底、满布白色大小碎石块
桔络	浙江长兴	浅灰底，密布粉红和紫红叶脉纹
岭红	辽宁铁岭	紫红底
墨叶	江苏苏州	黑色，间有少量白络或白斑
莱阳黑	山东莱阳	灰黑底，间有黑斑灰白色点
墨玉	贵州、广西、北京、河南、昆明、陕西宝鸡、西安、湖南利慈、东安、山东淄博、青岛、河北阜平、灵寿	墨色
中国红	四川雅安	较为稀少的特殊品种，近似印度红
中国蓝	河北承德	较为稀少的特殊品种（1994 年发现）

续表

产品名称	产地	特征
诺尔红	内蒙古	近似印度红
紫豆瓣	河北阜平、灵寿、河南、西安	紫红色豆瓣
螺丝转	西安、天津、北京、河南	深灰地、紫红转
枣红	安徽安庆	枣皮色，有深浅
黑绒玉	安徽安庆	黑底呈灰白色，似黑色渗透之绒团或芦花状
云雾	安徽安庆	肉色或浅白底色，咖啡色及黑色相互交汇，呈云雾状
碧波	安徽安庆	淡碧绿色，呈海浪状
宜红	安徽安庆	棕红色，板面由氧化铁红形成的晕色花纹，酷似木质年轮
绿雪花	安徽安庆	白底淡绿色，似绿宝石散于雪地之上，闪闪发光
蓝雪花	安徽安庆	似碧蓝海水，又如深秋晴空
凝脂	江苏宜兴	猪油色底，稍有深黄细脉，偶带透明杂晶
晶灰	河北曲阳	灰色微赭，均匀细晶，间有灰条纹或赭色斑
海涛	湖北	浅灰底，有深浅相间的青灰色条状斑带
象灰	浙江潭浅	象灰底，杂细晶斑，并有红黄色细纹格
螺青	北京房山	深灰色底，满布青白相间螺纹状花纹
螺红	辽宁金县	绛红底，夹有红灰相间的螺纹
蟹青	湖北	黄灰底，遍布深灰或黄色砾斑间有白灰层
锦灰	湖北大冶	浅黑灰底，有红色或灰色脉络
电花	浙江杭州	黑灰底，满布红色间白色脉络
桃红	河北曲阳	桃红色，粗晶，有黑色缕纹或斑点
银河	湖北下陆	浅灰底，密布粉红脉络杂有黄脉
红花玉	湖北大冶	肝红底，夹有大小浅红碎石块
五花	江苏、河北	绛紫底，遍布绿青灰色或紫色大小砾石
墨壁	河北获鹿	黑色，杂有少量浅黑陷斑或少量土黄缕纹
星夜	江苏苏州	黑色，间有少量白络或白斑

花岗石板材是以含有长石、石英、云母等主要矿物晶粒的天然火成岩荒料，经过剁、刨、抛光而成，其色彩鲜明，光泽动人，有镜面感，主要用于室内外墙面、柱面和地面等装饰。表 2-2-2 是常用花岗石品种、规格及产地，供参考。

常用花岗石产地及品种　　　　　　表 2-2-2

产地	品种
广东连县	连州大红、连州中红、连州浅红、穗青花玉、梅花斑、黑白云、紫罗兰、青黑麻
福建惠安	田中石、左山红、峰白石、笔山石

续表

产地	品　种
福建莆田、长乐	黑芝麻
福建同安	大黑白点
福建厦门、泰宁	厦门白
福建安门	浅红色
山东济南	济南青、将军红、芝麻白、五花石、桃红、玫瑰红、森树绿、济南灰、长青花、泰山青、济南白
山东青岛	黑花岗石、泰山红、将军红、柳埠红、四川红、樱桃红、五莲红、莒南青、金山红、西丽红、梅花岩、茶山红、灰白色、济南青、万年青、崂山青、崂山红、石岛红、芝麻白、朝霞、星花
山东淄博	柳埠红、将军红、济南青、淄博青、淄博花、鲁山白、泰山青、星星红、五莲花、樱花
山东泰安	泰山青、泰安绿、泰山红
山东平邑	平邑红、平邑黑、绿黑花白、灰黑花白
山东历城	柳埠红
山东栖霞	青灰色、灰白色、黑底小红花
山东海阴	白底黑花
山东掖县	莱州青、白底黑点
山东平度	灰白色
河南偃师	云里梅、梅花红、雪花青、乌龙青、菊花青、波壮山水、虎皮黄、墨玉、晚霞红、珊瑚花、大青花
湖北石首	青石棉、大石花、小石花

　　大理石、花岗石面层按装饰部位分为楼地面、楼梯、台阶和踢脚线。按铺贴用粘结材料分水泥砂浆粘结和干粉型粘结剂铺贴。按镶贴面层的图案形式不同，定额分为"普通镶贴"、"简单图案镶贴"和"复杂图案镶贴"三种形式。同色和不同色彩镶贴，按普通镶贴；需局部切除并分色镶贴成折线形图案者称多色简单图案镶贴；需局部切除并分色镶贴成弧线形图案称复杂图案镶贴；凡由市场供应的拼花石材成品铺贴，另行列项，按拼花石材定额执行。此外，定额另列拼大理石、花岗石碎板项目。大理石、花岗石两种镶贴块料，定额共列子项21个，大理石、花岗石板楼地面的构造做法如图2-2-4所示。

　　2）缸砖。缸砖又称地砖或铺地砖，系用组织紧密的黏土胶泥，经压制成型，干燥后入窑焙烧而成。缸砖表面不上釉，色泽常为暗红、浅黄和青灰色，形状有正方形、长方形和六角形等，常用规格有200mm×200mm×40mm、250mm×250mm×40mm以及150mm×150mm×10mm、100mm×100mm×8mm的小规格红缸砖（通常称为防潮砖）。缸砖一般用于室外台阶、庭院通道和室内厨房、浴厕以及实验室等楼地面的铺贴。

　　缸砖面层定额分为楼地面、楼梯、台阶、踢脚线和零星装饰等9个子目，其中楼地面、踢脚线按水泥砂浆和干粉型粘结剂铺贴列项，楼地面又分勾缝和不勾缝两种。

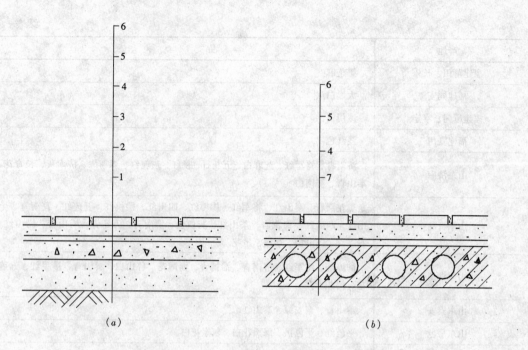

图 2-2-4 大理石、花岗石板楼地面构造层次图
(a) 地面构造；(b) 楼面构造
1—素土夯实；2—100厚3:7灰土垫层；3—50厚C10素混凝土基层；4—素水泥浆结合层；
5—1:3干硬性水泥砂浆找平层；6—大理石或花岗石板面层；7—钢筋混凝土楼板

3) 陶瓷锦砖。陶瓷锦砖又称马赛克。它是以优质瓷土为主要原料，经压制成型入窑高温焙烧而成的小块瓷砖，有挂釉和不挂釉两种，目前产品多数不挂釉。因尺寸较小，拼图多样化，有"什锦砖"之美称，故称陶瓷锦砖。单块陶瓷锦砖很小，不便施工，因此生产厂家将其按一定图案单元反贴在 305.5mm×305.5mm 的牛皮纸上，每张纸称为"一联"，每联面积为一平方英尺，约 0.093m²，一般以 40 联为一包装箱，可铺贴 3.72m²，故陶瓷锦砖又称牛皮纸砖。陶瓷锦砖具有美观、耐磨、抗腐蚀等特点，广泛用于室内外装饰。

陶瓷锦砖定额项目包括楼地面、台阶和踢脚线三种，楼地面和踢脚线分水泥砂浆和干粉粘结剂铺贴。共列 5 个子目。

4) 地砖。地砖也称地面砖，是采用塑性较大且难熔的黏土，经精细加工，烧制而成。地砖有带釉和不带釉两类，花色有红、白、浅黄、深黄等，红地砖多不带釉。地面砖有方形、长方形、六角形三种，规格大小不一，多为 300mm×300mm、400mm×400mm 或 150mm×150mm 等。

地砖定额项目按铺贴部位分为楼地面、楼梯、台阶及踢脚线四种。楼地面、踢脚线按水泥砂浆和干粉型粘结剂粘贴同时列项；与大理石、花岗石镶贴一样，楼地面也有多色简单图案镶贴和多色复杂图案镶贴之分。本分项计列子项 10 个。

5) 塑料、橡胶板。
①塑料板。塑料地板以及塑料卷材地面，是一种比较风行的地面装饰板材，它具有表面光滑、色泽鲜艳、且脚感舒适、不易沾尘、防滑、耐磨等优点，用途广泛。

塑料地板最常用的产品为聚氯乙烯塑料板（简称 PVC 地板），它主要以聚氯乙烯树脂

(PVC)为原料,掺以增塑剂、稳定剂、润滑剂、填充剂及适量颜料等,经搅拌混合,通过热压、退火等处理制成板材,再切成块料。

塑料地板按产品外形分有块材和卷材两种。常用块状地板的规格为305mm×305mm(1平方英尺),或303mm×303mm,厚度有1.5mm、2.0mm、2.5mm等。块料地板每盒50张,有各种颜色的净面板,如仿水磨石、仿木纹、仿面砖等图案。卷材地板宽900~2000mm,厚度有1.5mm、2.0mm、2.5mm及3mm等。

②橡胶板。橡胶地板主要是指以天然橡胶或以含有适量填料的合成橡胶制成的复合板材。它具有吸声、绝缘、耐磨、防滑和弹性好等优点,主要用于对保温要求不高的防滑地面。

塑料、橡胶板定额项目包括楼地面和踢脚线,共列6个子项,其中塑料板材及卷材列5个子项。

6)玻璃地面。玻璃地面包括镭射玻璃地面和夹层玻璃地面。

镭射玻璃是以玻璃为基体,在其表面制成全息光栅或其他几何光栅,在阳光或灯光照射下,会反射出艳丽的七色光彩,给人以美妙出奇的感觉。

镭射玻璃地砖具有抗老化、抗冲击,且耐磨性及硬度等优于大理石,与高档花岗石相仿,装饰效果甚优。

夹层玻璃系在两片或多片平板玻璃之间嵌夹透明塑料薄片,经加热、加压、粘合而成的平面或弯曲的复合玻璃制品,夹层玻璃的尺寸范围一般为:长度1000~1800mm,宽度750~850mm,厚度为(2+2)mm、(2+3)mm、(3+3)mm、(5+5)mm等。

镭射玻璃和夹层玻璃地面各列楼地面和零星项目两个子项。镭射玻璃地面砖按500mm×500mm×(5+5)mm的规格考虑,夹层玻璃定额按平夹层玻璃$\delta=(5+5)$mm取定。

7)镶贴面酸洗打蜡。水磨石面层定额中,已包括酸洗打蜡。块料、花岗石、大理石地面、楼梯面镶贴层均未包括酸洗打蜡的工料,凡工程要求酸洗打蜡者,应区别楼地面、楼梯台阶,另行列项(定额分列2个子项)。

为使铺贴的大理石、花岗石等块料面层表面更加明亮,富有光泽,需对其进行抛光打蜡。

抛光一般是将草酸溶液浇到面层上,用棉纱头均匀擦洗面层,或用软布卷固定在磨石机上研磨,直至表面光滑,再用水冲洗干净。草酸有化学腐蚀作用,在棉纱或软布卷擦拭下,可把表面的突出微粒或细微划痕去掉,故常称酸洗。草酸溶液的配比可为,热水:草酸 = 1:0.35(重量比),溶化冷却后待用。

打蜡可使表面更加光亮滑润,同时对表面有保洁作用。蜡液的配比采用,硬石蜡:煤油:松节油:清油 = 1:1.5:0.2:0.2(重量比)。打蜡的方法是:在面层上薄薄涂一层蜡,稍干后,用钉有细帆布(或麻布)的木块代替油石,装在磨石机的磨盘上进行研磨,直至光滑洁亮为止。

(4)木地板、地毯

1)木地板。木地板以材质分为硬木地板、复合木地板、强化复合地板、硬木拼花地板和硬木地板砖;硬木质地板常称实木地板,复合地板亦称铭木地板,强化复合地板简称强化地板。

按铺贴或粘贴基层分为:①硬木地板铺在木楞上;②木楞、毛地板和硬木地板;③木地板铺（或粘贴）在毛地板上，或直接粘贴在水泥面上。

按木板条拼接形式分，有直条地板、席纹地板、人字纹地板和方格形地板等。

此外，还分平面地板、企口地板、免刨免漆地板和复合木地板等。

图2-2-5、图2-2-6是几种常见实铺地板构造。

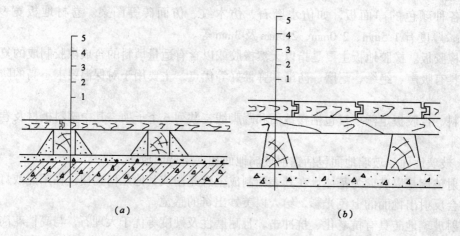

图2-2-5 实铺木地板
(a) 单层企口硬木地板
1—钢筋混凝土楼板；2—细石混凝土基层；3—木楞（预埋件固定，
1:3水泥砂浆坞龙骨）；4—防腐油；5—硬木企口地板条
(b) 双层企口硬木地板
1—细石混凝土基层；2—木楞；3—防腐油；4—毛地板；5—硬木地板

硬木地板条的尺寸一般为厚15~20mm，宽50~120mm，长400~1200mm；木楞也称木搁栅或木龙骨，宽40~60mm，厚25~40mm，间距一般为400mm左右；毛地板厚22~25mm（定额按25mm取定）宽100~120mm。硬木拼花地板常用尺寸范围是厚9~20mm，宽23~50mm，长115~300mm。

毛地板底面及木楞表面，均应涂刷防腐油，既可防腐亦可预防白蚁。

2) 硬木踢脚线。设计做木踢脚线时，本分项定额列有硬木踢脚线（高150mm，厚20mm）制安和衬板上贴切片板踢脚线制安两个子项，供选用。

3) 抗静电活动地板。抗静电活动地板是一种以金属材料或木质材料为基材，表面覆以耐高压装饰板（如三聚氰胺优质装饰板），经高分子合成胶粘剂胶合而成的特制地板，再配以专制钢梁、橡胶垫条和可调金属支架装配成活动地板。这种地板具有抗静电、耐老化、耐磨耐烫、装拆迁移方便、高低可调、下部串通、脚感舒适等优点，广泛应用于计算机房、通讯中心、电化教室、实验室、展览台、剧场舞台等。

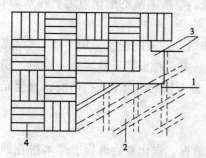

图2-2-6 双层拼花（方格形）地板构造
1—搁栅；2—毛地板；
3—柔性衬垫；4—拼花地板面层

抗静电活动地板典型面板平面尺寸有500mm×500mm、600mm×600mm、762mm×762mm等。定额按防火抗静电木质地板（规格600mm×600mm×30mm）、铝合金抗静电活动地板（600mm×600mm×30mm）及抗静电全钢活动地板（600mm×600mm×30mm）三种类型编制，列3个子目。

4）地毯。地毯是目前国内外最常用的楼地面装饰材料之一。地毯可分为两大类：一类为纯毛地毯，包括手工栽绒羊毛地毯和无纺织纯羊毛地毯。另一类为化纤地毯，包括腈纶纤维地毯、锦纶纤维地毯、涤纶纤维地毯、丙纶纤维地毯和混纺纤维地毯等。

纯毛地毯具有弹性好、抗老化、柔软舒适、难燃不滑、经久耐用、色彩鲜艳等特点。

化纤地毯具有脚感舒适、质轻耐磨、不怕虫蛀、图案美观、价格便宜等特点。

地毯花色品种和规格繁多，广泛用于室内地面装饰。

①楼地面地毯。楼地面地毯分固定式、不固定式和方块地毯三种铺设方式。

固定式又分单层和双层铺设。固定式铺设是先将地毯裁边、再拼缝、粘结成一块整片，然后用胶粘剂或倒刺板条固定在地面基层上的一种铺设方法。

固定式铺设分单层和双层两个子项。单层铺设一般用于装饰性工艺地毯，这种地毯分正反两面，反面一般加有衬底。双层铺设的地毯无正反面，两面可调换使用，即无底垫地毯。这种地毯需要另铺垫料，垫料一般为海绵波纹衬底垫料、塑料胶垫，也可用棉（或毛）织毡垫。

不固定式即活动式的铺设，即为一般摊铺，它是将地毯明摆浮搁在地面基层上，不作任何固定处理。

方块地毯，一般不需任何固定，只是一块靠一块地平放于地面基层上，互相严密挤紧即可。方块地毯较重，约 4kg/m^2，这样，人行其上时不易卷起，同时也能加大地毯与基层之间的黏滞性。

②楼梯地毯。楼梯地毯分满铺和不满铺（即局部铺设）两个项目。满铺是指从梯段最顶级到梯段最底级的整个楼梯全部铺设地毯。满铺地毯又分带胶垫和不带胶垫两种，有底衬（也称背衬、底垫）的地毯铺时不带胶垫，无底衬的地毯要另铺胶垫。胶垫只用于铺水平踏面，踏步垂直面不加衬垫。

不满铺是指分散分块铺设，一般多为铺水平面部分，踏步踢面不铺。

另外，定额列有楼梯地毯配件压棍安装子目。压棍主要用于楼梯踏步的阳脚处，既可固定踏步平面与立面转角处的地毯面，又可作防滑条用。

③栏杆、扶手。栏杆、扶手分项是指装饰工程中用于楼梯、走廊、回廊、阳台、平台，以及其他装饰部位的栏杆、栏板和扶手。包括铝合金扁管扶手与玻璃栏板、及铝合金栏杆；不锈钢管扶手和钢质栏杆、玻璃栏板；木扶手、栏杆、栏板；塑料扶手型钢栏杆；以及靠墙扶手等。定额共列子项22个，各种材料扶手、栏杆、栏板的配置如图2-2-7所示。

定额扶手的取定规格为：铝合金扁管扶手的铝合金扁管按 100mm×44mm×1.8mm；不锈钢管扶手用 ϕ76.2×1.5mm 的不锈钢管；硬木扶手分两种：一种是现场制安，定额净料按 150mm×50mm 取定，毛料为 155mm×55mm，则每10m硬木扶手定额含量为：0.155×0.055×10×1.12＝0.095m^3，其中材积损耗率为12%。另一种是成品硬木扶手安装，定额含量 10.60m。

2．楼地面工程定额的运用

（1）在计算楼梯项目的装饰面时，应注意"投影面积"中不包括楼梯踏步侧面和底面，楼梯板侧面的装饰按装饰线项目计算，楼梯底板的装饰按顶棚面计算。

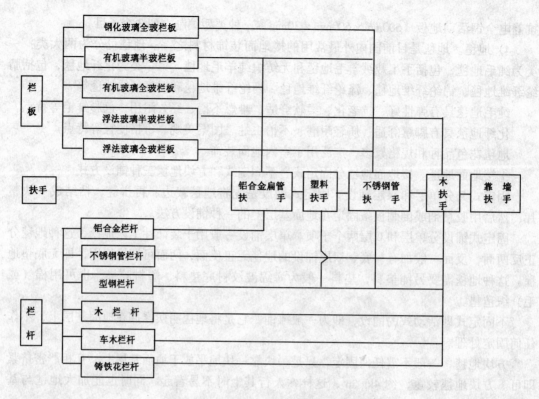

图 2-2-7 栏杆、栏板与扶手列项配置图

(2) 踢脚板高度定额是按 150mm 编制的,若实际设计尺寸超过时,材料用量及其材料费和基价可以调整,其他人工和机械台班不变。调整量(如材料量、材料费、基价等)按下式计算:

$$调整量 = 定额量 \times (设计高 \text{ mm} \div 150\text{mm})$$

(3) 定额中的"零星装饰"项目,只适用于小便槽、便池蹲位、室内地沟等零星项目。

(4) 定额中的"地毯"项目:楼地面分固定式(又分单层和双层)和不固定式;楼梯分满铺和不满铺;踏步分压棍和压板。它们的区别如下:

1) 楼地面固定式地毯:是指将地毯经裁边、拼缝、粘结成一块整片后,用胶粘剂或倒刺木卡条,将地毯固定在地面基层上的一种方式。其中单层铺设是用于一般装饰性工艺地毯,地毯有正反两面;而双层铺设的地毯无正反面,两面均可调换使用,在地毯下另铺有一层垫料,其垫料可为塑料胶垫,也可为棉毡垫。它们都按铺设的室内净面积计算。

2) 楼地面不固定式地毯:它是指一般的活动摊铺地毯,即将地毯平铺在地面上,不作任何固定处理,也按室内净面积计算。

3) 楼梯满铺:它是指从梯段最顶级铺到最底级,使整个楼梯踏步面层都包铺在地毯之下的一种形式。它按水平投影面积计算,大于 500mm 的楼梯井所占面积应予扣除。

4) 楼梯不满铺:这是指分散分块铺设的一种形式,一般多铺设楼梯的水平部分,踏步立面不铺。这种形式按实铺面积计算。

5) 踏步压棍与压板:它们用于地毯踏步的转角部位,压棍是指用小型钢管制作而成的压条，压住踏步地毯的边角部位，按套计算。压板是指用窄钢板条制作的压条，压住地毯的边角部位，按长度计算。

3. 楼地面工程定额换算

（1）找平层砂浆设计厚度与定额不同，按定额每增、减5mm找平层子目调整。粘结层砂浆厚度与定额不符时，按设计厚度调整。水泥砂浆整体面层中，砂浆厚度不同应调整，砂浆配合比不同不调整。砂浆厚度按比例调整。

水磨石楼地面的找平层、面层厚度定额中已经注明（另加2mm磨耗已包括在内），设计底层、面层厚度与定额不同时，水泥砂浆、白石子浆按比例换算，其他不变。

水泥砂浆坞木地板木楞，定额水泥砂浆厚50mm，设计与定额不符时，砂浆用量按比例调整。

（2）水磨石面层定额中，已包括酸洗打蜡，设计不做酸洗打蜡，应扣除定额中的酸洗打蜡材料费及人工0.51工日/10m^2。

（3）大理石、花岗石面层镶贴不分品种、拼色均执行相应定额。设计有两条或两条以上镶边者，按相应定额子目人工乘1.10系数（工程量按镶边的工程量计算）。

（4）定额中各种踢脚线项目均按高150mm编制的，设计高度与定额不同，材料用量应调整，人工不变。材料用量按比例法调整。硬木踢脚线按150mm×20mm毛料计算，设计断面不同，材积按比例换算。

（5）螺旋形楼梯的装饰按相应定额子目的人工、机械乘系数1.20。水磨石嵌弧形条，按相应定额子目人工乘系数1.10。

大理石、花岗石地面遇到弧形贴面时，其弧形部位的石材损耗可按实调整，石材弧形加工按弧形图示尺寸每10m另外增加：切贴人工0.6工日，合金钢切割锯片0.14片，石料切割机0.60台班。

（6）设计栏杆、栏板的材料、规格、用量与定额不同，可以调整。定额中的栏杆、栏板与楼梯踏步的连接是按预埋件焊接考虑的，设计用膨胀螺栓将铁板打入，在铁板上焊接栏杆、栏板时，每10m长的栏杆、栏板另增人工0.35工日，M10×100膨胀螺栓10只，螺栓上铁板1.25kg（铁件单价4.14元/kg），合金钢钻头0.13只，电锤0.13台班。

（7）大理石、花岗石多色复杂图案镶贴时，按多色简单图案镶贴相应定额人工乘系数1.20。

（8）镜面同质地砖按同质地砖相应定额，地砖单价换算，其他不变。

（9）设计地砖规格与定额不同时，按比例调整用量，或按设计用量加损耗进行调整（如楼地面普通铺贴同质地砖，损耗率2%）。

（10）水磨石面层嵌铜条，嵌入的铜条规格与定额不符，单价应换算，含量不变。

（11）木地板铺设木楞，楞木设计与定额不符时，应按设计用量加5%损耗与定额进行调整，其他不变。

（12）栏杆、扶手项目中，铝合金型材、不锈钢管、玻璃的含量按设计用量调整，人工、其他材料、机械不变。

（13）栏杆、扶手项目中，铜管扶手按不锈钢扶手相应定额执行，管材价格换算，其他不变。

（二）楼地面工程计算例题

1. 常用计算公式
(1) 面层
1) 水泥砂浆和混凝土面层等整体面层工程量：

$$面层工程量 = 净长 \times 净宽$$

2) 结构楼地面工程量：
木地板：

$$面层工程量 = 净长 \times 净宽$$

3) 贴面工程量：
镶贴地面面层：按图示尺寸以平方米投影面积计算。
(2) 垫层

$$地面垫层工程量 = （地面面层面积 - 沟道所占面积）\times 厚度$$

(3) 墙基防潮层

$$外墙工程量 = 外墙基中心线长 \times 墙基厚$$

$$内墙工程量 = 内墙基净长 \times 墙基厚$$

(4) 伸缩缝
1) 外墙伸缩缝如果设计为内外双面填缝时，工程量计算公式：

$$工程量 = 外墙伸缩缝长度 \times 2$$

2) 伸缩缝断面按以下情况考虑：
建筑油膏： 宽 $\times$ 深 $= 30mm \times 20mm$
其余材料：
宽 $\times$ 深 $= 30mm \times 150mm$
如设计不同时，材料可按比例换算，人工不变。
(5) 明沟和散水
1) 明沟：
工程量按设计中心线长以延长米计算，垫层、挖土按相应定额执行。
2) 散水：

$$工程量 = （建筑物外墙边线长 + 散水设计宽 \times 4）\times 散水设计宽 - 台阶、花池$$
$$等所占面积$$

2. 楼地面水泥砂浆整体面层工程量计算
整体面层、找平层均按主墙间净空面积以平方米计算。应扣除突出地面的构筑物、设备基础、室内管道、地沟等所占面积，不扣除柱、垛、间壁墙、附墙烟囱及面积在 $0.3m^2$ 以内的孔洞所占面积，但门洞、空圈、散热器槽、壁龛的开口部分亦不增加。

【例1】 如图2-2-8所示，求某办公楼二层房间（不包括卫生间）及走廊地面整体面层工程量（做法：1:2.5水泥砂浆面层厚25mm，素水泥浆一道；C20细石混凝土找平层厚40mm；水泥砂浆踢脚线高 = 150mm）。

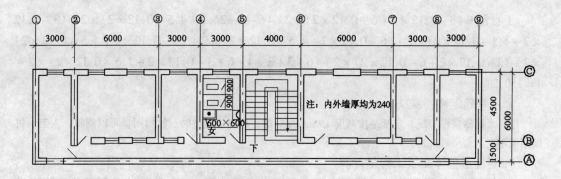

图 2-2-8 某办公楼二层示意图

【解】 按轴线序号排列进行计算：

工程量 = $(3-0.12\times2)\times(6-0.12\times2)+(6-0.12\times2)\times(4.5-0.12\times2)+(3-0.12\times2)\times(4.5-0.12\times2)+(6-0.12\times2)\times(4.5-0.12\times2)+(3-0.12\times2)\times(4.5-0.12\times2)+(3-0.12\times2)\times(6-0.12\times2)+(6+3+3+4+6+3-0.12\times2)\times(1.5-0.12\times2)=135.58(m^2)$

套用基础定额：8-23，8-20

注：(1) 水泥砂浆楼地面面层厚度与设计厚度不同时，可按 8-20 子目水泥砂浆找平层调增减，每 5mm 为一单位厚度；

(2) 水泥砂浆配合比与设计不同时，可以换算。本例即为 1:3 水泥砂浆换为 1:2.5 的水泥砂浆。

3. 细石混凝土找平层工程量计算

整体面层、找平层均按主墙间净空面积以米^{2}计算。应扣除突出地面的构筑物、设备基础、室内管道、地沟等所占面积，不扣除柱、垛、间壁墙、附墙烟囱及面积在 $0.3m^2$ 以内的孔洞所占面积，但门洞、空圈、散热器槽、壁龛的开口部分亦不增加。

【例2】 如图 2-2-8 所示，求某办公楼二层房间（不包括卫生间）及走廊地面找平层工程量（做法：C20 细石混凝土找平层厚 40mm）。

【解】 按轴线序号排列进行计算：

工程量 = $(3-0.12\times2)\times(6-0.12\times2)+(6-0.12\times2)\times(4.5-0.12\times2)+(3-0.12\times2)\times(4.5-0.12\times2)+(6-0.12\times2)\times(4.5-0.12\times2)+(3-0.12\times2)\times(4.5-0.12\times2)+(3-0.12\times2)\times(6-0.12\times2)+(6+3+3+4+6+3-0.12\times2)\times(1.5-0.12\times2)$
= $135.58m^2$

注：(1) 整体面层下做找平层时，找平层工程量与整体面层工程量相等。

(2) 垫层的设计厚度与定额子目厚不同时可以做调整。砂浆配比不同时，可以做调整。

套用基础定额：8-21；(8-22)×2

注：本工程地面垫层厚度为 40mm，8-21 子目为 30mm 厚，此厚度差为 10mm，8-22 子目每次调整厚度为 5mm，故 (8-22)×2。

4. 水泥砂浆踢脚线工程量计算

踢脚板按延长米计算，洞口、空圈长度不予扣除，洞口、空圈、垛、附墙烟囱等侧壁长度亦不增加。

【例3】 如图 2-2-8 所示，求某办公楼二层房间（不包括卫生间）及走廊水泥砂浆踢脚线工程量（做法：水泥砂浆踢脚线，踢脚线高 = 150mm）。

【解】 按延长米计算：

工程量 = $(3-0.12\times2+6-0.12\times2)\times2+(6-0.12\times2+4.5-0.12\times2)\times2+(3-0.12\times2+4.5-0.12\times2)\times2+(6-0.12\times2+4.5-0.12\times2)\times2+(3-0.12\times2+4.5-0.12\times2)\times2+(3-0.12\times2+6-0.12\times2)\times2+(6+3+3+4+6+3-0.12\times2+1.5-0.12\times2)\times2-4=150.28$m

套用基础定额：8-27

注：水泥砂浆踢脚线，定额是按高度150mm编制的，当高度超过时，材料用量可以调整，人工、机械用量不变。

5. 菱苦土整体面层工程量计算

整体面层、找平层均按主墙间净空面积以平方米计算。应扣除突出地面的构筑物、设备基础、室内管道、地沟等所占面积，不扣除柱、垛、间壁墙、附墙烟囱及面积在 $0.3m^2$ 以内的孔洞所占面积，但门洞、空圈、散热器槽、壁龛的开口部分亦不增加。

【例4】 如图2-2-9所示，求某工具室地面菱苦土整体面层工程量（做菱苦土面层25mm，毛石灌M2.5混合砂浆厚100mm，素土夯实）。

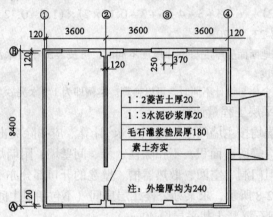

图2-2-9 某工具室平面示意图

【解】 工程量 = $(8.4-0.12\times2)\times(3.6\times3-0.12\times2) = 86.17m^2$

套用基础定额：8-45

6. 毛石灌浆垫层工程量计算

地面垫层按室内主墙间净空面积乘以设计厚度以立方米计算。应扣除突出地面的构筑物、设备基础、室内管道、地沟等所占体积，不扣除柱、垛、间壁墙、附墙烟囱及面积在 $0.3m^2$ 内孔洞所占体积。

【例5】 如图2-2-9所示，求毛石灌浆垫层工程量（做毛石灌M2.5混合砂浆，厚100mm，素土夯实）。

【解】 工程量计算 = $(8.4-0.12\times2)\times(3.6\times3-0.12\times2)\times0.1 = 8.617m^3$

注：也可用整体面层平方米工程量乘设计厚度。

套用基础定额：8-7

7. 现浇水磨石面层工程量计算

【例6】 如图2-2-10所示，求某化验室现浇水磨石面层工程量（做法：水磨石地面面层，玻璃嵌条，白水泥砂浆1:2.5，素水泥浆一道，C10混凝土垫层厚60mm，素土夯实）。

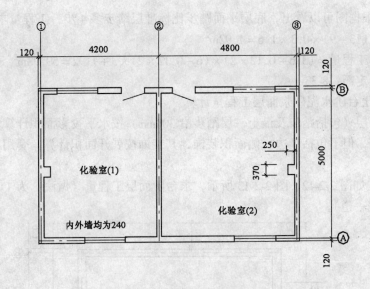

图 2-2-10 某化验室平面示意图

【解】 工程量 $= (5 - 0.12 \times 2) \times (4.2 - 0.12 \times 2) + (5 - 0.12 \times 2) \times (4.8 - 0.12 \times 2)$
$= 40.56 \text{m}^2$

套用基础定额：8-29

8. 预制水磨石踢脚线工程量计算

踢脚板按延长米计算，洞口、空圈长度不予扣除，洞口、空圈、垛、附墙烟囱等侧壁长度亦不增加。

【例 7】 如图 2-2-10 所示，求预制水磨石踢脚线工程量。

【解】 工程量 $= (5 - 0.12 \times 2 + 4.2 - 0.12 \times 2) \times 2 + (5 - 0.12 \times 2 + 4.8 - 0.12 \times 2) \times 2$
$= 36.08 \text{m}$

套用基础定额：8-69

9. 现浇水磨石楼梯面层工程量计算

楼梯面层（包括踏步、平台、以及小于 500mm 宽的楼梯井）按水平投影面积计算。

【例 8】 如图 2-2-11 所示，求某办公楼四层楼梯水磨石面层工程量。

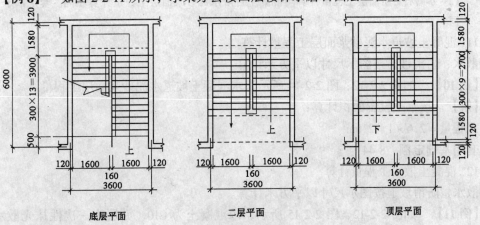

图 2-2-11 某办公楼四层楼梯示意图

【解】 根据图可以看出，底层平面踏步比标准层踏步多4步，工程量求解如下：

工程量 = (13 - 9) × 0.3 × 1.6 = 1.92m²

楼梯面层工程量 = (3.6 - 0.12 × 2) × (6 - 0.12 × 2) × 3 + 1.92 = 59.98m²

套用基础定额：8-33

10. 混凝土台阶水泥砂浆面层工程量计算

各台阶面层（包括踏步及最上一层踏步沿300mm）按水平投影面积计算。台阶按水平投影面积计算，但不包括牵边，侧面积装饰，其装饰按展开面积计算，套用相应的零星项目。

【例9】 如图2-2-12、图2-2-13所示，求台阶面层工程量（做法：为1:2.5水泥砂浆厚20、素水泥一道）。

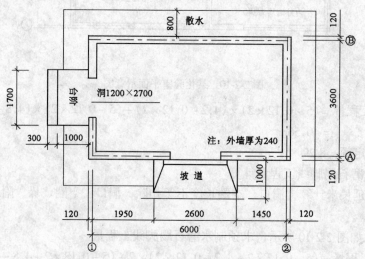

图2-2-12 台阶、坡道、散水平面示意图（外墙厚240mm）

【解】 工程量 = 1.7 × (0.3 + 0.3) = 1.02m²

套用基础定额：8-25

注：(1) 按水平投影面积计算，台阶算至最上一步再加300mm，其他部分按地面垫层计算；

(2) 水磨石台阶面层工程量计算与混凝土台阶水泥砂浆面层工程量计算相同。套定额子目不同。

11. 混凝土坡道水泥砂浆面层工程量计算

散水、防滑坡道按图示尺寸以平方米计算。

【例10】 如图2-2-12、图2-2-14所示，求混凝土坡道水泥砂浆面层工程量。

【解】 按水平投影面积计算：

工程量 = 2.6 × 1 = 2.6m²

套用基础定额：8-44

12. 混凝土散水工程量计算

散水、防滑坡道按图示尺寸以平方米计算。

【例11】 如图2-2-12、图2-2-15所示，求混凝土为C10，面层为一次性抹光散水的工程量。

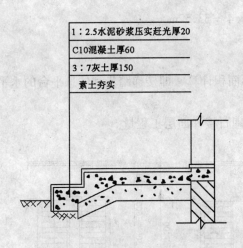

图 2-2-13 某混凝土台阶示意图

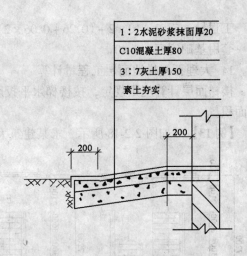

图 2-2-14 混凝土坡道示意图

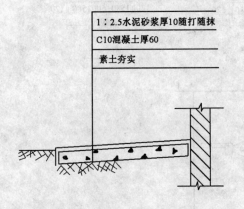

图 2-2-15 混凝土散水、面层随打随抹部面示意图

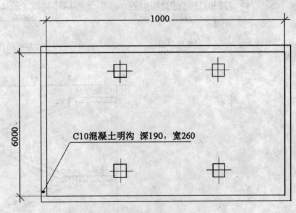

图 2-2-16 混凝土明沟示意图

【解】 散水工程量计算公式：

散水工程量 = (建筑物外边周长 + 4×散水宽 - 台阶 - 坡道) × 散水宽

工程量 = $[(6+0.12×2)×2+(3.6+0.12×2)×2+0.8×4-2.6-1.7]×0.8 = 15.25m^2$

套用基础定额：8-43

13. 混凝土明沟工程量计算

明沟按图示尺寸以延长米计算。

【例12】 如图 2-2-16、图 2-2-17 所示，求明沟（做法：为 C10 混凝土厚 60mm，1∶2.5 水泥砂浆抹面）工程量。

【解】 明沟工程量计算如下：

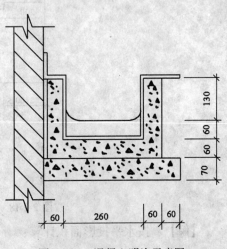

图 2-2-17 混凝土明沟示意图

工程量 $= 6 \times 2 + 10 \times 2 + (0.26 + 0.06 \times 2) \times 4 = 33.52 \text{m}$

套用基础定额：8-40

14. 大理石楼梯地面层工程量计算

楼梯面层计算规则规定，按楼梯水平投影面积计算，即楼梯踏步和休息平台的水平投影面积。

【例13】 如图 2-2-18 所示，求某建筑大理石楼梯面层工程量。

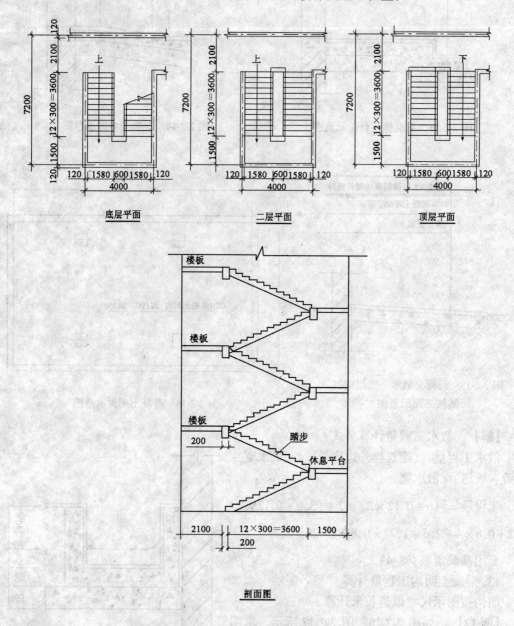

图 2-2-18 某调度楼四层建筑示意图

【解】 按水平投影面积计算：

楼梯净长 $= 1.5 - 0.12 + 12(步) \times 0.3 + 0.2(梁宽) = 5.18\text{m}$

楼梯净宽 = 4 − 0.12 × 2 = 3.76m

楼梯井 = 3.6 × 0.6 = 2.16m²

楼梯层数 = 4 − 1 = 3层

工程量 = (5.18 × 3.76 − 2.16) × 3 = 51.95m²

注：楼梯井宽大于500应扣除，本楼梯井宽600，应扣除楼梯井面积。

套用基础定额：8-51

15. 楼地面镶贴马赛克面层工程量计算

块料面层，按图示尺寸实铺面积以"m²"计算，门洞、空圈、散热器槽和壁龛的开口部分的工程量并入相应的面层内计算。

【例14】 如图2-2-19所示，求某办公楼卫生间地面镶贴马赛克面层工程量。

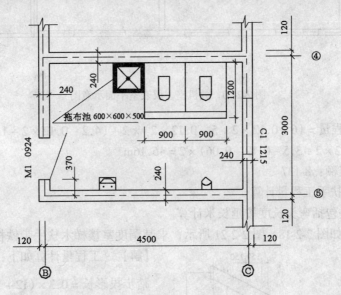

图2-2-19 卫生间示意图

【解】 工程量 = (3 − 0.12 × 2) × (4.5 − 0.12 × 2) − 1.2 × 1.8(蹲台) − 0.6 × 0.6(拖布池) + 0.9 × 0.12(门洞) + 1.2 × 0.12(暖气包槽) = 9.49m²

套用基础定额：8-95

注：按图示尺寸实铺面积计算，应扣除蹲台、拖布池所占面积。

16. 木地板楼地面工程量计算

【例15】 如图2-2-20所示，求某微机室、仪表室地面铺企口木地板工程量（做法：铺在楞木上，大楞木 50mm × 60mm，中距 = 500mm，小楞木 50mm × 50mm，中距 = 1000mm）。

【解】 按图示尺寸，以实铺面积计算：

工程量 = (6 − 0.12 × 2) × (5 − 0.12 × 2) + (4.2 − 0.12 × 2) × (3.5 − 0.12 − 0.06) + (4.2 − 0.12 × 2) × (1.5 − 0.12 − 0.06) + 0.9 × 0.12 × 3 + 0.9 × 0.24 = 46.34m²

套用基础定额：8-132

17. 木踢脚板工程量计算

【例16】 如图2-2-20所示,求某微机室和仪表间木踢脚板工程量(已知:木踢脚板高=150mm)。

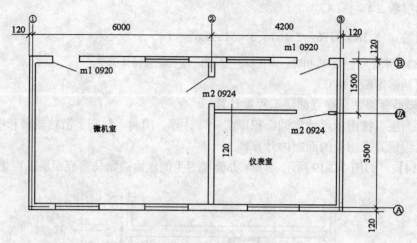

图 2-2-20 微机室、仪表室平面示意图

【解】 工程量 = $(6-0.12\times2+5-0.12\times2)\times2+(4.2-0.12\times2+1.5-0.12-0.06)\times2+(4.2-0.12\times2+3.5-0.12-0.06)\times2=46.16$m

套用基础定额:8-137

18. 楼梯木扶手工程量计算

栏杆、扶手包括弯头长度按延长米计算。

【例17】 如图2-2-18、图2-2-21所示,求某调度室楼梯木扶手带铁栏杆工程量。

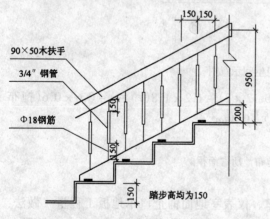

图 2-2-21 某调度楼梯木扶手带铁栏杆示意图

【解】 工程量计算如下:

踏步投影长 = $0.3\times(12+1)=3.9$

扶手高 = $0.15\times(12+1)=1.95$

扶手斜长 = $\sqrt{(3.9)^2+(1.95)^2}=4.36$m

楼梯井宽 = 0.6m

总长度 = $(4.36+0.6)\times2\times(4-1)+1.58$

$=31.34$m

弯头 = 11 个

套用基础定额:8-155;弯头 8-157

二、楼地面工程规范

B.1 楼地面工程

B.1.1 整体面层。工程量清单项目设置及工程量计算规则,应按表2-2-3的规定执行。

B.1.1 整体面层（编码：020101） 表 2-2-3

项目编码	项目名称	项目特征	计量单位	工程量计算规则	工程内容
020101001	水泥砂浆楼地面	1. 垫层材料种类、厚度 2. 找平层厚度、砂浆配合比 3. 防水层厚度、砂浆配合比 4. 面层厚度、砂浆配合比	m²	按设计图示尺寸以面积计算。扣除凸出地面构筑物、设备基础、室内铁道、地沟等所占面积，不扣除间壁墙和 0.3m² 以内的柱、垛、附墙烟囱及孔洞所占面积。门洞、空圈、散热器槽、壁龛的开口部分不增加面积	1. 基层清理 2. 垫层铺设 3. 抹找平层 4. 防水层铺设 5. 材料运输
020101002	现浇水磨石楼地面	1. 垫层材料种类、厚度 2. 找平层厚度、砂浆配合比 3. 防水层厚度、材料种类 4. 面层厚度、水泥石子浆配合比 5. 嵌条材料种类、规格 6. 石子种类、规格、颜色 7. 颜料种类、颜色 8. 图案要求 9. 磨光、酸洗、打蜡要求			1. 基层清理 2. 垫层铺设 3. 抹找平层 4. 防水层铺设 5. 面层铺设 6. 嵌缝条安装 7. 磨光、酸洗、打蜡 8. 材料运输
020101003	细石混凝土楼地面	1. 垫层材料种类、厚度 2. 找平层厚度、砂浆配合比 3. 防水层厚度、材料种类 4. 面层厚度、混凝土强度等级			1. 基层清理 2. 垫层铺设 3. 抹找平层 4. 防水层铺设 5. 面层铺设 6. 材料运输
020101004	菱苦土楼地面	1. 垫层材料种类、厚度 2. 找平层厚度、砂浆配合比 3. 防水层厚度、材料种类 4. 面层厚度 5. 打蜡要求			1. 清理基层 2. 垫层铺设 3. 抹找平层 4. 防水层铺设 5. 面层铺设 6. 打蜡 7. 材料运输

B.1.2 块料面层。工程量清单项目设置及工程量计算规则，应按表 2-2-4 的规定执行。

B.1.2 块料面层（编码：020102） 表 2-2-4

项目编码	项目名称	项目特征	计量单位	工程量计算规则	工程内容
020102001	石材楼地面	1. 垫层材料种类、厚度 2. 找平层厚度、砂浆配合比 3. 防水层、材料种类 4. 填充材料种类、厚度 5. 结合层厚度、砂浆配合比 6. 面层材料品种、规格、品牌、颜色 7. 嵌缝材料种类 8. 防护层材料种类 9. 酸洗、打蜡要求	m^2	按设计图示尺寸以面积计算。扣除凸出地面构筑物、设备基础、室内铁道、地沟等所占面积，不扣除间壁墙和 $0.3m^2$ 以内的柱、垛、附墙烟囱及孔洞所占面积。门洞、空圈、散热器槽、壁龛的开口部分不增加面积	1. 基层清理、铺设垫层、抹找平层 2. 防水层铺设、填充层 3. 面层铺设 4. 嵌缝 5. 刷防护材料 6. 酸洗、打蜡 7. 材料运输
020102002	块料楼地面				

B.1.3 橡塑面层。工程量清单项目设置及工程量计算规则，应按表 2-2-5 的规定执行。

B.1.3 橡塑面层（编码：020103） 表 2-2-5

项目编码	项目名称	项目特征	计量单位	工程量计算规则	工程内容
020103001	橡胶板楼地面	1. 找平层厚度、砂浆配合比 2. 填充材料种类、厚度 3. 粘结层厚度、材料种类 4. 面层材料品种、规格、品牌、颜色 5. 压线条种类	m^2	按设计图示尺寸以面积计算。门洞、空圈、散热器槽、壁龛的开口部分并入相应的工程量内	1. 基层清理、抹找平层 2. 铺设填充层 3. 面层铺贴 4. 压缝条装钉 5. 材料运输
020103002	橡胶卷材楼地面				
020103003	塑料板楼地面				
020103004	塑料卷材楼地面				

B.1.4 其他材料面层。工程量清单项目设置及工程量计算规则，应按表2-2-6的规定执行。

B.1.4 其他材料面层（编码：020104）　　　　表2-2-6

项目编码	项目名称	项目特征	计量单位	工程量计算规则	工程内容
020104001	楼地面地毯	1. 找平层厚度、砂浆配合比 2. 填充材料种类、厚度 3. 面层材料品种、规格、品牌、颜色 4. 防护材料种类 5. 粘结材料种类 6. 压线条种类	m²	按设计图示尺寸以面积计算。门洞、空圈、散热器槽、壁龛的开口部分并入相应的工程量内	1. 基层清理、抹找平层 2. 铺设填充层 3. 铺贴面层 4. 刷防护材料 5. 装钉压条 6. 材料运输
020104002	竹木地板	1. 找平层厚度、砂浆配合比 2. 填充材料种类、厚度、找平层厚度、砂浆配合比 3. 龙骨材料种类、规格、铺设间距 4. 基层材料种类、规格 5. 面层材料品种、规格、品牌、颜色 6. 粘结材料种类 7. 防护材料种类 8. 油漆品种、刷漆遍数			1. 基层清理、抹找平层 2. 铺设填充层 3. 龙骨铺设 4. 铺设基层 5. 面层铺贴 6. 刷防护材料 7. 材料运输
020104003	防静电活动地板	1. 找平层厚度、砂浆配合比 2. 填充材料种类、厚度、找平层厚度、砂浆配合比 3. 支架高度、材料种类 4. 面层材料品种、规格、品牌、颜色 5. 防护材料种类			1. 清理基层、抹找平层 2. 铺设填充层 3. 固定支架安装 4. 活动面层安装 5. 刷防护材料 6. 材料运输
020104004	金属复合地板	1. 找平层厚度、砂浆配合比 2. 填充材料种类、厚度，找平层厚度、砂浆配合比 3. 龙骨材料种类、规格、铺设间距 4. 基层材料种类、规格 5. 面层材料品种、规格、品牌 6. 防护材料种类			1. 清理基层、抹找平层 2. 铺设填充层 3. 龙骨铺设 4. 基层铺设 5. 面层铺贴 6. 刷防护材料 7. 材料运输

B.1.5 踢脚线。工程量清单项目设置及工程量计算规则,应按表2-2-7的规定执行。

B.1.5 踢脚线（编码：020105） 表2-2-7

项目编码	项目名称	项目特征	计量单位	工程量计算规则	工程内容
020105001	水泥砂浆踢脚线	1. 踢脚线高度 2. 底层厚度、砂浆配合比 3. 面层厚度、砂浆配合比	m²	按设计图示长度乘以高度以面积计算	1. 基层清理 2. 底层抹灰 3. 面层铺贴 4. 勾缝 5. 磨光、酸洗、打蜡 6. 刷防护材料 7. 材料运输
020105002	石材踢脚线	1. 踢脚线高度 2. 底层厚度、砂浆配合比 3. 粘贴层厚度、材料种类 4. 面层材料品种、规格、品牌、颜色 5. 勾缝材料种类 6. 防护材料种类			
020105003	块料踢脚线				
020105004	现浇水磨石踢脚线	1. 踢脚线高度 2. 底层厚度、砂浆配合比 3. 面层厚度、水泥石子浆配合比 4. 石子种类、规格、颜色 5. 颜料种类、颜色 6. 磨光、酸洗、打蜡要求			
020105005	塑料板踢脚线	1. 踢脚线高度 2. 底层厚度、砂浆配合比 3. 粘结层厚度、材料种类 4. 面层材料种类、规格、品牌、颜色			
020105006	木质踢脚线	1. 踢脚线高度 2. 底层厚度、砂浆配合比 3. 基层材料种类、规格 4. 面层材料品种、规格、品牌、颜色 5. 防护材料种类 6. 油漆品种、刷漆遍数			1. 基层清理 2. 底层抹灰 3. 基层铺贴 4. 面层铺贴 5. 刷防护材料 6. 刷油漆 7. 材料运输
020105007	金属踢脚线				
020105008	防静电踢脚线				

B.1.6 楼梯装饰。工程量清单项目设置及工程量计算规则，应按表 2-2-8 的规定执行。

B.1.6 楼梯装饰（编码：020106） 表 2-2-8

项目编码	项目名称	项 目 特 征	计量单位	工程量计算规则	工 程 内 容
020106001	石材楼梯面层	1. 找平层厚度、砂浆配合比 2. 粘结层厚度、材料种类 3. 面层材料品种、规格、品牌、颜色 4. 防滑条材料种类、规格 5. 勾缝材料种类 6. 防护层材料种类 7. 酸洗、打蜡要求	m^2	按设计图示尺寸以楼梯（包括踏步、休息平台及 500mm 以内的楼梯井）水平投影面积计算。楼梯与楼地面相连时，算至梯口梁内侧边沿；无梯口梁者，算至最上一层踏步边沿加 300mm	1. 基层清理 2. 抹找平层 3. 面层铺贴 4. 贴嵌防滑条 5. 勾缝 6. 刷防护材料 7. 酸洗、打蜡 8. 材料运输
020106002	块料楼梯面层	^			^
020106003	水泥砂浆楼梯面	1. 找平层厚度、砂浆配合比 2. 面层厚度、砂浆配合比 3. 防滑条材料种类、规格			1. 基层清理 2. 抹找平层 3. 抹面层 4. 抹防滑条 5. 材料运输
020106004	现浇水磨石楼梯面	1. 找平层厚度、砂浆配合比 2. 面层厚度、水泥石子浆配合比 3. 防滑条材料种类、规格 4. 石子种类、规格、颜色 5. 颜料种类、颜色 6. 磨光、酸洗、打蜡要求			1. 基层清理 2. 抹找平层 3. 抹面层 4. 贴嵌防滑条 5. 磨光、酸洗、打蜡 6. 材料运输
020106005	地毯楼梯面	1. 基层种类 2. 找平层厚度、砂浆配合比 3. 面层材料品种、规格、品牌、颜色 4. 防护材料种类 5. 粘结材料种类 6. 固定配件材料种类、规格			1. 基层清理 2. 抹找平层 3. 铺贴面层 4. 固定配件安装 5. 刷防护材料 6. 材料运输
020106006	木板楼梯面	1. 找平层厚度、砂浆配合比 2. 基层材料种类、规格 3. 面层材料品种、规格、品牌、颜色 4. 粘结材料种类 5. 防护材料种类 6. 油漆品种、刷漆遍数			1. 基层清理 2. 抹找平层 3. 基层铺贴 4. 面层铺贴 5. 刷防护材料、油漆 6. 材料运输

B.1.7 扶手、栏杆、栏板装饰。工程量清单项目设置及工程量计算规则，应按表2-2-9的规定执行。

B.1.7 扶手、栏杆、栏板装饰（编码：020107） 表2-2-9

项目编码	项目名称	项目特征	计量单位	工程量计算规则	工程内容
020107001	金属扶手带栏杆、栏板	1. 扶手材料种类、规格、品牌、颜色 2. 栏杆材料种类、规格、品牌、颜色 3. 栏板材料种类、规格、品牌、颜色 4. 固定配件种类 5. 防护材料种类 6. 油漆品种、刷漆遍数	m	按设计图示尺寸以扶手中心线长度（包括弯头长度）计算	1. 制作 2. 运输 3. 安装 4. 刷防护材料 5. 刷油漆
020107002	硬木扶手带栏杆、栏板	^			
020107003	塑料扶手带栏杆、栏板	^			
020107004	金属靠墙扶手	1. 扶手材料种类、规格、品牌、颜色 2. 固定配件种类 3. 防护材料种类 4. 油漆品种、刷漆遍数			
020107005	硬木靠墙扶手	^			
020107006	塑料靠墙扶手	^			

B.1.8 台阶装饰。工程量清单项目设置及工程量计算规则，应按表2-2-10的规定执行。

B.1.8 台阶装饰（编码：020108） 表2-2-10

项目编码	项目名称	项目特征	计量单位	工程量计算规则	工程内容
020108001	石材台阶面	1. 垫层材料种类、厚度 2. 找平层厚度、砂浆配合比 3. 粘结层材料种类 4. 面层材料品种、规格、品牌、颜色 5. 勾缝材料种类 6. 防滑条材料种类、规格 7. 防护材料种类	m²	按设计图示尺寸以台阶（包括最上层踏步边沿加300mm）水平投影面积计算	1. 基层清理 2. 铺设垫层 3. 抹找平层 4. 面层铺贴 5. 贴嵌防滑条 6. 勾缝 7. 刷防护材料 8. 材料运输
020108002	块料台阶面	^			
020108003	水泥砂浆台阶面	1. 垫层材料种类、厚度 2. 找平层厚度、砂浆配合比 3. 面层厚度、砂浆配合比 4. 防滑条材料种类			1. 清理基层 2. 铺设垫层 3. 抹找平层 4. 抹面层 5. 抹防滑条 6. 材料运输
020108004	现浇水磨石台阶面	1. 垫层材料种类、厚度 2. 找平层厚度、砂浆配合比 3. 面层厚度、水泥石子浆配合比 4. 防滑条材料种类、规格 5. 石子种类、规格、颜色 6. 颜料种类、颜色 7. 磨光、酸洗、打蜡要求			1. 清理基层 2. 铺设垫层 3. 抹找平层 4. 抹面层 5. 贴嵌防滑条 6. 打磨、酸洗、打蜡 7. 材料运输
020108005	剁假石台阶面	1. 垫层材料种类、厚度 2. 找平层厚度、砂浆配合比 3. 面层厚度、砂浆配合比 4. 剁假石要求			1. 清理基层 2. 铺设垫层 3. 抹找平层 4. 抹面层 5. 剁假石 6. 材料运输

B.1.9 零星装饰项目。工程量清单项目设置及工程量计算规则，应按表 2-2-11 的规定执行。

B.1.9 零星装饰项目（编码：020109） 表 2-2-11

项目编码	项目名称	项 目 特 征	计量单位	工程量计算规则	工程内容
020109001	石材零星项目	1. 工程部位 2. 找平层厚度、砂浆配合比 3. 贴结合层厚度、材料种类 4. 面层材料品种、规格、品牌、颜色 5. 勾缝材料种类 6. 防护材料种类 7. 酸洗、打蜡要求	m^2	按设计图示尺寸以面积计算	1. 清理基层 2. 抹找平层 3. 面层铺贴 4. 勾缝 5. 刷防护材料 6. 酸洗、打蜡 7. 材料运输
020109002	碎拼石材零星项目				
020109003	块料零星项目				
020109004	水泥砂浆零星项目	1. 工程部位 2. 找平层厚度、砂浆配合比 3. 面层厚度、砂浆厚度			1. 清理基层 2. 抹找平层 3. 抹面层 4. 材料运输

B.1.10 其他相关问题应按下列规定处理：

（1）楼梯、阳台、走廊、回廊及其他的装饰性扶手、栏杆、栏板，应按 B.1.7 中项目编码列项。

（2）楼梯、台阶侧面装饰，0.5m^2 以内少量分散的楼地面装修，应按 B.1.9 中项目编码列项。

三、楼地面工程预算编制注意事项

（一）楼地面工程块料面层定额的制定

随着科学时代的不断发展和进步，楼地面工程材料的改革和更新也将层出不穷，为了对楼地面工程中出现的新材料、新工艺，能够让定额跟上时代的发展，以适应编制补充定额的需要，并了解定额的内容，特在本节中以"彩釉砖楼地面"面层和"大理石楼梯"面层为例，说明楼地面工程定额的编制方法，以便在实际工作中有所借鉴。

（二）块料面层材料的定额计算量

楼地面工程中的块料面层定额，不分规格大小，一律按平方米进行计算，块料面层材料的定额计算量，统一按以下数据取定：

1．块料面层的计算量

楼地面按 100m^2、楼梯按 136.5m^2、台阶按 148m^2、零星项目按 111m^2 进行取定计算。

2．材料损耗率

彩釉砖：地面为 2%、楼梯和台阶为 6%；大理石：地面为 1%、楼梯和台阶为 6%；水泥砂浆和素水泥浆均为 1%。

3．粘结层的粘结材料厚度

按表 2-2-12 中所示统一取定。

4．其他材料

擦缝用白水泥按 10（kg/100m²）取定、棉纱头按 1（kg/100m²）取定，养护用麻袋按 22（m²/100m²）取定、锯木屑按 0.6（m³/100m²）取定、切割锯片按表 2-2-12 取定。

各种块料需用锯片及粘结厚度表　　　　　　表 2-2-12

定额编号	项目名称	取定锯口长（m）	每块锯片锯口长（m）	每100m²锯片块数	水泥砂浆结合层厚	胶黏剂粘结厚	粘结剂用量（kg）	备注
8-50	大理石楼地面	28	80	0.35	20mm	3～5mm	600kg/100m²	
8-51	大理石楼梯	116	80	1.43	20mm			
8-52	大理石台阶	112	80	1.40	20mm			
8-53	大理石零星项目	127	80	1.59	20mm			
8-57	花岗岩楼地面	28	67	0.42	20mm	3～5mm	600kg/100m²	
8-58	花岗岩楼梯	116	67	1.72	20mm			
8-59	花岗岩台阶	112	67	1.67	20mm			
8-60	花岗岩零星项目	127	67	1.91	20mm			
8-64	汉白玉楼地面	28	80	0.35	20mm	3～5mm	600kg/100m²	
8-66	预制水磨石块楼地面	28	80	0.35	20mm	3～5mm	600kg/100m²	
8-67	预制水磨石块楼梯	116	80	1.43	20mm			
8-75	彩釉砖楼地面	28	89	0.32	10mm	2～3mm	400kg/100mm²	
8-78	彩釉砖楼梯	116	89	1.29	10mm			
8-79	彩釉砖台阶	112	89	1.26	10mm			
8-82	水泥花砖楼地面	28	80	0.35	10mm	2～3mm	400kg/100m²	
8-83	水泥花砖楼梯	112	80	1.40	10mm			
8-88	缸砖楼地面	28	89	0.32	10mm	2～3mm	400kg/100m²	
8-89	缸砖楼梯	116	89	1.29	10mm			
8-90	缸砖台阶	112	89	1.26	10mm			
8-108	凸凹假麻石块楼地面	28	89	0.32	10mm			
8-109	凸凹假麻石块楼梯	116	89	1.29	10mm			
8-110	凸凹假麻石块台阶	112	89	1.26	10mm			

5. 块料面层定额材料的计算

计算式如下：

$$定额块料用量 = 定额计算量 \times (1 + 损耗率)$$

$$定额粘结材料用量 = 定额计算量 \times 粘结厚度 \times (1 + 损耗率)$$

依上式计算的定额材料用量如表 2-2-13 所示：

块料面层定额材料用量计算表　　　　　　　　　表 2-2-13

彩釉砖楼地面面层定额材料用量		大理石楼梯面层材料用量	
彩釉砖	$100 \times 1.02 = 102$ (m²/100m²)	大理石	$136.5 \times 1.06 = 144.69$ (m²/100m²)
水泥砂浆	$100 \times 0.01 \times 1.01 = 1.01$ (m³/100m²)	水泥砂浆	$136.5 \times 0.02 \times 1.01 = 2.76$ (m³/100m²)
素水泥浆	$100 \times 0.001 \times 1.01 = 0.101$ (m³/100m²)	素水泥浆	$136.5 \times 0.001 \times 1.01 = 0.14$ (m³/100m²)
白水泥	10 (kg/100m²)	白水泥	$1.365 \times 10 = 14$ (kg/100m²)
麻　袋	22 (m²/100m²)	麻　袋	$1.365 \times 22 = 30.03$ (m²/100m²)
棉纱头	1 (kg/100m²)	棉纱头	$1.365 \times 1 = 1.37$ (kg/100m²)
锯木屑	0.6 (m³/100m²)	锯木屑	$1.365 \times 0.6 = 0.82$ (m³/100m²)
切割切片	0.32 (片/100m²)		

（三）块料面层定额人工工日的计算

1. 基本工的计算依据

块料面层定额人工，依 1985 年劳动定额的相应项目进行计算，其中 8m² 小面积加工量按计算量的 30% 计，即：地面面层为 30m²、楼梯面层为 $30\% \times 137 = 41.1$m²，并将时间定额乘以 0.25 系数。

块料锯口磨边用工：大理石、花岗石按 0.5（工日/10m）、其他块料按 0.45 工日/10m。

2. 材料超运距用工

超运距：砂浆按 100m、块料按 180m、中砂按 50m。

材料运输量按上所述，而中砂运输量应根据水泥砂浆配合比进行计算确定，其中：

彩釉砖地面砂运量 = 1.01×0.94（配比）$\times 1.13$（砂膨胀系数）= 1.073m³

大理石楼梯砂运量 = $2.76 \times 1.03 \times 1.13 = 3.212$m³

3. 人工幅度差

整个楼地面工程的人工幅度差均按 10%。定额工日具体计算如表 2-2-14、表 2-2-15 所示。

彩釉砖楼地面人工计算表　　　　　　　　　表 2-2-14

项目名称	计算量	单位	劳动定额编号	时间定额	工日/100m²
贴彩釉砖楼地面	10	10m²	§5-7-212-（一）	2.78	27.800
8m² 内小面积加工 (30%)	3	10m²	2.78×0.25	0.695	2.085
刷素水泥砂	10	10m²	§12-7-121-（二）	0.100	1.000
水泥砂浆超过 100m	10	10m²	§5-8-258-（一）	0.083	0.830
块料超运 180m	10.2	10m²	§5-8-259-（二）换	0.069	0.704
中砂超运 50m	1.073	m³	§5-8-256-（八）	0.103	0.111
锯口磨边	2.8	10m		0.45	1.26
小　计					33.79
定额工日	（人工幅度差 10%）33.79×1.1				37.17

大理石楼梯人工计算表　　　　　　表 2-2-15

项 目 名 称	计算量	单位	劳动定额编号	时间定额	工日/100m²
贴大理石楼梯	13.65	10m²	§5-7-241-（一）	3.17	43.271
8m²内小面积工（30%）	4.11	10m²	3.17×0.25	0.793	3.259
刷素水泥浆	13.7	10m²	§12-7-121-（二）	0.100	1.370
水泥砂浆超运 100m	13.7	10m²	§5-8-258-（一）	0.083	1.137
块料超运 180m	14.5	10m²	§5-8-259-（三）换	0.069	1.000
中砂超运 50m	3.212	m³	§5-8-256-（八）	0.103	0.331
锯口磨边	11.6	10m		0.50	5.800
小　计					56.168
定额工日			（人工幅度差 10%）56.17×1.1		61.79

（四）块料面层定额机械台班的计算

机械台班的计算式：块料面层所用机械有：灰浆搅拌机和石料切割机，计算式为：

$$\text{灰浆搅拌机定额台班} = \text{灰浆搅拌量} \div \text{机械台班产量}$$

$$\text{石料切割机定额台班} = \text{取定锯口长度} \div \text{机械台班产量}$$

其中，机械台班产量为：灰浆搅拌机按 6m³/台班。

石料切割机为：大理石、预埋水磨石楼地面按 20m/台班、大理石楼梯按 20.34m/台班；花岗岩楼地面按 24m/台班、楼梯按 24.41m/台班；彩釉砖、缸砖、凸凹假麻石楼地面按 22.22m/台班、楼梯按 22.6m/台班。

彩釉砖楼地面依上所述，砂浆搅拌量为 1.01m³；块料锯口长度由表 2-2-12 为 28m、大理石楼梯砂浆搅拌量为 2.76m³、锯口长度为 116m。则：

彩釉砖楼地面定额台班为：　　　　　　大理石楼梯定额台班为：

灰浆搅拌机台班 = 1.01÷6 = 0.17 台班　　灰浆搅拌机台班 = 2.76÷6 = 0.46 台班

石料切割机台班 = 28÷22.22 = 1.26 台班　　石料切割机台班 = 116÷20.34 = 5.70 台班

附录 B.1　楼地面工程

（一）概况

本章共 9 节 42 个项目。包括整体面层、块料面层、橡塑面层、其他材料面层、踢脚线、楼梯装饰、扶手、栏杆、栏板装饰、台阶装饰、零星装饰等项目。适用于楼地面、楼梯、台阶等装饰工程。

（二）有关项目的说明

（1）零星装饰适用于小面积（0.5m² 以内）少量分散的楼地面装饰，其工程部位或名称应在清单项目中进行描述。

（2）楼梯、台阶侧面装饰，可按零星装饰项目编码列项，并在清单项目中进行描述。

（3）扶手、栏杆、栏板适用于楼梯、阳台、走廊、回廊及其他装饰性扶手栏杆、栏板。

（三）有关项目特征说明

（1）楼地面是指构成的基层（楼板、夯实土基）、垫层（承受地面荷载并均匀传递给基层的构造层）、填充层（在建筑楼地面上起隔声、保温、找坡或敷设暗管、暗线等作用的构造层）、隔离层（起防水、防潮作用的构造层）、找平层（在垫层、楼板上或填充层上起找平、找坡或加强作用的构造层)、结合层（面层与下层相结合的中间层)、面层（直接承受各种荷载作用的表面层）等。

(2) 垫层是指混凝土垫层、砂石人工级配垫层、天然级配砂石垫层、灰土垫层、（碎石、碎砖）垫层、三合土垫层、炉渣垫层等材料垫层。

(3) 找平层是指水泥砂浆找平层，有比较特殊要求的可采用细石混凝土、沥青砂浆、沥青混凝土找平层等材料铺设。

(4) 隔离层是指卷材、防水砂浆、沥青砂浆或防水涂料等隔离层。

(5) 填充层是指轻质的松散（炉渣、膨胀蛭石、膨胀珍珠岩等）或块体材料（加气混凝土、泡沫混凝土、泡沫塑料、矿棉、膨胀珍珠岩、膨胀蛭石块和板材等）以及整体材料（沥青膨胀珍珠岩、沥青膨胀蛭石、水泥膨胀珍珠岩、膨胀蛭石等）填充层。

(6) 面层是指整体面层（水泥砂浆、现浇水磨石、细石混凝土、菱苦土等面层）、块料面层（石材、陶瓷地砖、橡胶、塑料、竹、木地板）等面层。

(7) 面层中其他材料：

1) 防护材料是耐酸、耐碱、耐臭氧、耐老化、防火、防油渗等材料。

2) 嵌条材料是用于水磨石的分格、作图案等的嵌条，如：玻璃嵌条、铜嵌条、铝合金嵌条、不锈钢嵌条等。

3) 压线条是指地毯、橡胶板、橡胶卷材铺设的压线条，如：铝合金、不锈钢、铜压线条等。

4) 颜料是用于水磨石地面、踢脚线、楼梯、台阶和块料面层勾缝所需配制石子浆或砂浆内加添的颜料（耐碱的矿物颜料）。

5) 防滑条是用于楼梯、台阶踏步的防滑设施，如：水泥玻璃屑，水泥钢屑，铜、铁防滑条等。

6) 地毯固定配件是用于固定地毯的压棍脚和压棍。

7) 扶手固定配件是用于楼梯、台阶的栏杆柱、栏杆、栏板与扶手相连接的固定件，靠墙扶手与墙相连接的固定件。

8) 酸洗、打蜡磨光，磨石、菱苦土、陶瓷块料等，均可用酸洗（草酸）清洗油渍、污渍，然后打蜡（蜡脂、松香水、鱼油、煤油等按设计要求配合）和磨光。

(四) 工程量计算规则的说明

(1) "不扣除间壁墙和面积在 $0.3m^2$ 以内的柱、垛、附墙烟囱及孔洞所占面积"，与《基础定额》不同。

(2) 单跑楼梯不论其中间是否有休息平台，其工程量与双跑楼梯同样计算。

(3) 台阶面层与平台面层是同一种材料时，平台计算面层后，台阶不再计算最上一层踏步面积；如台阶计算最上一层踏步（加 30cm），平台面层中必须扣除该面积。

(4) 包括垫层的地面和不包括垫层的楼面应分别计算工程量，分别编码（第五级编码）列项。

(五) 有关工程内容说明

(1) 有填充层和隔离层的楼地面往往有二层找平层，应注意报价。

(2) 当台阶面层与找平台层材料相同而最后一步台阶投影面积不计算时，应将最后一步台阶的踢脚板面层考虑在报价内。

四、楼地面工程预算编制实例

（一）阅图列项

1. 阅图

在施工图纸中，一般对楼地面工程的施工要求，多是用文字说明或图中标注来加以表述，因此，在查阅图纸时，应注意以下几点：

（1）一般房间的地面构造，多在设计图纸中的总说明内加以叙述，有些个别房间是在房间剖面图中加以注明。因此要求仔细查对"建施"平面图中的所有房间数量和相应的地面构造类型。如果地面构造类型很多时，还应将其类别及其所属房间情况，用纸记录下来，以防在列项和计算工程量时漏掉。

（2）注意查看楼梯间和卫生间的地面装饰内容。因为这两种房间的附属地面构件比较多，如果不对它们留有深刻印象，很容易产生列项遗漏现象。

（3）注意查看栏杆扶手的设计要求。在装饰工程中，栏杆扶手的装饰类型较多，查看图纸时，应注意看清楚它们所处的位置和细部构造内容。

2. 列项

对于楼地面工程的列项，不能采取"查看图纸列项"的方法看一项列一项，而应使用按"定额顺序选项"的办法来进行，因为看图列项容易出现掉项漏项现象，并易使计算项目的顺序，产生前后颠倒、套用定额杂乱无章之感。

在经过认真阅图以后，一般在脑海中已对楼地面工程有了一个初步印象，这时可以根据楼地面工程定额中的目录表或定额表，按其编排顺序逐一翻阅其中的"工程项目"名称，凡与图纸设计内容无关的一带而过，当遇有涉及图纸内容的项目时，就可选录下来，记下定额编号和名称，直至将楼地面工程部分的定额表翻完为止。在翻阅定额列项的过程中，即使有个别遗漏项目，也会在查取工程量尺寸时有所发现。

以湖北省某工程为例，如要求只将隔离间、医务室、教研室、园长室、会计室和门厅等房间铺设彩釉地砖；活动室铺设木地板，其他楼地面不作装修。楼梯间增加不锈钢扶手，檐廊栏杆改为不锈钢栏杆。经翻阅湖北省统一基价表定额，则：

（1）首先取得定额编号 8-78 块料周长在 800（采用 450×450）mm 以外；

（2）再继续后翻，取得定额编号 8-136 硬木地板铺在木楞上；

（3）檐廊栏杆取定额编号 8-153 不锈钢栏杆；

（4）楼梯间靠墙扶手取定额编号 8-162 不锈钢管。

（二）查取尺寸计算工程量

楼地面工程以室内净面积计算，因此在查取尺寸时，应以轴线尺寸减去墙厚所得的长和宽来计算面积。若楼地面上有大于 $0.3m^2$ 的空洞或构筑物时，应扣减其所占面积。按下面来计算工程量（表 2-2-16 中空余部分请学员们自行完成）。

楼地面工程工程量计算表　　　　表 2-2-16

定额编号	项目名称	单位	工程量	计 算 式
八	楼地面工程			
8-78	彩釉砖地面	m²	83.85	
	隔离间	m²	19.09	(3.3−0.24)×(3.3−0.18)×2 = 19.09

续表

定额编号	项目名称	单位	工程量	计 算 式
	医务，教研，园长，会计	m²		
	门 厅	m²		
8-136	硬木地板	m²	111.42	
	上下活动室	m²		
8-153	檐廊不锈钢栏杆	m	15.24	$3\times5+0.12\times2=15.24$
8-162	楼梯靠墙不锈钢扶手	m	7.73	$0.28\times(11+1)步\times1.15\times2=7.728$

（三）计算直接费和工料分析

1. 计算直接费

在计算直接费时要注意规格品种和基价的换算。如木地板，定额是按 22mm 厚（毛厚 25mm）来编制的，而采购的木地板厚为 20mm，因此定额基价应予以调整。调整方法如下：

设计木地板基价 = 定额基价 +（设计木地板材积 - 定额地板材积）× 木地板单价

其中，设计木地板材积 = $100m^2$ × 木地板厚 ×（1 + 制作损耗率 22%）×（1 + 安装损耗率 5%）

根据所查定额和上式计算如下：

20mm 木地板基价 = 7550.64 +（100 × 0.02 × 1.05 × 1.22 - 3.203）× 1250 = 7550.64 +（2.562 - 3.203）× 1250 = 6749.39 元

直接费计算，按表 2-2-17 完成。

楼地面工程预算表　　　　表 2-2-17

定额编号	项目名称	单位	工程量	直接费（元）		其中：人工费（元）		材料费（元）		机械费（元）	
				基价	金额	定额	金额	定额	金额	定额	金额
八	楼地面工程				23752.17		2082.10		21493.53		176.55
8-78	450mm×450mm 彩釉砖地面	100m²		4274.86	3590.88	564.92		3702.93		7.01	
8-136 换	20mm 厚硬木楼地面	100m²		6749.39		1052.61		5628.52		68.26	
8-153	檐廊不锈钢栏杆	10m		7167.38		88.92		7024.15		54.31	
8-162	不锈钢靠墙扶手	10m		2052.01		141.57		1894.41		16.03	
补	拆旧栏杆	估工	10	19.50							

2．工料分析

在工料分析中，注意换算项目的定额材料量，即硬木地板量应采用 2.562m² 来进行计算，其他则不变。表 2-2-18 由学员们按定额编号计算所需材料。

楼地面工程工料分析表　　表 2-2-18

定额编号	项目名称	单位	工程量	综合工日 定额	彩釉砖 定额	m²	水泥砂浆 1:2 定额	m³	素水泥浆 定额	m³
八	楼地面工程			106.77						
8-78	450mm×450mm 彩釉砖地面	100m²	0.84	28.97	24.33					
8-136 换	20mm 厚硬木楼地面	100m²	1.11	53.98	59.92					
8-153	檐廊不锈钢栏杆	10m	1.52	4.56	6.93					
8-162	不锈钢靠墙扶手	10m	0.77	7.26	5.59					
补	拆旧栏杆	估工		10.00						

定额编号	项目名称	单位	工程量	白水泥 定额	kg	一等木板 定额	m²	一等木方 50×70 定额	m³	一等松板 定额	m³
八	楼地面工程										
8-78	450mm×450mm 彩釉砖地面	100m²	0.84								
8-136 换	20mm 厚硬木楼地面	100m²	1.11								

定额编号	项目名称	单位	工程量	圆钉 定额	kg	10 号镀锌钢丝 定额	kg	预埋铁件 定额	kg	炉（矿）渣 定额	m²
八	楼地面工程			29.73		33.44		55.51		3.90	
8-78	450mm×450mm 彩釉砖地面	100m²	0.84								
8-136 换	20mm 厚硬木楼地面	100m²	1.11	26.78	29.73	30.13	33.44	50.01	55.51	3.51	3.90

定额编号	项目名称	单位	工程量	不锈钢管 φ89×2.5 定额	kg	不锈钢管 φ35×1.5 定额	kg	φ59 不锈钢法兰 定额	kg
八	楼地面工程			24.27		88.86		96.27	
8-153	檐廊不锈钢栏杆	10m	1.52	10.60	16.11	56.93	86.53	57.71	87.72
8-162	靠墙扶手不锈钢管	10m	0.77	10.60	8.16	3.03	2.33	11.11	8.55

第三节 墙、柱面工程

一、墙、柱面工程造价概述

(一) 定额项目内容及定额换算

1. 定额项目内容

本分部定额项目内容包括：墙（柱）面抹灰、镶贴块料面层和木装饰。

(1) 墙柱面抹灰

定额按水泥砂浆抹面列项，包括墙面、墙裙、柱（梁）面、装饰线条和零星项目。其中墙面、墙裙按基层不同又分砖墙、混凝土墙、毛石墙和钢板网墙4个项目；柱梁又按材料和断面形状分列4个项目，共列11个子项。

墙柱（梁）面抹灰按质量标准分普通抹灰、中级抹灰和高级抹灰3个等级。一般多采用普通抹灰和中级抹灰。抹灰的总厚度通常为：内墙15～20mm，外墙20～25mm。抹灰一般由三层组成（图2-3-1），各层的作用和厚度如下：

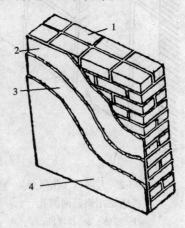

图2-3-1 墙柱面抹灰的组成
1—墙体；2—底层；3—中层；4—面层

1) 底层。又称"刮糙"。主要起与基层粘结和初步找平的作用，底层砂浆可采用石灰砂浆、水泥石灰混合砂浆和水泥砂浆。抹灰厚度一般为10～15mm。

2) 中层。又叫"二道糙"。起进一步找平作用，所用砂浆一般与底层灰相同，厚度为5～12mm。

3) 面层。主要是使表面光洁美观，以达到装饰效果，室内墙面抹灰，一般还要做罩面。面层厚度因做法而异，一般在2～8mm。

通常，普通抹灰做一层底层和一层面层；中级抹灰做一层底层、一层中层和一层面层；高级抹灰做一层底层、数层中层和一层面层。抹灰等级与抹灰遍数、工序、外观质量的对应关系如表2-3-1所示。

抹灰等级、遍数、工序及外观质量对应关系　　　表2-3-1

名　称	普　通　抹　灰	中　级　抹　灰	高　级　抹　灰
遍数	二遍	三遍	四遍
主要工序	分层找平、修整表面压光	阳角找方、设置标筋、分层找平、修整、表面压光	阳角找方、设置标筋、分层找平、修整、表面压光
外观质量	表面光滑、洁净、接槎平整	表面光滑、洁净、接槎平整、压线清晰、顺直	表面光滑、洁净、颜色均匀、无抹纹压线、平直方正、清晰美观

按抹灰砂浆种类，常用室内抹灰砂浆有：石灰砂浆、水泥混合砂浆、水泥砂浆、防水砂浆、白水泥砂浆、聚合物水泥砂浆、纸筋石灰或麻刀石灰浆等。

定额考虑到提高装饰工程抹灰等级主要靠装饰材料和施工技术，而不是靠抹灰遍数。

因此，定额中抹灰按两遍成活编制，水泥砂浆抹灰按不同厚度、不同配比和不同基层材料列在定额项目中，例如，定额子项中的12+8（mm），表示两种不同种类砂浆的各自厚度，在子项2-1中表示1:3水泥砂浆的抹层厚度为12mm，1:2.5水泥砂浆的厚度为8mm。

(2) 墙（柱）面镶贴块料面层

1) 大理石板、花岗石板镶贴墙（柱）面

大理石板、花岗石板饰面属于高档饰面装饰，具有饰面光滑如镜，花纹多样，色彩鲜艳夺目，装饰豪华大方，富丽堂皇之美好感觉。

大理石板、花岗石板墙柱面按镶贴基层分为：砖墙面、混凝土墙面、砖柱面、混凝土柱面和零星项目5种。墙面又分外墙面和内墙面，另外，还分勾缝和密缝。按镶贴方法分为：挂贴法、水泥砂浆粘贴法、干粉型粘贴法、干挂法和拼碎等5种基本方法。本分项共列31个子项。以下按镶贴方法就有关问题予以说明。

① 挂贴大理石、花岗石板（挂贴法）

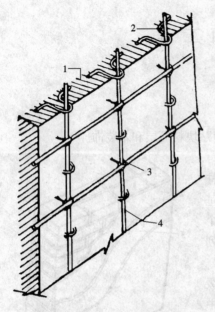

图2-3-2 大理石（花岗石）板镶贴用钢筋网绑扎
1—墙体；2—预埋件；
3—横向钢筋；4—竖向钢筋

挂贴法又称镶贴法，其构造做法：

a. 先在墙、柱面上预埋件；

b. 绑扎用于固定面板的钢筋网片，网片为$\phi6$双向钢筋网，竖向钢筋间距不大于500mm，横向钢筋间距应与板材连接孔网的位置一致，如图2-3-2所示；

c. 在石板的上下部位钻孔剔槽（图2-3-3）所示，以便穿钢丝或铜丝与墙面钢筋网片绑牢，固定板材；

d. 安装石板，用木楔调节板材与基层面之间的间隙宽度；

e. 石板找好垂直、平整、方正，并临时固定；

f. 用1:2.5或1:2水泥砂浆（稠度一般为80～120mm）分层灌入石板内侧缝隙中，每层灌浆高度150～200mm；

g. 全部面层石板安装完毕，灌注砂浆达到设计强度等级的50%后，用白水泥砂浆擦缝，最后清洗表面、打蜡擦亮。

大理石（花岗石）板的安装如图2-3-4所示。

定额项目考虑的挂贴大理石、花岗石面层施工方法及参数如下：

a. 在硬基层上刷素水泥浆一道，1mm厚；

b. 灌缝砂浆为1:2.5水泥砂浆，灌缝厚50mm。水泥砂浆定额含量：$10 \times 0.05 \times 1.11 = 0.555 m^3$，其

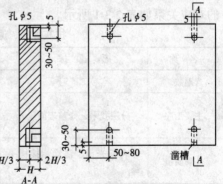

图2-3-3 大理石（花岗石）板钻孔剔槽示意图

中砂浆损耗率2%，砂浆偏差压实系数为9%；

c. 砖墙面预埋 φ6.5 钢筋挂钩与铁件焊牢，再用双向钢筋网片与挂钩连接，混凝土墙面用膨胀螺栓打入；

d. 大理石、花岗石板材上钻孔成槽，用铜丝穿槽与钢筋网片扎牢（或与膨胀螺栓扎牢）。

定额中板材规格取定为：墙面石板材规格 600mm×600mm，柱面规格 400mm×640mm。

② 粘贴大理石、花岗石板（粘贴法）

粘贴法包括水泥砂浆粘贴和干粉型胶粘剂粘贴两种。水泥砂浆粘贴法的做法是：

a. 先清理基层，在硬基层混凝土墙面上刷 YJ-302 胶粘剂一道；

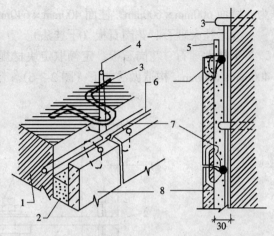

图 2-3-4　大理石（花岗岩）板材安装固定示意图
1—墙体；2—灌注水泥砂浆；3—预埋件；
4—竖筋；5—固定木楔；6—横筋；
7—钢筋绑扎；8—大理石板

b. 用 1:3 水泥砂浆打底、找平，砖墙面平均厚度 12mm，混凝土墙 10mm；定额含量为（偏差压实和损耗分别为 9% 和 2%）；

砖墙面　1:3 水泥砂浆含量 = 10×0.012×1.11 = 0.133m³

混凝土墙面　1:3 水泥砂浆含量 = 10×0.01×1.11 = 0.111m³

c. 1:2.5 水泥砂浆粘结层贴大理石（花岗石）板，粘结层厚度 6mm，定额含量为 10×0.006×1.11 = 0.067m³；

d. 擦缝，去污打蜡抛光。定额取定用 YJ-Ⅲ型胶粘剂与白水泥调制成剂擦缝，草酸抛光。

粘贴法的装饰构造如图 2-3-5 所示。图中大理石（花岗石）板面层定额取定板材规格

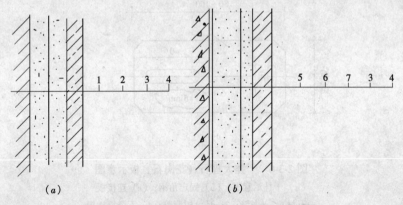

图 2-3-5　水泥砂浆粘贴大理石（花岗石）板构造层次图
(a) 砖墙面镶贴；(b) 混凝土墙面镶贴
1—墙体；2—12 厚 1:3 水泥砂浆打底；3—6 厚 1:2.5 水泥砂浆结合层；
4—大理石（花岗石）板面层，白水泥调剂擦缝、打蜡；5—混凝土墙体；
6—YJ302 粘结层；7—10 厚 1:3 水泥砂浆打底

为：墙面 600mm×600mm，柱面 400mm×640mm。

③干挂大理石、花岗石板（干挂法）

干挂大理石、花岗石板，定额取定块材规格为：墙面块材 600mm×600mm，柱面块材 400mm×600mm，构造做法如下（图 2-3-6）。

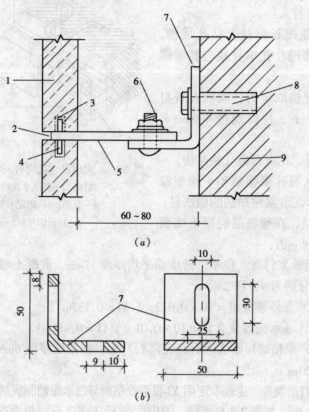

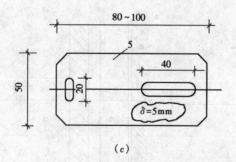

图 2-3-6 干挂大理石（花岗石）板示意图
(a) 干挂示意图；(b) 固定角钢；(c) 连接板
1—石材；2—嵌缝；3—环氧树脂胶；4—不锈钢插棍；
5—不锈钢连接板；6—连接螺栓；7—连接角钢；
8—膨胀螺栓；9—墙体

a. 在硬基层墙、柱面上按大理石（花岗石）方格，打入膨胀螺栓；

b. 在大理石（花岗石）板材上钻孔成槽，一般孔径 φ4，孔深 20mm；

c. 将不锈钢连接件与膨胀螺栓连接,再用不锈钢六角螺栓和不锈钢插棍将打有孔洞的石板与连接件进行固定;

d. 校正石板,使饰面平整后,进行洁面、嵌缝、打蜡、抛光。

内墙面干挂大理石板时,膨胀螺栓按每块石板埋设 4 套考虑,定额含量 10.2÷(0.6×0.6)×4＝113.3 套,用 4mm 铝合金条制成弯钩,直接将板材钩挂在螺栓上即成。

干挂外墙面大理石(花岗石)板,分密缝和勾缝两种,密缝是指石板材之间紧密结合,不留缝隙,勾缝是指石板材之间留有 6mm 以内宽的缝隙,待板面校正固定后,缝隙内压 $\phi 10$ 泡沫条,F130 密封胶勾缝,使饰面平整。干挂密缝和勾缝饰面,均用干挂云石胶(AB 胶)擦缝。

图 2-3-7 是另外两种与图 2-3-6 类似的干挂大理石(花岗石)石板的构造形式,其中图中(a)的做法为:ⓐ在硬基层(如混凝土墙柱)面上按设计要求用膨胀螺栓或与预埋铁件焊接将角钢固定在基面上;ⓑ用切割机在石板上、下侧面开槽;ⓒ将配制好的胶粘剂均匀灌入下层板的上部槽内,安装上一层板时,将胶粘剂灌入上层板的下部槽内;ⓓ然后用不锈钢螺栓将 T 形连接件和角钢连接起来,再将石板的槽口对准 T 形件凸出端,校正板面位置及平整度后固定;ⓔ最后经洁面、嵌缝、抛光即成。这种安装方法适用于外墙干挂大型板材。

④拼碎大理石(花岗石)板

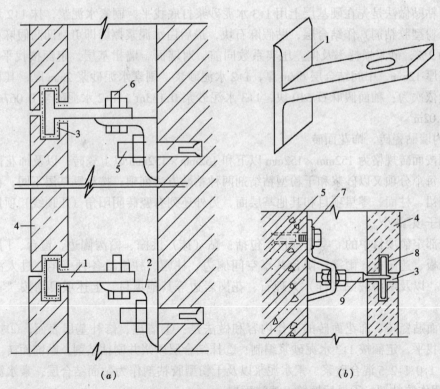

图 2-3-7 干挂大型板材构造示意图
1—T 型连接件;2—固定角钢;3—树脂胶;4—石材板;5—膨胀螺栓;
6—连接螺栓;7—不锈钢锚固件;8—不锈钢销针;9—紧固螺栓

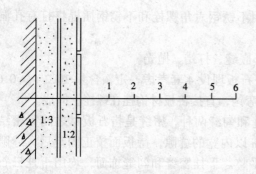

图 2-3-8 硬基层上拼碎大
理石（花岗石）做法

1—砖墙或混凝土基层；2—1:3 水泥砂
浆找平层；3—刷素水泥砂浆一道；
4—1:2 水泥砂浆掺 108 胶水；
5—碎大理石（花岗石）面层；
6—1:1 水泥砂浆嵌缝，擦净打蜡

大理石（花岗石）厂的边角废料，经过适当的分类加工，亦可作为墙面饰面材料，还能取得别具一格的装饰效果。例如矩形块料，它是锯割整齐而大小不等的边角块料，以大小搭配的形式镶拼在墙面上，用同色水泥色浆嵌缝后，擦净上蜡打光而成。冰裂状块料，是将锯割整齐的各种多边形碎料，可大可小地搭配成各种图案，缝隙可做成凹凸缝，也可做成平缝，用同色水泥浆嵌抹后，擦净、上蜡、打光即成。选用不规则的毛边碎料，按其碎料大小和接缝长短有机拼贴，可做到乱中有序，给人以自然优美的感觉。

大理石（花岗石）拼碎可镶拼在砖墙，也可在混凝土墙面上拼贴，其做法如图 2-3-8 所示。

2) 镶贴凹凸假麻石

定额按 100mm×200mm 规格的凹凸假麻石（釉面）列项，并分砂浆粘贴和干粉型胶粘剂粘贴两种不同粘贴方法，每种粘贴方式再按墙面、墙裙、柱面和零星项目列项，共列 6 个子目。粘贴做法是先在硬基层上用 1:3 水泥砂浆打底找平，刷素水泥浆，抹 1:2 水泥砂浆（或干粉型胶粘剂）作结合层，贴假麻石块，最后白水泥擦缝即可。凹凸假麻石块的损耗率为 2%，砂浆损耗率及偏差压实系数同前，对墙面、墙裙基层，定额按找平层 1:3 水泥砂浆厚 12mm，中间结合层 6mm 厚，1:2 水泥砂浆、刷素水泥砂浆 2mm 厚，其相应的定额含量依次为：釉面假麻石 510 块，1:3 水泥砂浆 $0.133m^3$，1:2 水泥砂浆 $0.067m^3$，素水泥浆 $0.02m^3$。

3) 内墙贴瓷砖，饰花面砖

定额按面砖规格为 152mm×152mm 以下和 152mm×152mm 以上瓷砖，以及饰花面砖三个分项，每个分项又以砂浆和干粉型粘结剂两种粘贴方法列项；按粘贴基层不同，再分为墙面、墙裙、柱面、零星项目和其他基层面，另外还列有瓷砖阴阳角（压顶线）项目。这部分共列子项 16 个。

本分部定额项目中的"零星项目"包括：贴（抹）挑檐、檐沟侧边、窗台、门窗套、扶手、栏板、遮阳板、雨篷、阳台共享空间侧边、柱帽、柱墩、各种壁柜、过人洞、池槽、花台，以及墙面嵌贴（挂）大理石、花岗岩边等其他项目，上述项目均按"零星项目"执行。

内墙面贴瓷砖、饰花面砖的工作内容和做法是：①清理、修补基层表面；②打底抹灰，砂浆找平，定额按 1:3 水泥砂浆编制；③抹结合层砂浆并刷粘结剂，贴饰面砖。定额分别编入 1:0.1:2.5 混合砂浆、素水泥浆以及干粉型胶粘剂作为贴面结合层，素水泥浆加 108 胶水用作胶粘剂；④最后擦缝，清洁面层。

4) 外墙贴面砖

定额按贴面基层分墙面、墙裙和零星项目两类，每种基层按粘贴方法分砂浆粘贴和干粉型胶粘剂粘贴列项,每种粘贴方法又分密缝和勾缝两种,共列 8 个子项,定额选用面砖为釉面砖,规格是 150mm×75mm。

外墙贴面砖的工作内容和做法为:①清理修补基层;②打底抹灰,砂浆找平,定额列 1∶3 水泥砂浆打底找平,平均厚 10~11mm;③刷素水泥浆结合层一道,1mm 厚,素水泥浆内掺 108 胶水;④抹粘结层砂浆,贴面砖,定额编制的粘结层包括,1∶0.2∶2 混合砂浆(厚 10mm)和干粉型胶粘剂两种;⑤擦缝、勾缝,设计砖面勾缝者,用 1∶1 水泥砂浆勾缝;⑥清洁面层。

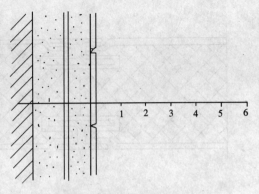

图 2-3-9　外墙贴面砖构造层次示意图
1—外墙基层;2—1∶3 水泥砂浆打底;
3—素水泥浆粘结层;4—1∶0.2∶2 混合砂浆;
5—面砖;6—1∶1 水泥砂浆勾缝

外墙面砖饰面的构造做法如图 2-3-9 所示。

(3) 墙、柱面木装饰

1) 轻质隔热彩钢夹心板墙

定额项目轻质隔热彩钢夹芯板墙所用轻质隔热彩钢夹芯板是彩色压型钢板复合墙板的一种。彩色压型复合墙板包括彩色压型钢板复合墙板、铝合金复合墙板、彩色钢板轻质隔热夹芯板和塑料金属复合板。

彩色夹芯板是由两层彩色钢板(或其他外层板,如压型钢板、铝板,也可用胶合板或纤维板等),用高强黏性胶粘结聚苯乙烯泡沫板,经加压加热固化后,制成的一种超轻隔热夹芯板。该夹芯板具有自重轻(10~14kg/m^2),强度高,防潮、防火、隔热保温性能好;同时又较为美观、经济,安装后不需对彩色钢板等面层再进行表面装饰等特点。轻质隔热彩钢夹芯板的尺寸较为灵活,可根据钢板的长度、宽度以及保温层的要求来制作,其厚度有 50、70、100、150、200、250mm 几种。彩钢夹芯板的构造如图 2-3-10 所示,板端设有企口,便于板与板之间的连接(图 2-3-11),与其他部位的连接用槽铝、角铝及铝拉铆钉等进行,轻质隔热彩钢夹芯板可作内墙隔墙、外墙板,也可作屋面板。

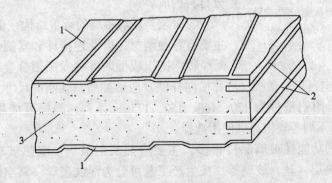

图 2-3-10　轻质隔热彩钢夹芯板的构造
1—彩色钢板;2—板端企口槽;3—聚苯乙烯泡沫板

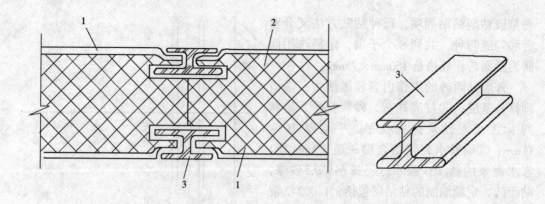

图 2-3-11 彩钢夹芯板墙板与板的连接
1—彩色钢板；2—聚苯乙烯泡沫板；3—工字型铝

2）网塑夹芯板墙

定额分项网塑夹芯板墙是用 3D 墙板（也称三维板），并辅以各种安装配件，拼装成内墙及外墙墙体，特别适用于高层建筑，也可用作轻型屋面板。它是一种新型的多功能复合墙板，具有自重轻、强度高、防火、保温、隔热、隔声性能优异等特点。

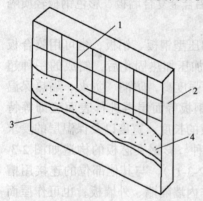

图 2-3-12 3D 墙板构造示意图
1—连续不断的钢丝制成的网笼骨架，丝径可为 2.2、2.5 或 3.0mm；
2—聚苯乙烯芯材；3—水泥砂浆层；
4—外表面层，可做各种饰面

3D 墙板的构造如图 2-3-12 所示，3D 墙板与板以及结构墙体的连接见表 2-3-13，有关的安装配件如表 2-3-2。

3）铝合金玻璃幕墙

幕墙是指悬挂在建筑物结构框架外表面的非承重墙。玻璃幕墙主要是利用玻璃作饰面材料，覆盖在建筑物的表面，看上去好象是罩在建筑物外表的一层薄帷。铝合金玻璃幕墙是指以铝合金型材为框架，框内镶以功能性玻璃而构成的建筑物围护墙体。

铝合金玻璃幕墙由骨架、玻璃和封缝材料等三部分材料构成。

①骨架是玻璃幕墙的承重结构，也是玻璃的载体，主要有各种型材，以及连接件和紧固件。铝合金型材是经特殊挤压成型的各种专用铝合金幕墙型材，主要有立柱（也称竖向杆件）、横档（亦称横向杆件）两种类型，其断面尺寸（以断面长边表示）有：明框幕墙用铝型材为 120、140、150、175mm 系列，隐框幕墙用铝型材为 110、145、160、180mm 系列等规格，供使用选择。

②玻璃幕墙的功能性玻璃品种很多，主要有热反射玻璃、吸热玻璃、双层中空玻璃、钢化玻璃、夹层（丝）玻璃等。按生产工艺可分为浮法玻璃、真空镀膜玻璃、真空磁溅射镀膜玻璃等，玻璃颜色有白色、蓝色、茶色、绿色等，玻璃的常用厚度为 5~10mm。

封缝材料，包括填充材料和密封材料两种。

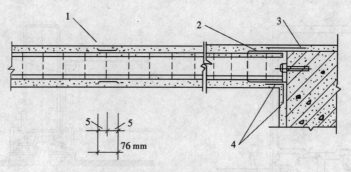

图 2-3-13 3D 墙板与板及结构墙体的连接
1—在拼缝两侧,用箍码把之字条同横向钢筋连接;
2—U 码;3—≥4″钢板网;4—每边≥2″钢板网;5—等距

网形夹芯板墙部分安装配件　　　　　　　　　　表 2-3-2

名　称	简　图	用　途
之字条	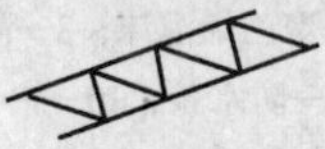	用于泰柏板竖向及横向接缝处,还可连接成蝴蝶网或Ⅱ型桁条,做阴角加固或木门窗框安装之用
204mm 宽平联结网	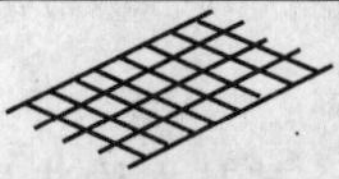	14 号钢丝方格网,网格为 50.8mm×50.8mm,用于泰柏板竖向及横向拼缝处,用方格网卷材现场剪制
102mm×204mm 角网	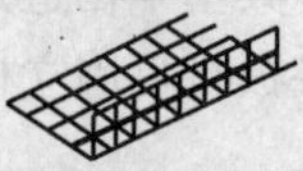	材料与平联结网相同,做成 L 形,边长分别为 102mm 及 204mm,用于泰柏板阳角补强。用方格网卷材现场剪制
箍　码		用于将平联结网、角网、U 码、之字条与泰柏板连接,以及泰柏板间拼接
U 码		与膨胀螺栓一起使用,用于泰柏板与基础、楼面、顶板、梁、金属门框以及其他结构等连接
组合 U 码		

③填充材料主要用于凹槽间隙内的底部,起填充及缓冲作用。密封材料不仅起到密封、防水作用,同时也起缓冲、粘结的作用。常用的封缝材料有橡胶密封条、幕墙双面不干胶条、泡沫条、幕墙结构胶、幕墙耐候胶、玻璃胶等。

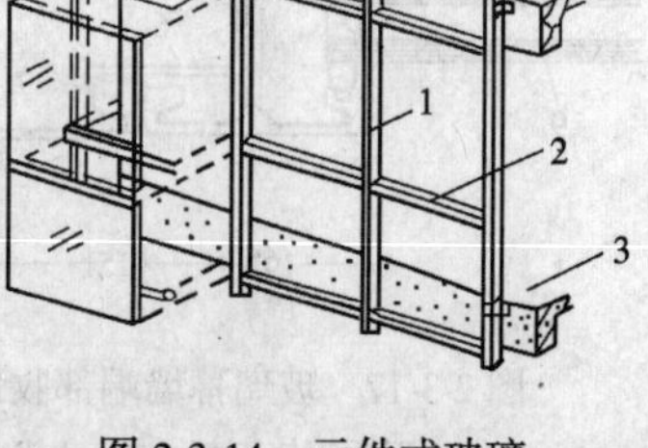

玻璃幕墙的结构构造主要分为单元式(工厂组装式)、元件式(现场组装式)和结构玻璃幕墙(又称玻璃墙,一般用于建筑物的 1、2 层,它是不用金属框架的纯大块玻璃墙,高度可达 12m)等三种型式。目前大部分玻璃幕墙是采用由骨架支撑玻璃、固定玻璃,然后通过连接件与建筑物主体结构相连的结构形式。定额所列铝合金玻璃幕墙的构造属于元件式结构体系,如图 2-3-14 所示。具体构造又分两种类型,即明框玻璃幕墙和隐框玻璃幕墙。

图 2-3-14 元件式玻璃幕墙构造示意图
1—竖向杆件(立柱、竖筋、主龙骨);
2—横向杆件(横档、横筋、次龙骨);
3—主体结构(楼板)

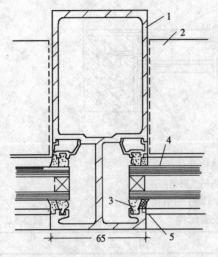

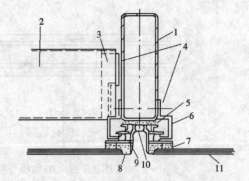

图 2-3-15 明框铝合金玻璃幕墙构造
1—幕墙竖向件；2—固定连接件；
3—橡胶压条；4—玻璃；5—密封胶

图 2-3-16 铝合金隐框玻璃幕墙构造
1—立柱；2—横向杆件；3—连接件；
4—φ6 螺栓加垫圈；5—聚乙烯
泡沫压条；6—固定玻璃连接件；
7—聚乙烯泡沫；8—高强胶粘剂；
9—防水条；10—铝合金封框；
11—热反射玻璃

①铝合金明框玻璃幕墙

铝合金明框玻璃幕墙通常称为铝合金型材骨架体系，其基本构造是将铝合金型材作为玻璃幕墙的骨架，将玻璃镶嵌在骨架的凹槽内，再用连接板将幕墙立柱与主体结构（楼板或梁）固定，图 2-3-15 所示。

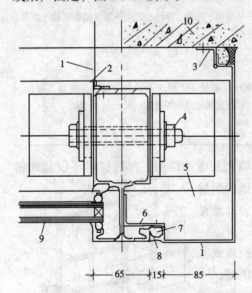

图 2-3-17 玻璃幕墙端部收口构造
1—1.2mm 不锈钢镜面板；2—角铝 20×20×2；
3—角铝 25×25×2；4—M12×120 不锈钢螺栓；
5—角钢 L89×89×9.5；
6—角铝 50×38×2；7—胶条；8—密封胶；
9—玻璃；10—混凝土柱

②铝合金隐框玻璃幕墙

铝合金隐框玻璃幕墙，一般称不露骨架结构体系，其基本构造是将玻璃直接与骨架连接，外面不露骨架，也不见窗框，即骨架、窗框隐蔽在玻璃内侧，此种幕墙也称全隐幕墙。图 2-3-16 是隐框玻璃幕墙构造简图，用特制的铝合金连接件将铝合金封框与立柱相连，再用高强胶粘剂（通称幕墙结构胶）将玻璃固定在封框上。

③玻璃幕墙封边

玻璃幕墙封边是指幕墙与建筑物的封边，即幕墙端壁（两端侧面及顶端）与墙面的封边。

图 2-3-17 是玻璃幕墙端部收口构造，图中表示幕墙最后一根立柱的小侧面封边处理大样，该节点采用 1.2mm 厚的不锈钢镜面板或镀锌钢板，1.5mm 薄铝板等将幕墙骨架全部包住，在饰面板与立柱及墙间的间隙中用密封胶（例如玻璃胶）封闭起来。

图 2-3-18 是幕墙顶部收口示意图，图中示出用一条不锈钢成型板（或镀锌薄钢板、铝合

金板），罩在幕墙上端的收口部位，成型压顶板可侧向固定在骨架上，或在水平面上用螺钉固定。

4）墙柱面龙骨、隔墙龙骨

①定额将本分项木装饰的龙骨、基层衬板和面层三脱开，便于应用和换算，即按工程设计要求，分开列项选用。

②墙、柱面龙骨定额分木龙骨和柱面钢龙骨，即：

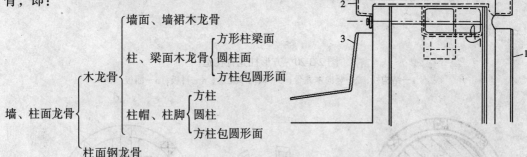

图 2-3-18 幕墙顶端封边示意图
1—幕墙外缘线；2—铝合金或不锈钢压顶板；3—防水层

墙面木龙骨的构造如图 2-3-19 所示。定额取定的墙面、墙裙木龙骨断面是 24mm×30mm，间距 300mm×300mm。木龙骨与墙面固定方法通常有两种：木砖固定和木针（木契）固定法。墙面、墙裙子目（2-95 子目）中的普通成材含量为 0.111m³/10m²，由龙骨 0.053m³ 和 0.057m³ 的木砖组成。

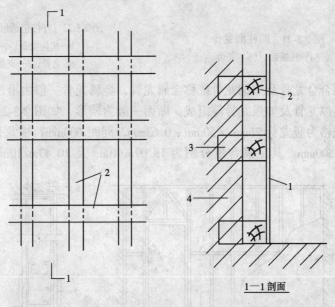

图 2-3-19 墙面木龙骨构造
1—面层；2—木龙骨；3—木砖；4—墙体

方形柱、梁面、圆柱面、方柱包圆形面木龙骨断面，定额分别按 24mm×30mm、40mm×45mm、40mm×50mm 考虑。图 2-3-20 至图 2-3-22 分别是它们的龙骨构造简图。

③隔墙龙骨，定额分为轻钢龙骨、铝合金龙骨、型钢龙骨和木龙骨四种。

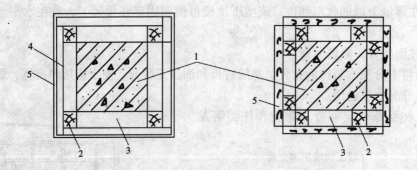

图 2-3-20　方形柱龙骨构造
1—结构柱；2—竖向木龙骨；3—横向木龙骨；4—衬板；5—面板

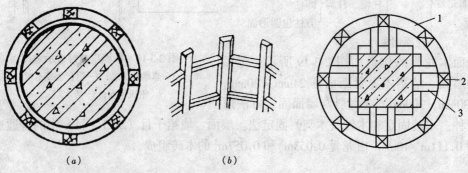

图 2-3-21　圆柱面龙骨
(a) 柱断面；(b) 龙骨

图 2-3-22　方柱包圆形面龙骨构造
1—横向龙骨；2—竖向龙骨；3—支撑杆

轻钢龙骨、铝合金龙骨及型钢龙骨统称金属龙骨，金属龙骨一般由沿顶龙骨、沿地龙骨、竖向龙骨、横撑龙骨及加强龙骨等组成，断面一般为槽形，如图 2-3-23 所示。定额所取墙体轻钢龙骨规格为竖龙骨 75mm×50mm×0.63mm，间距 600mm，横龙骨 75mm×40mm×0.63mm，间距 1500mm，其定额含量分别为 18.09m/10m² 及 10.47m/10m²，定额中的铝

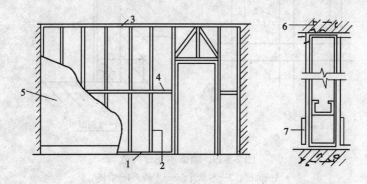

图 2-3-23　金属龙骨隔墙构造
1—沿地龙骨；2—竖龙骨；3—沿顶龙骨；4—横撑龙骨；
5—纸面石膏板面层；6—预埋木砖；7—踢脚板

合金龙骨含量为 40.28m/10m², 其中已包括 5%损耗。

隔墙木龙骨由上槛、下槛、墙筋（立柱）、斜撑（或横档）构成（图 2-3-24），木料断面视房间高度及所配面层板材规格而定。定额取定的木龙骨断面为 40mm×50mm 和 50mm×70mm，龙骨纵横向间距为 300~600mm。

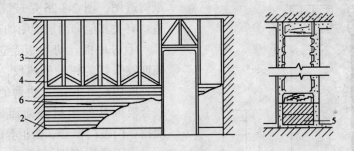

图 2-3-24 木龙骨隔墙
1—上槛；2—下槛；3—立柱；4—横档；5—砌砖；6—面板

5）墙、柱面多层夹板基层

墙、柱面多层夹板基层，是指在龙骨与面层之间设置的一层木板基层，基层常用多层夹板直接钉在木龙骨上或钉在承重墙面的木砖上，故称多层夹板基层。定额所取多层夹板基层为杨木芯十二夹板，含量 10.5m²/10m²，共列 4 个子目。

6）墙、柱梁面各种面层

墙、柱梁面各种装饰面层，共列 46 个子目，包括墙面、墙裙、柱面（圆柱）、梁面、柱帽、柱脚等的饰面层，具体列项如下：

①木装饰面层：

a. 三夹板　钉在木龙骨或夹板基层上，列 4 个子目；

b. 五夹板　钉在木龙骨或夹板基层上，列 2 个子目；

c. 普通切片板　粘贴在基层上，列 4 个子目；

d. 花式切片板　粘贴在基层上，列 4 个子目。

②不锈钢镜面板：

a. 普通不锈钢镜面板（$\delta=1.2mm$），列 4 个子目；

b. 镀钛不锈钢镜面板（$\delta=1.2mm$），列 4 个子目。

③防火板、宝丽板、铝塑板，粘贴在夹板基层上，各 1 个子目；

④合成革、丝绒、化纤壁毯，粘贴在胶合板基层上，共列 4 个子目；

⑤玻璃面层：

a. 镜面玻璃　粘贴在柱、墙面夹板基层上或水泥砂浆基层上，列 4 个子目；

b. 镭射玻璃粘贴在柱、墙面夹板基层上或水泥砂浆基层上，列 4 个子目。

⑥硬木板条墙面、墙裙，列 1 个子目；

⑦纸面石膏板墙面，列 1 个子目；

⑧竹片内墙面，列 1 个子目；

⑨铝合金装饰板墙面、墙裙，列 1 个子目；

⑩塑料扣板饰面，列 1 个子目；

⑪岩棉吸声板墙面、墙裙，列1个子目；

⑫水泥压力板饰面，列1个子目。

图2-3-25是墙裙木饰面层及墙面贴壁纸构造图，图2-3-26是玻璃墙面的一般构造。有关其他饰面层说明如下：

①切片板。切片板是选用花纹美观、装饰效果好的树种的树段，经水蒸煮软化后，旋切成0.1mm或更薄的薄片，贴压在胶合板或其他板材表面而成，可作墙面、墙裙、门及门窗套、橱柜等的面板。

②不锈钢镜面板饰面。不锈钢镜面板是将不锈钢板研压、抛光、蚀刻而成的装饰薄板，其厚度有0.6、0.8、1.0、1.2、1.5、2.0mm等，平面尺寸为1219mm×2438mm、1219mm×3048mm等。镜面板系指表面平整光亮，光线反射率达90%以上，可达映像如镜的效果，故而得名。定额分不锈钢镜面板和镀钛不锈钢镜面板列项，厚度均为1.2mm，适用于墙面、墙裙面、柱梁面及柱帽柱脚等工程项目，损耗率为12.5%，定额含量为$11.25m^2/10m^2$。计列8个子目。

③宝丽板。宝丽板是在胶合板基层上，贴以特种花纹纸面涂覆不饱和树脂后表面再压合一层塑料薄膜保护层。保护层有白色、木黄色等各种彩色花纹色彩。常用规格有1800mm×915mm和2440×1220mm，厚

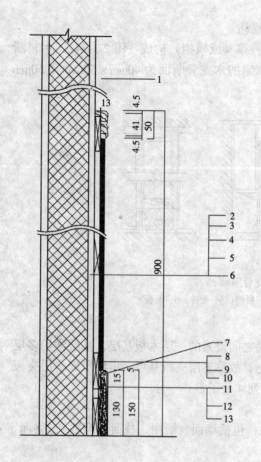

图2-3-25 内墙面木饰面板墙裙及壁纸墙面构造
1—墙面贴壁纸；2—表面清漆饰面；3—榉木板厚3mm；4—板厚5mm；5—木龙骨9mm×50mm；6—石膏板隔墙；7—榉木板压条12mm×20mm；8—板厚5mm；9—榉木板厚3mm；10—表面清漆饰面；11—墙体；12—木龙骨9mm×50mm；13—板厚9mm

度6、8、10、12mm等。宝丽板分普通板和坑板两种。坑板是在宝丽板表面做一定距离坑条，条宽3mm、深1mm，以增加装饰性。定额按厚度$\delta=3mm$的宝丽板编制，含量$11.00m^2/10m^2$，损耗率10%。

④镜面玻璃和镭射玻璃饰面。镜面玻璃是将平板玻璃（最好是浮法玻璃）作原片，经冲洗、镀银、刷底漆、涂灰色面漆而成。原片玻璃可为白片玻璃、蓝色玻璃或茶色玻璃。镜面玻璃的主要功能是影像，一般多用于商业和娱乐场所的局部墙面和柱面。

镜面玻璃和镭射玻璃可粘贴在夹板基层上，也可粘贴在砂浆面上，由设计要求确定。定额选用镀银镜面玻璃厚度$\delta=5mm$，用于墙面时损耗率按18%，用于柱、梁面时按18%（砂浆面上）和20%（夹板基层上）。镭射玻璃规格取定为500mm×500mm×5mm及400mm×400mm×5mm，损耗率按30%计算。

⑤纸面石膏板。墙面纸面石膏板是以建筑石膏为主要原料，掺入适量添加剂如胶粘

剂、发泡剂、缓凝剂以及纤维等，做成板芯再辊压上特殊的层面纸为护面而制成。常用（龙牌）规格有：1200mm×3000mm×9.5mm，1200mm×3000mm×12mm等。定额取定的纸面石膏板（龙牌）。$\delta = 12mm$，损耗率10%。

⑥硬木板条墙面、墙裙。硬木板条墙面、墙裙是以硬木薄板做饰面板镶拼而成的墙面或墙裙，薄板厚度一般为$\delta = 18\sim 20mm$，定额按厚20mm编制。

⑦铝合金装饰板。铝合金装饰板的品种颇多，一般包括：a.铝合金花纹板；b.铝合金波纹板；c.铝合金压型板；d.铝合金冲孔板；e.铝合金扣板。铝合金扣板通常称铝合金板，分铝合金扣板和铝合金彩扣板，都是轧制成的窄条状的条板，两个宽边作成扣接形式，广泛用于墙面、墙裙及隔断做面层，图2-3-27是一种铝合金扣板的断面形状和安装示意图。

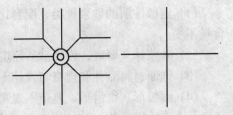

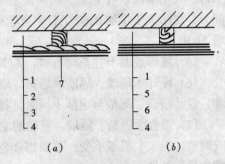

图2-3-26 玻璃墙面一般构造
（a）嵌钉；（b）粘贴
1—40mm×40mm纵横向木龙骨；2—150mm厚木衬板；3—油毡一层；4—车边玻璃（5～6mm厚，内表面磨砂涂色）；5—7层夹板；6—环氧树脂粘结；7—铜或钢螺钉

7）隔断

定额所列隔断包边铝合金玻璃隔断和其他隔断两类，具体列项如下：

①铝合金全玻璃隔断，分古铜色铝合金型材和银白色铝合金型材，列2个子项；
②木玻璃隔断（木龙骨），分半玻璃和全玻璃隔断，列2个子项；
③镜面玻璃格式隔断，分夹花式隔断和全镜面玻璃隔断，列2个子项；

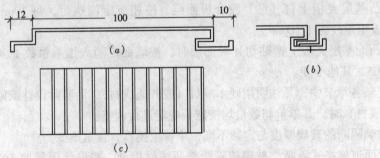

图2-3-27 铝合金扣板
（a）断面形状；（b）板与板扣接示意图；（c）扣板墙面示意图

④不锈钢包边框全玻璃隔断，列4个子项；
⑤花式漏空网眼木隔断，分直栅漏空和木井格网眼两种，共列4个子项；
⑥铝合金板隔断，按铝合金扣板（条）和铝合金彩扣板（条）列2个子项；
⑦玻璃砖隔断，分无衬板木框架全玻璃砖隔断和木格式嵌玻璃砖隔断，列2个子项；
⑧浴厕隔断，按木骨架、三夹板面层列1个子项。

2.墙、柱面工程定额换算

(1) 定额注明的砂浆种类、配合比与设计不同时，按设计要求调整单价，人工和机械含量不变。

(2) 砂浆抹灰厚度，设计砂浆厚度与定额注明不同，应调整。

(3) 饰面材料品种和规格与设计不同时，按设计要求调整，人工、机械含量不变。

(4) 圆弧形、锯齿形、复杂不规则的墙面抹灰或镶贴块料面层按其面积部分套用相应子目，人工乘以系数1.15。块料面层中带有弧边的石材耗损，应按实调整，每10m弧形部分，切贴人工增加0.60工日，合金钢切割锯片0.14片，石料切割机0.60台班，合计调增31.94元。

(5) 弧形墙面干挂花岗石时，人工费增加20%，其他不变。

(6) 设计木隔墙、隔断、墙裙、墙面、方形柱梁面、圆柱面、方柱包圆形面等的木龙骨，设计断面、间距与定额不同时，材积应按比例换算。

(7) 铝合金隔断、隔墙、幕墙的龙骨含量，饰面板的品种，设计要求与定额不同时，应调整，人工、机械不变。幕墙铝合金型材用量与定额不符时，按设计用量加7%损耗调整含量，其他不变。

(8) 墙柱面工程中，不锈钢镜面板包柱的钢板成型加工费、玻璃车边费，按市场加工费另行计算并进入取费基价。

(9) 干挂大理石、花岗石板的钻孔成槽已经包括在相应定额中，如供货商已将钻孔成槽完成，则定额中应扣除10%的人工费和10元/10m^{2}的机械费。干挂大理石、花岗石板中的不锈钢连接件、连接螺栓、插棍数量按设计用量加2%的损耗进行调整。

(10) 内墙面贴瓷砖，外墙贴面砖，如瓷砖、面砖规格与定额不同时，瓷砖、面砖应调整，其他不变。

(11) 墙面、墙裙做凹凸面，在夹板基层上再做一层多层夹板时，每10m^{2}另加多层夹板10.5m^2、人工2工日，工程量按凸出面的面积计算。

在有凹凸基层夹板上钉（贴）胶合板面层，按相应定额执行，每10m^{2}人工乘系数1.30、胶合板用量改为11.00m^2。

在有凹凸面基层夹板上镶贴切片板面层时，按墙面定额人工乘系数1.30，切片板含量乘系数1.05，其他不变。

(12) 定额各章节中，凡注明用硬木成材（或普通成材），而实际设计或施工用普通成材（或硬木成材）时，其单价与数量均按定额规定进行调整。

(13) 玻璃隔断的玻璃厚度与定额不同，单价应换算，含量不变。

(14) 镜面玻璃格式隔断、玻璃砖隔断普通成材用量，按设计用量加5%损耗调整定额含量。

(二) 墙柱面工程量计算

1. 墙、柱面抹灰工程量

墙、柱面抹灰工程量按垂直投影面积以平方米（m^2）计算，应扣除门、窗洞口和0.3m^{2}以上的孔洞所占面积，不扣除踢脚线、墙与构件接触面积，门、窗洞口侧壁不另增加。墙垛和附墙烟囱侧壁与内墙抹灰的工程量应合并计算。

(1) 内墙、内墙裙抹灰

内墙、内墙裙的抹灰工程量按下式计算

$$内墙、内墙裙抹灰面积\ S = A \times B \pm K$$

式中　A——内墙、内墙裙间图示净长尺寸之和（m）；

　　　B——室内抹灰高度；

　　　K——应扣除（并入）面积：内墙、内墙裙抹灰应扣除门、窗洞口和 $0.3m^2$ 以上的孔洞所占面积；墙垛、附墙烟囱侧壁面积应并入内墙抹灰工程量内。

按如下规定计取室内抹灰高度：

1) 无墙裙，按室内净高计算（踢脚线高度不扣），如图 2-3-28（a）；
2) 有墙裙，其抹灰高度按墙裙顶至顶棚底面之间的净高度计算，如图 2-3-28（b）；
3) 内墙裙按图示高度计算，如图 2-3-28（c）。

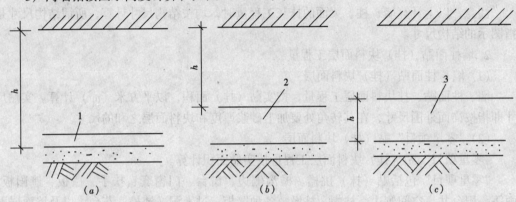

图 2-3-28　内墙、内墙裙抹灰高度
1—踢脚线；2、3—墙裙

(2) 外墙、外墙裙抹灰

外墙、外墙裙抹灰工程量按下式计算：

$$外墙、外墙裙抹灰面积\ S = 外墙、外墙裙垂直投影面积 = A \times B \pm K$$

式中　A——外墙、外墙裙外边线长度（m）；

　　　B——外墙、外墙裙抹灰高度（m）；

　　　K——应扣除（并入）面积：应扣除门窗的洞口、外墙裙和 $0.3m^2$ 以上的孔洞所占面积，门窗洞口及孔洞侧壁不增加。附墙垛、梁、柱侧面抹灰面积应并入外墙抹灰工程量内。

抹灰高度均应由设计至外地坪算起，其高度算至：

1) 平屋顶有挑檐（天沟）者，算至挑檐板底面，如图 2-3-29（a）所示；
2) 平屋顶无挑檐天沟、带女儿墙者，算至女儿墙压顶底面，如图 2-3-29（b）所示；
3) 坡屋顶带檐口顶棚的，算至檐口顶

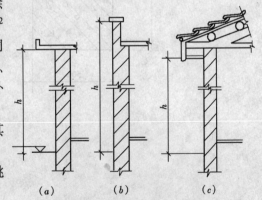

图 2-3-29　外墙抹灰高度
(a) 平屋顶有挑檐；(b) 平屋顶无挑檐带女儿墙；
(c) 坡屋顶带檐口顶棚

棚底面,如图 2-3-29 (c);

4) 外墙裙计算高度,应算至设计墙裙顶面。

(3) 独立柱抹灰

独立柱抹灰的工程量 = 柱的结构断面周长 × 柱高,以平方米 (m²) 计算。

(4) "零星项目" 抹灰

"零星项目" 抹灰工程量按图示尺寸以展开面积平方米 (m²) 计算,展开宽度超过 300mm 以上时,执行 "零星项目" 定额,在 300mm 以内者,套 "装饰线条" 子项。

栏板、栏杆的抹灰(包括立柱、扶手或下嵌)按立面垂直投影面积乘系数 2.2,以平方米 (m²) 计算。

注意,以上计算墙、柱、梁面的抹灰工程量时,均按结构尺寸计算,所谓结构尺寸是指图示的结构尺寸。

2. 墙柱面贴(挂)块料面层工程量

(1) 墙、柱面贴(挂)块料面层

墙、柱面贴、挂块料面层工程量,按实贴(挂)面积,以平方米 (m²) 计算。实贴尺寸即指按饰面外围尺寸,在其转角处要加上砂浆厚度和块料面层之和的尺寸。

(2) "零星项目" 贴(挂)块料面层

"零星项目" 贴(挂)块料面层工程量按实贴面积计算。

"零星项目" 包括贴(抹)挑檐、檐沟侧边、窗台、门窗套、扶手、栏板、遮阳板、雨篷、阳台共享空间侧边、柱帽、柱墩、各种壁柜、过人洞、池槽、花台,以及墙面嵌贴(挂)大理石、花岗岩边等其他项目。

【例1】 某建筑物钢筋混凝土柱 16 根,构造如图 2-3-30,若柱面抹水泥砂浆,1:3 底,1:2.5 面,厚度均为 12mm + 8mm,试计算其工程量和直接费。

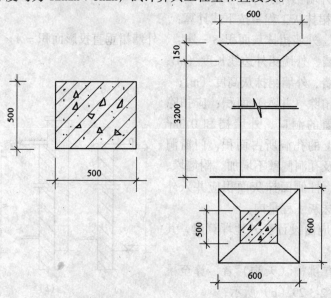

图 2-3-30 钢筋混凝土柱构造图

【解】 按计算规则,柱帽、柱脚和柱身应分别计算工程量,前者按 "零星项目" 执行。

1) 柱面抹水泥砂浆工程量,按结构尺寸计算,即:

$$结构断面周长 \times 柱高度 \times 根数 = 0.5 \times 4 \times 3.2 \times 16 = 102.4 \text{m}^2$$

由定额子项 2-11，基价 105.41 元/10m²，其直接费为：

$$柱面抹水泥砂浆直接费 = 105.41 \times 10.24 = 1079.40 \text{元}$$

2）柱帽抹水泥砂浆工程量按展开面积计算，柱帽为四棱台，即计算四棱台的斜表面积公式为：

$$四棱台全斜表面积 = \frac{1}{2} 斜高 \times （上面的周边长 + 下面周边长）$$

按图示数据代入上式得：

$$\frac{1}{2}\sqrt{0.05^2 + 0.15^2} \times (0.5 \times 4 + 0.6 \times 4) \times 16 = 5.56 \text{m}^2$$

由零星项目抹灰定额 2-5，基价 215.66 元/10m²，其直接费为：

$$215.66 \times 0.556 = 119.91 \text{元}$$

3）钢筋混凝土柱抹水泥砂浆直接费合价：

$$1079.40 + 119.91 = 1199.31 \text{元}$$

【例2】 若上题的钢筋混凝土柱面挂贴花岗岩面层，计算工程量和直接费。

【解】 柱面贴块料面层按实贴面积计算，在拐角处要加上砂浆厚度和块料面层之和的尺寸计算工程量，则镶贴的柱断面如图 2-3-31 所示。

因为柱身、柱帽执行不同定额，应分别计算工程量：

1）柱身挂贴花岗岩板工程量

$$0.64 \times 4 \times 3.2 \times 16 = 131.07 \text{m}^2$$

由定额 2-31，基价 3955.62 元/10m²，直接费为

$$3955.62 \times 13.107 = 51846.31 \text{元}$$

2）柱帽，按（5-4）式计算实贴面积

$$\frac{1}{2}\sqrt{0.05^2 + 0.15^2} \times (0.64 \times 4 + 0.74 \times 4) \times 16 = 6.98 \text{m}^2$$

由零星项目 2-32，柱帽挂贴花岗岩板基价 4443.95 元/10m²，其直接费

$$4443.95 \times 0.698 = 3101.18 \text{元}$$

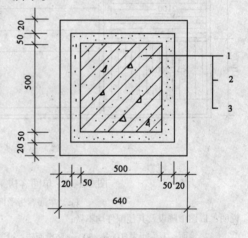

图 2-3-31 混凝土柱挂贴花岗岩板断面
1—钢筋混凝土柱；2—50 厚 1:2 水泥砂浆；
3—20 厚花岗岩板

3）混凝土柱挂贴花岗岩板直接费合计：

$$51846.31 + 3101.18 = 54947.49 \text{元}$$

【例3】 图 2-3-32 为某宾馆单间客房平面图和顶棚平面图，计算卫生间墙面贴 200mm×280mm 印花面砖的工程量和定额直接费（浴缸高度 400mm）。

【解】 按实贴面积计算工程量，由图 2-3-32 有：$(1.6+1.85) \times 2 \times 2.1 - 0.8 \times 2.0 - 0.55 \times 0.4 \times 2 = 12.45 \text{m}^2$（浴缸侧面贴面砖）

由定额 2-66，基价 1070.63 元/10m²，直接费为

$$1070.63 \times 1.245 = 1332.93 \text{元}$$

3．内墙、柱面木装修工程量

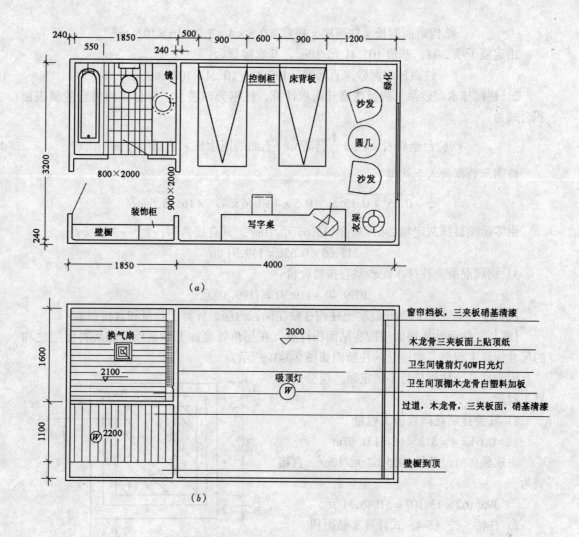

图 2-3-32 单间客房平面图和顶棚平面图（1:50）
(a) 单间客房平面；(b) 单间客房顶棚图

说明：1. 图中陈设及其他配件均不做；
2. 地面：卫生间为300mm×300mm防滑面砖；过道、房间、水泥砂浆抹平，1:3厚20mm；满铺地毯（单层）；
3. 墙面：卫生间贴200mm×280mm印花面砖；过道、房间贴装饰墙纸；硬木踢脚板高150mm×20mm，硝基清漆；
4. 铝合金推拉窗1800mm×1800mm，90系列1.5mm厚铝型材；浴缸高400mm；内外墙厚均240mm；窗台高900mm。

墙、柱面木装修包括木龙骨、基层衬板及各种木质面层，其工程量计算规则如下：
（1）墙、墙裙木装修

墙、墙裙木装修的木龙骨（骨架）、衬板基层及面层，定额按三脱开分别列项编制，工程量也应分开列项计算。其工程量计算式如下：

$$S = 净长 \times 净高 \pm 扣除（并入）面积$$

式中，1) 净长指龙骨、衬板和面层的装饰面净长度之和；
2) 净高指装饰墙面或墙裙的设计高度；

3) 应扣除面积包括：门口、窗洞口及 0.3m² 以上的孔洞所占面积；

4) 应并入面积指附墙垛及门、窗侧壁面积，并入墙、墙裙工程量内计算。若墙面与门窗的侧面不是进行同标准的木装饰，而是单独门、窗套木装修，则应另列子项按相应定额执行。

若墙面、墙裙做凹凸面，使木装饰具有凹凸起伏的立体感，这是在夹板基层上局部再钉一层或再钉多层夹板形成的。凡有凹凸面的墙面、墙裙木装饰，其工程量按凸出面的面积计算。

(2) 柱、梁面木装修

柱、梁面木装修工程量按图示展开宽度乘以净长（高）以平方米（m²）计算。

【例4】 图 2-3-32 单间客房内做 1100mm 高的内墙裙，计算其工程量和直接费。墙裙做法：木龙骨（断面 24mm×30mm，间距 300mm×300mm），基层十二夹板衬板，其上粘贴花式切片板面。窗台高 900mm，走道柜橱同时装修，侧面不再做墙裙。门窗、空圈单独做门窗套（本例暂不计及）。

【解】 计算工程量

墙裙净长 = [(1.85 − 0.8) + (1.1 − 0.12 − 0.9)×2] + [(4 − 0.12 + 3.2)×2 − 0.9] = 14.47m

内墙裙骨架、衬板及面层工程量 = 14.47×1.1 − 1.8×(1.1 − 0.9) = 15.56m²

求基价：

墙裙木龙骨，由 2-95 得基价 208.99 元/10m²；

十二夹板基层（钉在木龙骨上），由 2-111 有：338.74 元/10m²；

衬板上粘贴花式切片三夹板（δ = 3mm），按 2-124，基价 1153.98 元/10m²。

内墙裙直接费：(208.99 + 338.74 + 1153.98)×1.556 = 2647.86 元

4. 柱包不锈钢镜面板及各种饰面板工程量

方柱、圆柱、方柱包圆形面，按柱的面层面积计算，公式如下：

$$S = 柱饰面断面面层周长 \times 柱高度$$

式中，柱的高度为地面（或楼面）至顶棚底面的图示高度。

若地面、顶棚面有柱帽、柱脚时，则高度应从柱脚上表面至柱帽下表面计算。

柱帽、柱脚工程量，按饰面面层的展开面积以平方米（m²）计算，执行柱帽、柱脚定额。请注意，这一点与抹灰及块料面层中的"零星项目"不同，勿混淆。

【例5】 某证券营业厅 4 根钢筋混凝土柱包镀钛不锈钢镜面板圆形面，做法如图 2-3-33 所示。圆形木龙骨，夹板基层上包不锈钢镜面板面层，同法包圆锥形柱帽、柱脚。试计算工程量及直接费。

【解】 按工程量计算规则，柱身、柱帽及柱脚应分别计算其工程量。

(1) 柱身工程量

木龙骨外围直径按 787mm 计算，则工程量为

$$0.787 \times 3.1416 \times (3.2 - 0.28) \times 4 = 28.88 m²$$

夹板基层按十二夹板考虑，其外围直接按 811mm 计算

$$0.811 \times 3.1416 \times 2.92 \times 4 = 29.76 m²$$

不锈钢面层板，直径按 814mm 计算

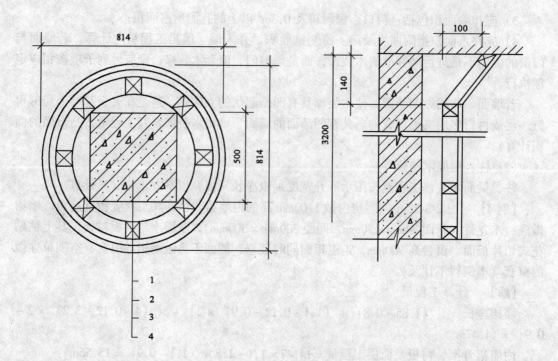

图 2-3-33 方柱包不锈钢镜面板圆形面
1—钢筋混凝土柱；2—木龙骨；3—12夹板基层；4—镀钛不锈钢板包面（δ=1.2mm）

$$0.814 \times 3.1416 \times 2.92 \times 4 = 29.87 m^2$$

(2) 柱帽、柱脚工程量

柱帽、柱脚均为圆锥台，其斜表面积为：

$$圆锥全斜表面积 = \frac{\pi}{2} \times 母线长 \times （上面直径 + 下面直径）$$

计算方法同柱身，结果汇总于表2-3-3中。

方柱包圆形面复价计算表　　　　表2-3-3

项目	柱 身		柱帽及柱脚		复价（元）
	工程量（m²）	基价（元/m²）	工程量（m²）	基价（元/m²）	
木龙骨	28.88	(2-98) 458.16	3.83	(2-101) 226.35	1409.86
夹板基层	29.76	(2-113) 341.99	3.94	(2-113) 341.99	1152.51
镀钛不锈钢镜面板面层	29.87	(2-134) 3412.32	3.95	(2-135) 3405.33	11537.71

(3) 该方柱包圆直接费 1409.86 + 1152.5 + 11537.71 = 14100.08 元

5. 玻璃幕墙、铝合金隔断工程量

(1) 玻璃幕墙、铝合金隔断工程量均以框外围面积计算。

(2) 玻璃幕墙上设计有窗者，计算幕墙面积时，窗面积不扣除，但每10m²窗面积需加增幕墙铝合金框料25kg，人工5工日。注意，幕墙上的铝合金窗不再另行计算工程量。

(3) 玻璃幕墙与建筑物顶端、两端的封边，按图示尺寸以平方米（m²）计算。

(4) 玻璃幕墙自然层的水平隔离与建筑物的连接按延长米计算工程量。自然层连接（层）包括每层上、下镀锌板，钢骨架，防水岩棉等。

6. 其他隔断工程量

隔断与隔墙系指房屋内部的非承重隔离构件，隔墙一般是指到楼板底的隔离墙体，隔断是指不到顶的隔离构件。各种隔断的工程量计算方法如下：

(1) 半玻璃隔断

半玻璃隔断是指上部为玻璃隔断，下部为其他墙体组成的隔断。其工程量应分别计算，半玻璃隔断工程量按半玻璃设计边框外边线以平方米（m²）计算。半玻璃隔断的下面墙体，应另列项计算。半玻璃隔断如图 2-3-34 所示。图中木楞可用金属骨架代替，其下部做法按设计要求，主要有砖墙面抹灰、板条墙抹灰和罩面板（如胶合板、纤维板、切片板、木拼板和铝合金板等）。其中板条墙和罩面板均需采用双面，以保证墙体两面平整、美观。

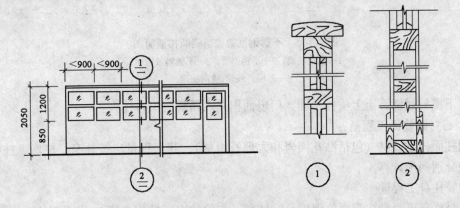

图 2-3-34 半玻璃隔断构造

(2) 全玻璃隔断

全玻璃隔断的工程量为高度乘宽度以平方米（m²）计算。高度自下横档底面算至上横档顶面。宽度指隔断两边立框外边之间的宽。图 2-3-35 所示为不锈钢框架玻璃隔断，其中不锈钢框架可采用铝合金框架或硬木框架，框架内镶嵌玻璃。玻璃四周可用压条固定，并采用密封胶封闭。

(3) 玻璃砖隔断

玻璃砖隔断工程量按玻璃砖格式框外围面积计算。玻璃砖隔断由外框和玻璃砖砌体组成，外框可用钢框、铝合金框、木框等，玻璃砖砌筑用砂浆按白水泥：细砂 = 1:1 或白水泥：108 胶 = 100:7 的比例（重量比）调制。玻璃砖的常见规格有（单位：mm）：190 × 190 × 80（或 95）、240 × 240 × 80、240 × 115 × 80、145 × 145 × 80（或 95）等几种。

(4) 花式隔断、网眼木格隔断（木葡萄架）

花式隔断、网眼木格隔断（木葡萄架）的工程量均以框外围面积计算。这类隔断俗称花格隔断，所用的花格材料有木制、竹制花格，水泥制品花格，金属花格等，花格可拼装成各种图案，故多为空透式隔断。

(5) 浴厕木隔断

浴厕木隔断工程量按隔断长度乘高度，以平方米（m²）计算。隔断长度按图示长度，

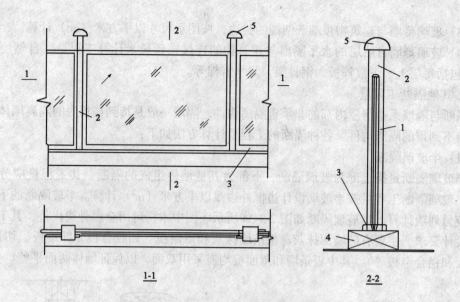

图 2-3-35 不锈钢框架玻璃隔断构造简图
1—钢化玻璃；2—不锈钢管；3—不锈钢条饰面；
4—基座；5—不锈钢柱顶

高度自下横档底面算至上横档顶面，门扇面积并入隔断面积内计算。

7. 石材圆柱面工程量

圆柱面挂贴石材（包括贴花岗岩和大理石板材），其工程量应按柱身、柱墩、柱帽和柱腰线分别列项计算。

（1）柱身工程量

石材柱身工程量按石面外围周长×柱高（扣除柱墩、柱帽高度），以平方米（m²）计算。

（2）石材圆柱柱墩、柱帽工程

石材圆柱的柱墩、柱帽工程量应按其结构的直径+100mm后的周长乘其柱墩、柱帽的高度，以平方米（m²）计算，其公式为：

$$石材柱墩、柱帽工程量 = \frac{(柱的结构直径 mm + 100)\pi}{1000} \times 柱墩、柱帽高度$$

（3）石材圆柱腰线工程量

石材圆柱腰线工程量按石材柱面的周长以米（m）计算。

【例6】 计算图 2-3-36 营业厅内电脑主机房玻璃隔断工程量、直接费及主材消耗量。隔断高度 2100mm，铝合金门 900mm×2100mm。

【解】 铝合金玻璃隔断工程量按框周围面积计算，由图示尺寸可得：

$$[(2.3-0.06)+2.3+(3.44-0.6)] \times 2.1 = 15.5 m^2$$

按定额 2-161，银白色铝合金玻璃隔断基价：1626.80 元/10m²

该项目直接费：1626.8 × 1.55 = 2521.54 元

定额主材消耗量：

银白色铝合金型材，规格 101.60mm × 44.50mm

耗用量：41.6 × 1.55 = 64.48kg

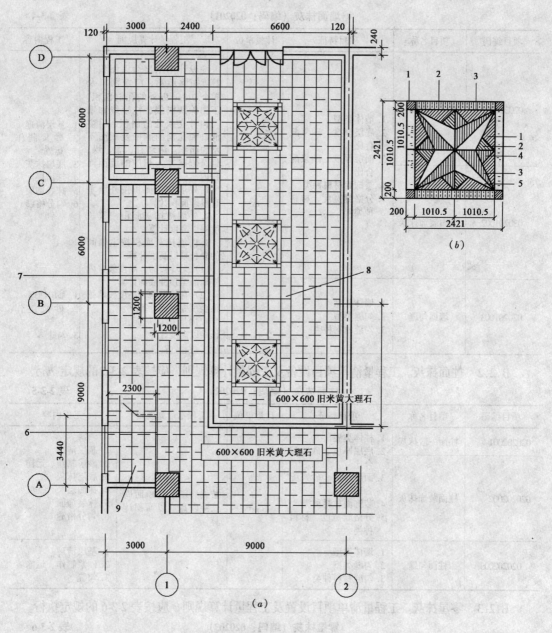

图 2-3-36 某营业厅地坪平面图
1—斑皮红；2—蒙古黑；3—大花绿；4—金花米黄；5—大花白；
6—蒙古黑压边；7—玻璃隔断；8—营业大厅；9—电脑主机房

浮法玻璃，规格 $\delta = 5mm$，$11.8 \times 1.55 = 18.29 m^2$

膨胀螺栓，M8×8，$34.2 \times 1.55 = 53$ 套

二、墙、柱面工程规范

B.2 墙、柱面工程

B.2.1 墙面抹灰。工程量清单项目设置及工程量计算规则，应按表 2-3-4 的规定执行。

墙面抹灰（编码：020201） 表2-3-4

项目编码	项目名称	项目特征	计量单位	工程量计算规则	工程内容
020201001	墙面一般抹灰	1. 墙体类型 2. 底层厚度、砂浆配合比 3. 面层厚度、砂浆配合比 4. 装饰面材料种类 5. 分格缝宽度、材料种类	m^2	按设计图示尺寸以面积计算。扣除墙裙、门窗洞口及单个 $0.3m^2$ 以外的孔洞面积，不扣除踢脚线、挂镜线和墙与构件交接处的面积，门窗洞口和孔洞的侧壁及顶面不增加面积。附墙柱、梁、垛、烟囱侧壁并入相应的墙面面积内 1. 外墙抹灰面积按外墙垂直投影面积计算 2. 外墙裙抹灰面积按其长度乘以高度计算 3. 内墙抹灰面积按主墙间的净长乘以高度计算 （1）无墙裙的，高度按室内楼地面至顶棚底面计算 （2）有墙裙的，高度按墙裙顶至顶棚底面计算 4. 内墙裙抹灰面按内墙净长乘以高度计算	1. 基层清理 2. 砂浆制作、运输 3. 底层抹灰 4. 抹面层 5. 抹装饰面 6. 勾分格缝
020201002	墙面装饰抹灰				
020201003	墙面勾缝	1. 墙体类型 2. 勾缝类型 3. 勾缝材料种类			1. 基层清理 2. 砂浆制作、运输 3. 勾缝

B.2.2 柱面抹灰。工程量清单项目设备及工程量计算规则，应按表2-3-5的规定执行。

柱面抹灰（编码：020202） 表2-3-5

项目编码	项目名称	项目特征	计量单位	工程量计算规则	工程内容
020202001	柱面一般抹灰	1. 柱体类型 2. 底层厚度、砂浆配合比 3. 面层厚度、砂浆配合比 4. 装饰面材料种类 5. 分格缝宽度、材料种类	m^2	按设计图示柱断面周长乘以高度以面积计算	1. 基层清理 2. 砂浆制作、运输 3. 底层抹灰 4. 抹面层 5. 抹装饰面 6. 勾分格缝
020202002	柱面装饰抹灰				
020202003	柱面勾缝	1. 墙体类型 2. 勾缝类型 3. 勾缝材料种类			1. 基层清理 2. 砂浆制作、运输 3. 勾缝

B.2.3 零星抹灰。工程量清单项目设置及工程量计算规则，应按表2-3-6的规定执行。

零星抹灰（编码：020203） 表2-3-6

项目编码	项目名称	项目特征	计量单位	工程量计算规则	工程内容
020203001	零星项目一般抹灰	1. 墙体类型 2. 底层厚度、砂浆配合比 3. 面层厚度、砂浆配合比 4. 装饰面材料种类 5. 分格缝宽度、材料种类	m^2	按设计图示尺寸以面积计算	1. 基层清理 2. 砂浆制作、运输 3. 底层抹灰 4. 抹面层 5. 抹装饰面 6. 勾分格缝
020203002	零星项目装饰抹灰				

B.2.4 墙面镶贴块料。工程量清单项目设置及工程量计算规则,应按表2-3-7的规定执行。

墙面镶贴块料（编码：020204）　　表2-3-7

项目编码	项目名称	项目特征	计量单位	工程量计算规则	工程内容
020204001	石材墙面	1. 墙体类型 2. 底层厚度、砂浆配合比 3. 粘结层厚度、材料种类 4. 挂贴方式 5. 干挂方式（膨胀螺栓、钢龙骨） 6. 面层材料品种、规格、品牌、颜色 7. 缝宽、嵌缝材料种类 8. 防护材料种类 9. 磨光、酸洗、打蜡要求	m²	按设计图示尺寸以面积计算	1. 基层清理 2. 砂浆制作、运输 3. 底层抹灰 4. 结合层铺贴 5. 面层铺贴 6. 面层挂贴 7. 面层干挂 8. 嵌缝 9. 刷防护材料 10. 磨光、酸洗、打蜡
020204002	碎拼石材墙面				
020204003	块料墙面				
020204004	干挂石材钢骨架	1. 骨架种类、规格 2. 油漆品种、刷油遍数	t	按设计图示尺寸以质量计算	1. 骨架制作、运输、安装 2. 骨架油漆

B.2.5 柱面镶贴块料。工程量清单项目设置及工程量计算规则,应按表2-3-8的规定执行。

柱面镶贴块料（编码：020205）　　表2-3-8

项目编码	项目名称	项目特征	计量单位	工程量计算规则	工程内容
020205001	石材柱面	1. 柱体材料 2. 柱截面类型、尺寸 3. 底层厚度、砂浆配合比 4. 粘结层厚度、材料种类 5. 挂贴方式 6. 干贴方式 7. 面层材料品种、规格、品牌、颜色 8. 缝宽、嵌缝材料种类 9. 防护材料种类 10. 磨光、酸洗、打蜡要求	m²	按设计图示尺寸以面积计算	1. 基层清理 2. 砂浆制作、运输 3. 底层抹灰 4. 结合层铺贴 5. 面层铺贴 6. 面层挂贴 7. 面层干挂 8. 嵌缝 9. 刷防护材料 10. 磨光、酸洗、打蜡
020205002	拼碎石材柱面				
020205003	块料柱面				
020205004	石材梁面	1. 底层厚度、砂浆配合比 2. 粘结层厚度、材料种类 3. 面层材料品种、规格、品牌、颜色 4. 缝宽、嵌缝材料种类 5. 防护材料种类 6. 磨光、酸洗、打蜡要求			1. 基层清理 2. 砂浆制作、运输 3. 底层抹灰 4. 结合层铺贴 5. 面层铺贴 6. 面层挂贴 7. 嵌缝 8. 刷防护材料 9. 磨光、酸洗、打蜡
020205005	块料梁面				

B.2.6 零星镶贴块料。工程量清单项目设置及工程量计算规则，应按表2-3-9的规定执行。

零星镶贴块料（编码：020206）　　　　表2-3-9

项目编码	项目名称	项目特征	计量单位	工程量计算规则	工程内容
020206001	石材零星项目	1. 柱、墙体类型 2. 底层厚度、砂浆配合比 3. 粘结层厚度、材料种类 4. 挂贴方式 5. 干挂方式 6. 面层材料品种、规格、品牌、颜色 7. 缝宽、嵌缝材料种类 8. 防护材料种类 9. 磨光、酸洗、打蜡要求	m²	按设计图示尺寸以面积计算	1. 基层清理 2. 砂浆制作、运输 3. 底层抹灰 4. 结合层铺贴 5. 面层铺贴 6. 面层挂贴 7. 面层干挂 8. 嵌缝 9. 刷防护材料 10. 磨光、酸洗、打蜡
020206002	拼碎石材零星项目				
020206003	块料零星项目				

B.2.7 墙饰面。工程量清单项目设置及工程量计算规则，应按表2-3-10的规定执行。

墙饰面（编码：020207）　　　　表2-3-10

项目编码	项目名称	项目特征	计量单位	工程量计算规则	工程内容
020207001	装饰板墙面	1. 墙体类型 2. 底层厚度、砂浆配合比 3. 龙骨材料种类、规格、中距 4. 隔离层材料种类、规格 5. 基层材料种类、规格 6. 面层材料品种、规格、品牌、颜色 7. 压条材料种类、规格 8. 防护材料种类 9. 油漆品种、刷漆遍数	m²	按设计图示墙净长乘以净高以面积计算。扣除门窗洞口及单个0.3m²以上的孔洞所占面积	1. 基层清理 2. 砂浆制作、运输 3. 底层抹灰 4. 龙骨制作、运输、安装 5. 钉隔离层 6. 基层铺钉 7. 面层铺贴 8. 刷防护材料、油漆

B.2.8 柱（梁）饰面。工程量清单项目设置及工程量计算规则，应按表2-3-11的规定执行。

柱（梁）饰面（编码：020208）　　　　　　　　　　表 2-3-11

项目编码	项目名称	项目特征	计量单位	工程量计算规则	工程内容
020208001	柱（梁）面装饰	1. 柱（梁）体类型 2. 底层厚度、砂浆配合比 3. 龙骨材料种类、规格、中距 4. 隔离层材料种类 5. 基层材料种类、规格 6. 面层材料品种、规格、品种、颜色 7. 压条材料种类、规格 8. 防护材料种类 9. 油漆品种、刷漆遍数	m²	按设计图示饰面外围尺寸以面积计算。柱帽、柱墩并入相应柱饰面工程量内	1. 清理基层 2. 砂浆制作、运输 3. 底层抹灰 4. 龙骨制作、运输、安装 5. 钉隔离层 6. 基层铺钉 7. 面层铺贴 8. 刷防护材料、油漆

B.2.9 隔断。工程量清单项目设置及工程量计算规则，应按表 2-3-12 的规定执行。

隔断（编码：020209）　　　　　　　　　　表 2-3-12

项目编码	项目名称	项目特征	计量单位	工程量计算规则	工程内容
020209001	隔断	1. 骨架、边框材料种类、规格 2. 隔板材料品种、规格、品牌、颜色 3. 嵌缝、塞口材料品种 4. 压条材料种类 5. 防护材料种类 6. 油漆品种、刷漆遍数	m²	按设计图示框外围尺寸以面积计算。扣除单个 0.3m² 以上的孔洞所占面积；浴厕门的材质与隔断相同时，门的面积并入隔断面积内	1. 骨架及边框制作、运输、安装 2. 隔板制作、运输、安装 3. 嵌缝、塞口 4. 装钉压条 5. 刷防护材料、油漆

B.2.10 幕墙。工程量清单项目设置及工程量计算规则，应按表 2-3-13 的规定执行。

幕墙（编码：0202010）　　　　　　　　　　表 2-3-13

项目编码	项目名称	项目特征	计量单位	工程量计算规则	工程内容
0202010001	带骨架幕墙	1. 骨架材料种类、规格、中距 2. 面层材料品种、规格、品种、颜色 3. 面层固定方式 4. 嵌缝、塞口材料种类	m²	按设计图示框外围尺寸以面积计算。与幕墙同种材质的窗所占面积不扣除	1. 骨架制作、运输、安装 2. 面层安装 3. 嵌缝、塞口 4. 清洗

续表

项目编码	项目名称	项目特征	计量单位	工程量计算规则	工程内容
0202010002	全玻幕墙	1. 玻璃品种、规格、品牌、颜色 2. 粘结塞口材料种类 3. 固定方式	m²	按设计图示尺寸以面积计算。带肋全玻幕墙展开面积计算	1. 幕墙安装 2. 嵌缝、塞口 3. 清洗

B.2.11 其他相关问题应按下列规定处理：

（1）石灰砂浆、水泥砂浆、水泥混合砂浆、聚合物水泥砂浆、麻刀石灰、纸筋石灰、石膏灰等的抹灰应按 B.2.1 中装饰抹灰项目编码列项；水刷石、斩假石（剁斧石、剁假石）、干粘石、假面砖等的抹灰应按 B.2.1 中装饰抹灰项目编码列项。

（2）0.5m² 以内少量分散的抹灰和镶贴块料面层，应按 B.2.1 和 B.2.6 中相关项目编码列项。

三、墙、柱面工程的预算编制注意事项

（一）墙柱面工程块料面层定额的制定

墙、柱面装饰工程的材料同楼地面工程一样，也存有装饰材料不断创新和进行补充定额的可能性。为此，特举例"砖墙面挂贴大理石"定额和"砖柱面挂贴花岗岩"定额的计算内容，以供学员们参考。

（二）砖墙面挂贴大理石定额的计算

1. 挂贴大理石定额的施工内容和计算量的取定

（1）在基面上埋入铁件。砖墙按 34.87kg/100m²、砖柱按 30.58kg/100m² 取定。

（2）在铁件上焊接双向钢筋网。钢筋量平均按 112kg/100m²，损耗率为 2%。

（3）在基面上涂刷 1mm 厚素水泥浆，损耗率按 1%。

（4）配制挂贴大理石板。石料切割锯片按切割机台班 0.66 片/台班计算、绑扎铜丝按 7.77kg/100m² 取定，大理石损耗率为 2%。

（5）灌注 1:2.5 水泥砂浆，填塞间隙厚为 50mm，考虑 9% 的压实系数，2% 的损耗。整平捣实后进行养护，保养塑料薄膜按 28.05m²/100m² 取定。

（6）洁面擦缝、上光打蜡。统一取定：白水泥 0.147kg/m²、白蜡 0.026kg/m²、草酸 0.0098kg/m²、煤油 0.0392kg/m²、清油 0.0052kg/m²、松节油 0.0059kg/m²、棉纱头 0.0098kg/m²。

2. 砖墙面挂贴大理石面层的材料用量计算

具体计算如表 2-3-14 所示。

砖墙面挂贴大理石面层材料用量计算表　　　　表 2-3-14

材料名称	单位	计算式	定额用量	说明
1:2.5 水泥砂浆	m³/100m²	100m²×0.05m×（1+9%+2%）=5.55	5.55	参看墙面镶贴块料定额砂浆消耗量计算
素水泥浆	m³/100m²	100×0.001×（1+1%）=0.101	0.10	
大理石板	m²/100m²	100×（1+2%）=102	102.00	参看墙面镶贴块料定额块料消耗量计算
φ6 钢筋	t/100m²	0.112×（1+2%）=0.114	0.11	

续表

材料名称	单位	计算式	定额用量	说明
铁件	kg/100m²	综合取定 34.87kg/100m²	34.87	
铜丝	kg/100m²	综合取定 7.77kg/100m²	7.77	
电焊条	kg/100m²	按每1kg铁件使用0.0434kg计算	1.51	
白水泥	kg/100m²	按大理石面积×0.147kg/m²计算	15.00	
石料切割锯片	片/100m²	按每台班0.66片则4.08×0.66=2.69	2.69	
硬白蜡	kg/100m²	按大理石面积×0.026kg/m²	2.65	
草酸	kg/100m²	按大理石面积×0.0098kg/m²	1.00	按统一规定取定
煤油	kg/100m²	按大理石面积×0.0392kg/m²	4.00	
清油	kg/100m²	按大理石面积×0.0052kg/m²计算	0.53	
松节油	kg/100m²	按大理石面积×0.0059kg/m²计算	0.60	
棉纱头	kg/100m²	按大理石面积×0.0098kg/m²计算	1.00	
水	m³/100m²	湿润养护0.48+冲洗搅拌机0.93	1.41	
塑料薄膜	m²/100m²	综合取定 28.05m²/100m²	28.05	
松厚板	m³/100m²	综合取定 0.005m³/100m²	0.005	

3. 砖墙面挂贴大理石定额的人工工日计算

在计算挂贴大理石的人工时,考虑了以下内容:

(1) 挂贴大理石按1985年劳动定额中"贴大理石板"的时间定额乘以降效系数1.017。

(2) 零星用工按以下取定:养护工为0.005工日/m²、切割大理石为0.04工日/m²、钢筋网焊接工为0.0459工日/m²、预埋铁件工为0.012工日/m²(铁件按每块大理石预埋2只,计400块共800只)。

(3) 超运距用工:挂贴砂浆超运距时间定额按抹灰工程超运距时间定额的三倍计算。其中运砂量为5.55×1.03(配比)=5.717m³/100m²

(4) 人工幅度差:按15%计。

具体计算见表2-3-15。

砖墙面挂贴大理石人工量计算表　　　　表2-3-15

项目名称	单位	计算量	1985年劳动定额编号	时间定额	工日/m²
挂贴大理石	10m²	10	§5-7-242(一)	3.45×1.017	35.087
刷素水泥浆	10m²	10	§12-7-121(二)	0.10	1.00
灌浆养护工	m²	100	取定	0.005	0.50
大理石切割工	m²	100	取定	0.040	4.00
钢筋网焊接工	m²	100	取定	0.0459	4.59
预埋铁件工	只	800	取定	0.012	9.60
砂浆超运100m	10m²	10	§5-8-258(一)	0.083×3	2.49

续表

项目名称	单位	计算量	1985年劳动定额编号	时间定额	工日/m²
中砂超运50m	m³	5.717	§5-8-256（八）	0.103	0.589
大理石超运150m	10m²	10	§5-8-259-（三）换	0.069	0.704
小计					58.56
定额工日			58.56×（1+15%）		67.344

4. 砖墙面挂贴大理石的机械台班计算

挂贴块料所用机械有：灰浆搅拌机、石料切割机、交流电焊机、钢筋调直机和钢筋切断机等，其机械定额台班按下式计算：

$$机械定额台班 = 加工量 \div 台班产量$$

式中台班产量：搅拌机为6m³/台班、切割机为25m²/台班、电焊机为0.238t/台班、调直机和切断机为2.3t/台班。则：

$$灰浆搅拌机定额台班 = 5.55 \div 6 = 0.925 \text{ 台班}/100m^2$$

$$石料切割机定额台班 = 102 \div 25 = 4.08 \text{ 台班}/100m^2$$

$$交流电焊机定额台班 = 0.03487 \div 0.238 = 0.147 \text{ 台班}/100m^2$$

$$钢筋调直机定额台班 = 0.11 \div 2.3 = 0.048 \text{ 台班}/100m^2$$

$$钢筋切断机定额台班 = 0.11 \div 2.3 = 0.048 \text{ 台班}/100m^2$$

（三）砖柱面挂贴花岗岩定额的计算

1. 砖柱面挂贴花岗岩面层的材料用量计算

砖柱面挂贴块料面层所用的块料和砂浆，是在砖墙面挂贴块料用量的基础上，考虑乘以一个转角系数而得。柱面的转角系数见表2-3-16。具体材料用量计算见表2-3-17。

柱面挂贴块料转角系数表　　　　　表2-3-16

柱面材料名称	砖柱面		混凝土柱面		柱面材料名称	砖柱面		混凝土柱面	
	砂浆	块料	砂浆	块料		砂浆	块料	砂浆	块料
大理石、花岗岩、汉白玉	1.067	1.247	1.098	1.295	凸凹假麻石、无釉面砖	1.124	1.124	1.124	1.124
蓝田玉、预制水磨石	1.067	1.247	1.098	1.295	玛赛克	1.05	1.05	1.05	1.05

砖柱面挂贴花岗岩材料用量计算表　　　　　表2-3-17

材料名称	单位	计算式	定额用量
1:25水泥砂浆	m³	同表2-2-3用量×1.067=5.922 参看（式2-9）	5.92
素水泥浆	m³	同表4-2-3用量	0.10
花岗岩板	m³	同表4-2-3用量×1.247=127.19 参看（式2-8）	127.19
ϕ6钢筋	t	同表4-2-3用量×砖柱和混凝土柱平均转角系数	0.15
铁件	kg	综合取定30.58kg/100m²	30.58
钢丝	kg	同表4-2-3用量	7.77
电焊条	kg	同表4-2-3用量，即0.0434×30.58=1.327	1.33
白水泥	kg	同表4-2-3用量，即0.147×127.19=18.7	19.00
石料切割锯片	片	切割机台班×0.66×难度系数1.25=5.247	5.25
硬白蜡	kg	同表4-2-3用量，即0.026×127.19=3.307	3.30

续表

材料名称	单位	计算式	定额用量
草酸	kg	同表4-2-3用量，即 $0.0098 \times 127.19 = 1.246$	1.25
煤油	kg	同表4-2-3用量，即 $0.0392 \times 127.19 = 4.986$	4.99
清油	kg	同表4-2-3用量，即 $0.0052 \times 127.19 = 0.661$	0.66
松节油	kg	同表4-2-3用量，即 $0.0059 \times 127.19 = 0.75$	0.75
棉纱头	kg	同表4-2-3用量，即 $0.0098 \times 127.19 = 1.246$	1.25
水	m³	湿润养护 0.56 + 冲洗搅拌机 0.99	1.55
塑料薄膜	m²	同表4-2-3用量	28.05
厚松板	m³	同表4-2-3用量	0.005

2. 砖柱面挂贴花岗岩面层的人工工日计算

（1）砖柱面挂贴花岗岩用工按1985年劳动定额中"贴大理石板方柱"时间定额乘以综合系数1.348。

（2）零星用工同大理石。而预埋铁件为 $(127.19 \div 1.02) \div 0.25 m^2/块 \times 2 只/块 = 998$ 只。

（3）超运距用工同大理石。其中，砂运量 $= 5.92 \times 1.03 = 6.1 m^3$。

具体人工计算见表2-3-18。

砖柱面挂贴花岗岩人工量计算表　　　表2-3-18

项目名称	单位	计算量	1985年劳动定额编号	时间定额	工日/100m²
挂贴花岗岩板工	10m²	10	§5-7-243-（一）	4.00×1.348	53.92
刷素水泥浆工	10m²	10	§12-7-121-（二）	0.10	1.00
灌浆养护工	m²	100	取定	0.005	0.50
花岗岩切割工	m²	100	取定	0.04	4.00
钢筋网焊接工	m²	100	取定	0.0459	4.59
预埋铁件工	只	998	取定	0.012	11.98
砂浆超运100m	10m²	10	§5-8-258-（一）	0.083×3	2.49
中砂超运50m	m³	6.1	§5-8-256-（八）	0.103	0.63
花岗岩超运150mm	10m²	12.719	§5-8-259-（三）换	0.069	0.88
小计					79.99
定额工日			$79.99 \times (1+15\%)$		91.99

3. 砖柱面挂贴花岗岩的机械台班计算

计算式同大理石，则：

灰浆搅拌机定额台班 $= 5.92 \div 6 = 0.987$ 台班/100m²

石料切割机定额台班 $= 127.19 \div 25 \times 难度系数 1.25 = 6.36$ 台班/100m²

交流电焊机定额台班 $= 0.03058 \div 0.238 = 0.13$ 台班/100m²

钢筋调直机定额台班 $= 0.15 \div 2.3 = 0.07$ 台班/100m²

钢筋切断机定额台班＝同上＝0.07台班/100m²

四、墙、柱面工程编制注意事项

1. 概况

本章共10节25个项目。包括墙面抹灰、柱面抹灰、零星抹灰、墙面镶贴块料、柱面镶贴块料、零星镶贴块料，墙饰面、柱（梁）饰面、隔断、幕墙等工程。适用于一般抹灰、装饰抹灰工程。

2. 有关项目说明

（1）一般抹灰包括：石灰砂浆、水泥混合砂浆、水泥砂浆、聚合物水泥砂浆、膨胀珍珠岩水泥砂浆和麻刀灰、纸筋石灰、石膏灰等。

（2）装饰抹灰包括：水刷石、水磨石、斩假石（剁斧石）、干粘石、假面砖、拉条灰、拉毛灰、甩毛灰、扒拉石、喷毛石、喷涂、喷砂、滚涂、弹涂等。

（3）柱面抹灰项目、石材柱面项目、块料柱面项目适用于矩形柱、异形柱（包括圆形柱、半圆形柱等）。

（4）零星抹灰和零星镶贴块料面层项目适用于小面积（0.5m²）以内少量分散的抹灰和块料面层。

（5）设置在隔断、幕墙上的门窗，可包括在隔墙、幕墙项目报价内，也可单独编码列项，并在清单项目中进行描述。

（6）主墙的界定以附录A"建筑工程工程量清单项目及计算规则"解释为准。

3. 有关项目特征说明

（1）墙体类型指砖墙、石墙、混凝土墙、砌块墙以及内墙、外墙等。

（2）底层、面层的厚度应根据设计规定（一般采用标准设计图）确定。

（3）勾缝类型指清水砖墙、砖柱的加浆勾缝（平缝或凹缝），石墙、石柱的勾缝（如：平缝、平凹缝、平凸缝、半圆凹缝、半圆凸缝和三角凸缝等）。

（4）块料饰面板是指石材饰面板（天然花岗石、大理石、人造花岗石、人造大理石、预制水磨石饰面板等），陶瓷面砖（内墙彩釉面瓷砖、外墙面砖、陶瓷锦砖、大型陶瓷锦面板等），玻璃面砖（玻璃锦砖、玻璃面砖等），金属饰面板（彩色涂色钢板、彩色不锈钢板、镜面不锈钢饰面板、铝合金板、复合铝板、铝塑板等），塑料饰面板（聚氯乙烯塑料饰面板、玻璃钢饰面板、塑料贴面板、聚酯装饰板、复塑中密度纤维板等），木质饰面板（胶合板、硬质纤维板、细木工板、刨花板、建筑纸面草板、水泥木屑板、灰板条等）。

（5）挂贴方式是对大规格的石材（大理石、花岗石、青石等）使用先挂后灌浆的方式固定于墙、柱面。

（6）干挂方式是指直接干挂法，是通过不锈钢膨胀螺栓、不锈钢挂件、不锈钢连接件、不锈钢钢针等，将外墙饰面板连接在外墙墙面；间接干挂法，是通过固定在墙、柱、梁上的龙骨，再通过各种挂件固定外墙饰面板。

（7）嵌缝材料指嵌缝砂浆、嵌缝油膏、密封胶封水材料等。

（8）防护材料指石材等防碱背涂处理剂和面层防酸涂剂等。

（9）基层材料指面层内的底板材料，如：木墙裙、木护墙、木板隔墙等，在龙骨上，粘贴或铺钉一层加强面层的底板。

4. 有关工程量计算说明

(1) 墙面抹灰不扣除与构件交接处的面积,是指墙与梁的交接处所占面积,不包括墙与楼板的交接。

(2) 外墙裙抹灰面积,按其长度乘以高度计算,是指按外墙裙的长度。

(3) 柱的一般抹灰和装饰抹灰及勾缝,以柱断面周长乘以高度计算,柱断面周长是指结构断面周长。

(4) 装饰板柱(梁)面按设计图示外围饰面尺寸乘以高度(长度)以面积计算。外围饰面尺寸是饰面的表面尺寸。

(5) 带肋全玻璃幕墙是指玻璃幕墙带玻璃肋,玻璃肋的工程量应合并在玻璃幕墙工程量内计算。

5. 有关工程内容说明

(1) "抹面层"是指一般抹灰的普通抹灰(一层底层和一层面层或不分层一遍成活),中级抹灰(一层底层、一层中层和一层面层或一层底层、一层面层),高级抹灰(一层底层、数层中层和一层面层)的面层。

(2) "抹装饰面"是指装饰抹灰(抹底灰、涂刷108胶溶液、刮或刷水泥浆液、抹中层、抹装饰面层)的面层。

五、墙、柱面工程预算编制实例

(一) 阅图列项

1. 阅图

阅图的目的是加强对墙、柱面的装饰要求有所了解。因此对墙、柱面工程,应按外墙、柱面和内墙柱面分别对图纸进行查阅,以免混乱。

(1) 外墙部分:应注意外墙柱面、勒脚、女儿墙、门窗套、窗台线、檐口线、遮阳板沿、雨篷沿和阳台立面等的饰面要求。它们一般多在设计总说明、"建施"立面图和索引详图中有所说明或注明,应逐一过目查找。

(2) 内墙部分:应注意内墙柱面、墙裙、壁柜、隔断、装饰线条和墙上构配件等的装饰要求。它们多在设计总说明、"建施"剖面图和局部构造图内加以叙述。

对上述查看的内容,先只了解对其装饰材料和工艺的设计要求,而具体尺寸可暂于缓视。

2. 列项

一般墙、柱面装饰材料的品种和施工工艺的种类比较繁多,在经过查阅墙、柱面的装饰设计要求后,就可以按照"墙、柱面装饰"定额中的定额表或定额目录的编排顺序,逐一查取与图纸设计内容要求相近的项目。然后再根据此项定额表中的材料要求,返回到图纸中仔细重阅其工艺要求是否相符或相近,若相符者即可选定写下定额编号和项目名称;如相近者除可写下定额编号和项目名称外,还应在定额编号后面注一"换"字,以便在下一步计算"预算表"的内容时,进行换算处理。

从装饰设计说明可知,外墙、柱面均为块料面层,内墙面为乳胶漆和木墙裙,故可从墙、柱面装饰定额中的镶贴块料面层查起,按湖北省统一基价表选得项目如下:

11—178 砂浆粘贴釉面砖墙面;11—184 砂浆粘贴釉面砖零星项目(边框、檐口线);11—202 7.5cm^2 内中距 30cm 木龙骨;11—238 胶合板墙裙面层;11—225 油毡隔离层。

（二）计算工程量

根据以上所列项目，按图纸部位逐一查取尺寸列表计算，见表2-3-19。（表中空处请学生完成）

墙柱工程工程量计算表　　　　　　　　　表2-3-19

定额编号		项目名称	单位	工程量	计算式
十一		墙柱装饰工程		390.63	
11－178		砂浆粘贴釉面砖外墙面	m²		
单层部分		F轴外墙面	m²	9.62	参看剖面1-1　　　见底层平面　C-2窗 高（0.3＋0.9＋1.8＋0.6－檐0.12）×长（3.3＋0.24）－2.7＝9.62
		F轴廊柱面			
		走廊墙面			
		①轴外墙面	m²	23.35	见剖面1-1及底层平面　M-4　墙外D轴侧柱 [高3.48＋（0.05÷2）]×长7.09－4.5＋2.68×（0.5＋0.62）÷2×2＝23.35
		B轴外墙面		53.80	见①~⑫立面图　垛　门厅屋面上墙及伸出　C-2 高3.48×长（3.3＋0.24×2）×5＋0.44×（3＋0.24＋0.24）－2.7×5＝53.80
		其中扣减：窗台窗顶线			
		窗边框线			
		⑥轴门厅侧墙		3.52	长（2.15＋0.12）×高2.94－漏花3.15＝3.52
		1/A轴门厅圆洞		3.22	3.12×2.7－3.1416×直径(2.1＋0.06)＋3.1416×2.1×0.24＝3.22
楼层部分		⑦轴线外墙面：E~B	m²	16.97	高(6.7－3.32)×长(5.34＋侧0.24)－(M5)1.89＝16.97
		B~1/A			
		1/A~A			
		⑦~⑫轴A外墙面		91.82	
		其中扣减：窗顶底线			
		窗边框线			
		⑫轴线外墙面		57.59	高7.0×长9.02－漏花4.8－2C－5窗0.75＝57.59
		其中扣减窗洞边框		－0.71	(C5)[（0.75＋0.5）×2×2＋漏花洞（2＋1.2）×4]×0.04＝17.8×0.04＝0.71
		楼走廊檐廊墙D轴		49.91	6.04×11.76－(4M2)10.8－(2C1)　6－(2C3)　4.32＝49.91
		⑫轴内		6.27	平均高6.15×1.8－漏花4.8＝6.27
		楼梯口⑧轴柱面		5.44	0.365×4×3.06＋洞顶0.68×（1.8－0.365）＝5.44
11－184		砂浆贴釉面砖零星项目		121.14	
		单层部分　B轴外墙		2.56	窗顶底线1.84＋窗边框0.72＝2.56

续表

定额编号	项目名称	单位	工程量	计算式
	雨棚沿（两个）		0.47	(3+0.92×2)×0.06+(1.8+0.6×2)×0.06=0.47
	屋顶栏板外墙		40.46	高 0.93×[长(3.3-0.24)×12+(3-0.24)×2+(1.5-0.24)]=40.46
	屋顶栏板柱侧		14.16	高1.47×[14柱×(0.24+0.12×2)+3角柱×(0.365+0.12)×2]=14.16
	屋顶栏板扶手		22.61	长47.1×展开宽(0.12+0.24+0.12)=22.61
	屋面板檐口		6.08	长(19.5×2+6.6+1.5+0.6×6)×厚0.12=6.08
	F轴廊顶檐梁外底		5.95	长16.2×(高0.24+底宽0.24)-柱0.365×5=5.95
	门厅圆圈线		0.41	3.1416×2.16×0.06=0.41
	楼层部分：A轴外墙		4.53	窗顶底线2.85+窗边框1.68=4.53
	E轴外		4.43	天沟烟面0.3×14.76+楼廊檐口板(12-0.24)×0.12=5.84
	⑫轴外墙		17.80	窗边框+5+漏花洞边框12.8=17.80
	⑫轴E面		1.68	高7×墙厚0.24=1.68
11-202	室内木墙裙木龙骨		109.01	
	其中：隔离间		19.01	[(3.06+3.12)×2-门洞1.8]×2×0.9=19.01
	医务			
	教研室、园长室、会计室			
	活动室			
11-238	室内木墙裙胶合板			
11-225	墙裙油毡隔离层			

（三）计算定额直接费

根据工程量计算表所列项目。逐一套用定额于工程预算表2-3-20内进行计算：

墙柱面装饰工程预算表　　　表2-3-20

定额编号	项目名称	单位	工程量	直接费（元）		其中：人工费（元）		材料费（元）		机械费（元）	
				基价	金额	定额	金额	定额	金额	定额	金额
十一	墙柱面装饰工程				39611.95		6855.47		32674.10		82.37
11-178	墙柱面砂浆贴釉面砖	100m²									
11-184	零星项目釉面砖	100m²									
11-202	墙裙木龙骨	100m²									
11-238	墙裙胶合板面层	100m²									

(四) 工料分析

工料分析表实际上是预算表的延续，可同预算表一样，一次性将每个定额编号的定额查出后，再另行计算（见表 2-3-21）。

墙柱面工程工料分析表　　　　表 2-3-21

定额编号	项目名称	单位	工程量	综合工日		水泥砂浆 1:3		混合砂浆 1:0.2:2		素水泥浆	
				定额	工日	定额	m²	定额	m³	定额	m³
十一	墙柱装饰工程			351.57		4.79		6.43		0.52	
11-178	墙柱面砂浆贴釉面砖	100m²									
11-184	零星项目釉面砖	100m²									
11-202	墙裙木龙骨	100m²									
11-238	墙裙胶合板面层	100m²									

定额编号	项目名称	单位	工程量	107 胶		粘结剂 YJ-302		釉面砖		棉纱头	
				定额	kg	定额	kg	定额	千块	定额	kg
十一	墙柱装饰工程			11.64		83.00		48.01		5.27	
11-178	墙柱面砂浆贴釉面砖	100m²									
11-184	零星项目釉面砖	100m²									
11-202	墙裙木龙骨	100m²									
11-238	墙裙胶合板面层	100m²									

定额编号	项目名称	单位	工程量	水		一等方材		木砖		铁钉	
				定额	m³	定额	m³	定额	m³	定额	kg
十一	墙柱装饰工程			5.17		0.848		0.700		6.92	
11-178	墙柱面砂浆贴釉面砖	100m²									
11-184	零星项目釉面砖	100m²									
11-202	墙裙木龙骨	100m²									
11-238	墙裙胶合板面层	100m²									

定额编号	项目名称	单位	工程量	防腐油		一等薄板		三夹胶合板		15×40 木压条	
				定额	kg	定额	m³	定额	m²	定额	m
十一	墙柱装饰工程			3.26		0.227		114.45		151.51	
11-178	墙柱面砂浆贴釉面砖	100m²									
11-184	零星项目釉面砖	100m²									
11-202	墙裙木龙骨	100m²									
11-238	墙裙胶合板面层	100m²									

第四节 顶棚工程

一、顶棚工程造价概论

（一）定额项目内容及定额换算

1. 顶棚工程定额项目内容

本分部定额项目内容包括：吊筋、顶棚龙骨和顶棚面层。

(1) 吊筋

对于预制楼板，可在板缝中预埋 $\phi 6 \sim \phi 10$ 钢筋作吊杆，如图 2-4-1 中①、④所示。现浇混凝土楼板，一般可在混凝土中预埋 $\phi 6$ 或 $\phi 8$ 钢筋和钢板，再焊接吊环和吊杆，也可预埋 $\phi 6$ 或 $\phi 8$ 钢筋、或 8 号镀锌铁丝作为吊筋，如图 2-4-1 中②、⑤所示。另一种方法是采用射钉固定薄钢板或角钢，在钢板上作吊环或角钢上钻孔连接钢筋吊杆，如图 2-4-1 中③、⑥所示。

定额按图 2-4-2 所示吊筋固定方法列项，图中用金属膨胀螺栓固定角钢，经调节螺杆与吊杆连接。定额按吊筋直径大小分为 $\phi 6$、$\phi 8$、$\phi 10$、$\phi 12$、$\phi 14$ 计列 5 个子项。定额规定，不论是事先预埋好的铁件焊接，还是用膨胀螺栓打洞连接，均按上述 5 个子项执行。

此外，木龙骨也常用吊木（也称方木、小吊木、木吊筋）作吊筋，一般吊木断面用 50mm×50mm，定额中的方木吊筋取 50mm×50mm（定额 3-1、2 子项用）和 50mm×40mm（3-3、4 子项用）两种。木吊筋含量已包括在相应定额子目内，不再单独立项计算。

(2) 顶棚龙骨

顶棚龙骨分木龙骨、轻钢龙骨、铝合金龙骨、铝合金方板龙骨和铝合金条板龙骨等 5 种。现分别予以说明。

1) 方木龙骨

顶棚木龙骨由大龙骨、中龙骨和吊木等组成，并有圆木龙骨和方木龙骨之分。本定额按方木龙骨编制，方木龙骨断面尺寸：搁在墙上大龙骨 50mm×70mm@500，中龙骨 50mm×50mm@500；吊在混凝土楼板下，大、中龙骨均取 50mm×40mm，其大龙骨间距 600mm 及 800mm，中龙骨间距按 300mm 及 400mm 取定。龙骨间距是按顶棚面层的方格尺寸而取定的。设计断面与定额不同，可按设计用量加 6% 损耗调整定额含量。

木龙骨的安装可有两方法：一种是将大龙骨搁在墙上或混凝土梁上，再用铁钉和木吊筋将中龙骨吊在主龙骨下方；另一种是用吊筋将龙骨吊在混凝土楼板下。安装龙骨时，大龙骨沿房间短向布置，然后按设计要求分档划线钉中龙骨，最后钉横撑龙骨。中龙骨、横撑龙骨的底面要相平，间距与面层板的规格相对应。木龙骨的防潮、防腐和防火性能均比较差，施工时要刷防腐油，需要时还要刷防火漆处理。顶棚木龙骨子项中含木吊筋，龙骨与面层分离，惟塑料扣板吊顶顶棚定额包括了木龙骨、面层在内。图 2-4-3 是木龙骨人造板材面层吊顶构造。

2) 轻钢龙骨

顶棚轻钢龙骨一般是采用冷轧薄钢板或镀锌薄钢板，经剪裁冷弯、辊轧成型。按载重能力分为装配式 U 形上人型轻型龙骨和不上人型轻钢龙骨；按其型材断面分为 U 形和 T 形龙骨，因为断面形状为 "U"（"["）形和 "T"（"⊥"）形，故而得名。轻钢龙骨由大

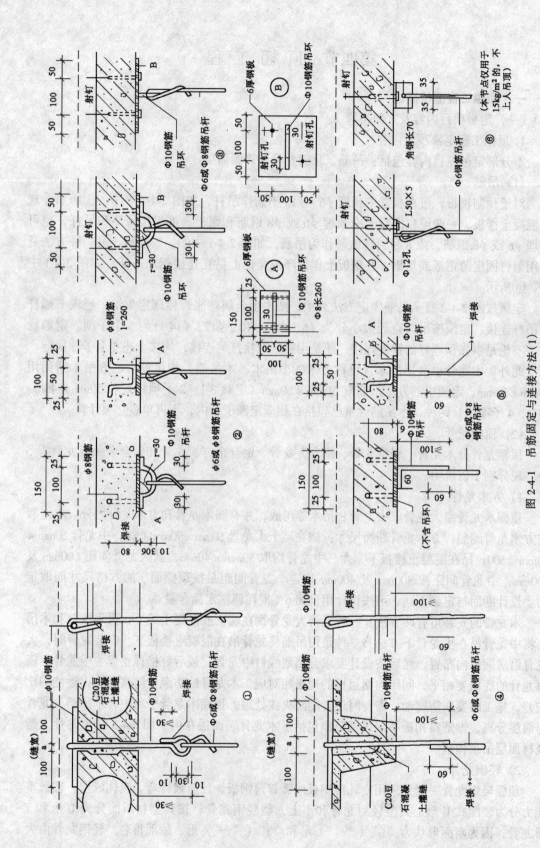

图 2-4-1 吊筋固定与连接方法（1）

龙骨、中龙骨、小龙骨、横撑龙骨和各种连接件等组成。其中，大龙骨按其承载能力分为三级：轻型大龙骨不能承受上人荷载；中型大龙骨能承受偶然上人荷载，亦可在其上铺设简易检修走道；重型大龙骨能承受上人荷载，并可在其上铺设永久性检修走道。常用的轻钢龙骨是U形龙骨系列（其大、中、小龙骨断面均为U形），图2-4-4是U形轻钢龙骨及其配件表，图2-4-5是U形顶棚龙骨构造示意图。图2-4-6是T形轻钢龙骨及其配件表。

现就图2-4-4、图2-4-5及图2-4-6中顶棚龙骨构造中的有关问题进一步作如下叙述：

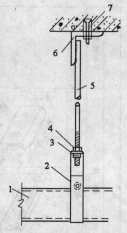

图 2-4-2 吊筋固定与
连接方法（2）
1—主龙骨；2—吊件；3—垫片；4—螺帽；5—钢筋吊杆；6—角钢；7—金属膨胀螺栓

① 基本构造形式。主龙骨与垂直吊挂件连接，主龙骨下为中小龙骨，中小龙骨相间布置。龙骨可采用双层结构（即中、小龙骨吊挂在大龙骨下面），也可用单层结构形式（即大中龙骨底面在同一水平上）。中小龙骨间距应按饰面板宽度而定。定额取定的面层板规格有：300mm×300mm、400mm×400mm、400mm×600mm、600mm×600mm等几种。

② 龙骨横撑。龙骨横撑是支撑中、小龙骨间距，保持龙骨骨架体系水平刚度的构件。横撑的间距应与面板长度相配合，实际上它是面层板的一个固定边。横撑还分中小龙骨横撑、边龙骨横撑。

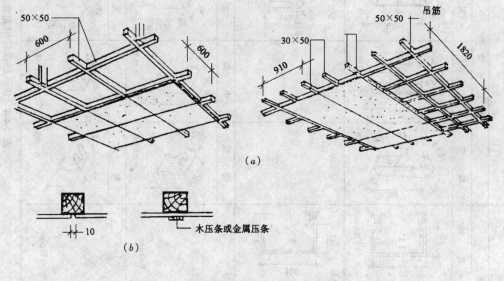

图 2-4-3 木龙骨板材面顶棚构造（单位：mm）
(a) 吊顶示意图；(b) 板材拼缝

③ 垂直吊挂件。垂直吊挂件是指大龙骨与顶棚吊杆的连接件，以及大龙骨与中小龙骨的连接件。

④ 平面连接件。平面连接件是指中小龙骨与横撑相搭接的连接件。

⑤ 纵向连接件。纵向连接件是指大中小龙骨因本身长度不够，而需各自接长所用的连接件，定额中称为主接件、次接件和小接件。

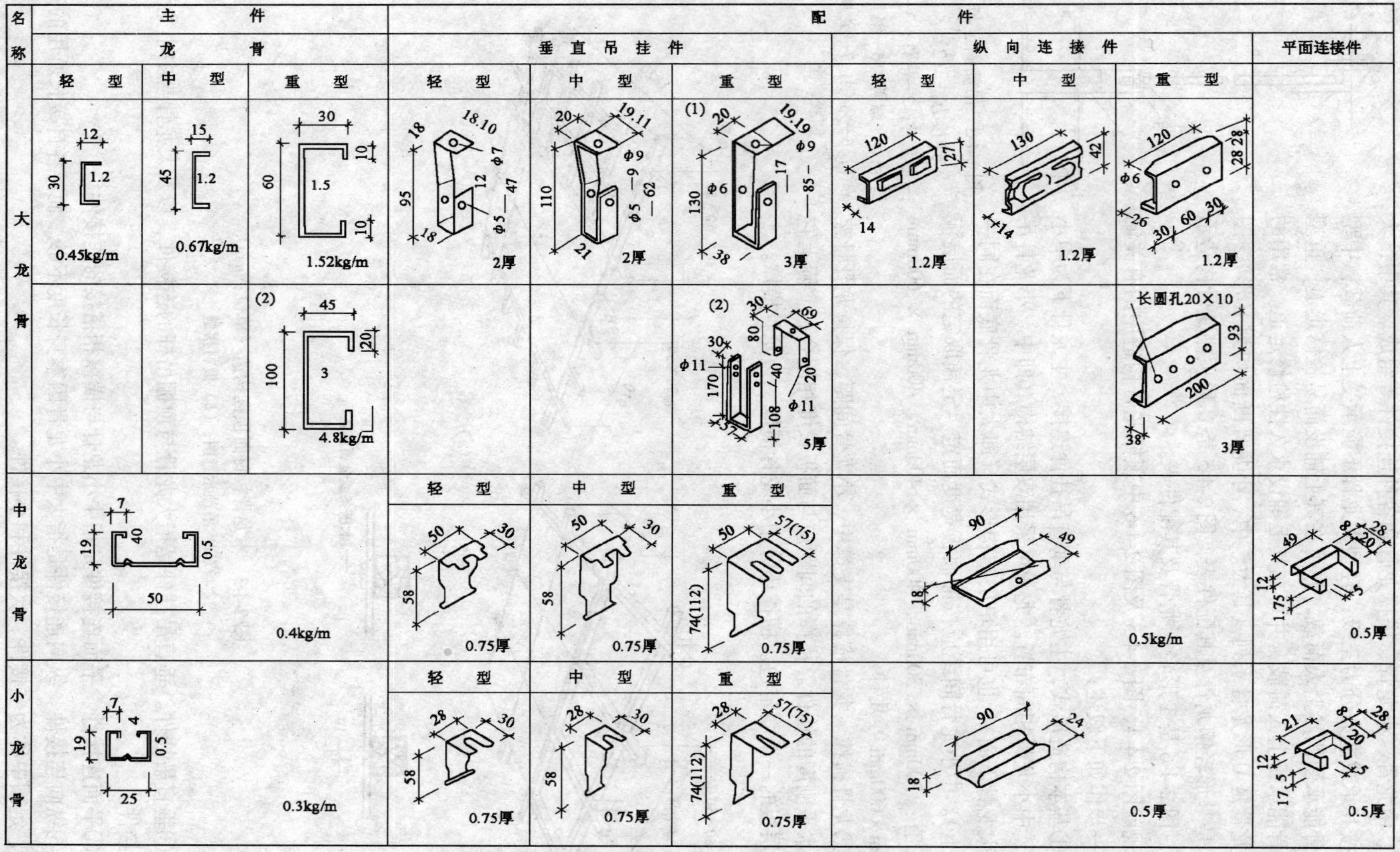

图 2-4-4 U形吊顶轻钢龙骨及配件图（单位：mm）

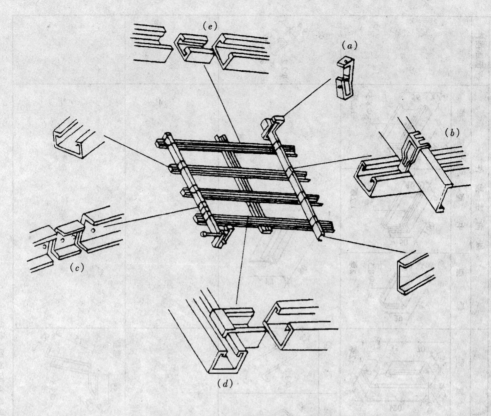

图 2-4-5 U形顶棚龙骨构件示意图
(a) 大龙骨垂直吊挂件；(b) 中龙骨垂直吊挂件；(c) 大龙骨纵向连接件；
(d) 中小龙骨平面连接件；(e) 中小龙骨纵向连接件

定额中取定的 U 形轻钢龙骨规格（按其断面尺寸：高×宽×厚 mm 确定）如下：
上人型 U 形轻钢龙骨：

　　　　　　　　　　大龙骨　60×27×1.5
　　　　　　　　　　中龙骨　50×27×0.5
　　　　　　　　　　小龙骨　20×27×0.5

不上人型 U 形轻钢龙骨：

　　　　　　　　　　大龙骨　45×15×1.2
　　　　　　　　　　中龙骨　50×20×0.5
　　　　　　　　　　小龙骨　25×20×0.5

定额按装配式 U 形上人型和不上人型、面层规格和顶棚外观形式进行列项，共列 16 个子项。定额取定的面层规格为：300mm×300mm、400mm×400mm、400mm×600mm 和 600mm×600mm 以上等 4 种。

U 形轻钢龙骨适用于隐蔽式装饰顶棚，所谓隐蔽式装配是将面板装固在次龙骨底缘下面，使面板包住龙骨，这样顶棚面层平整一致，整体效果好。

3）T 形铝合金顶棚龙骨

铝合金顶棚龙骨是目前使用最多的一种吊顶龙骨，常用的是 T 形龙骨，T 形龙骨也由

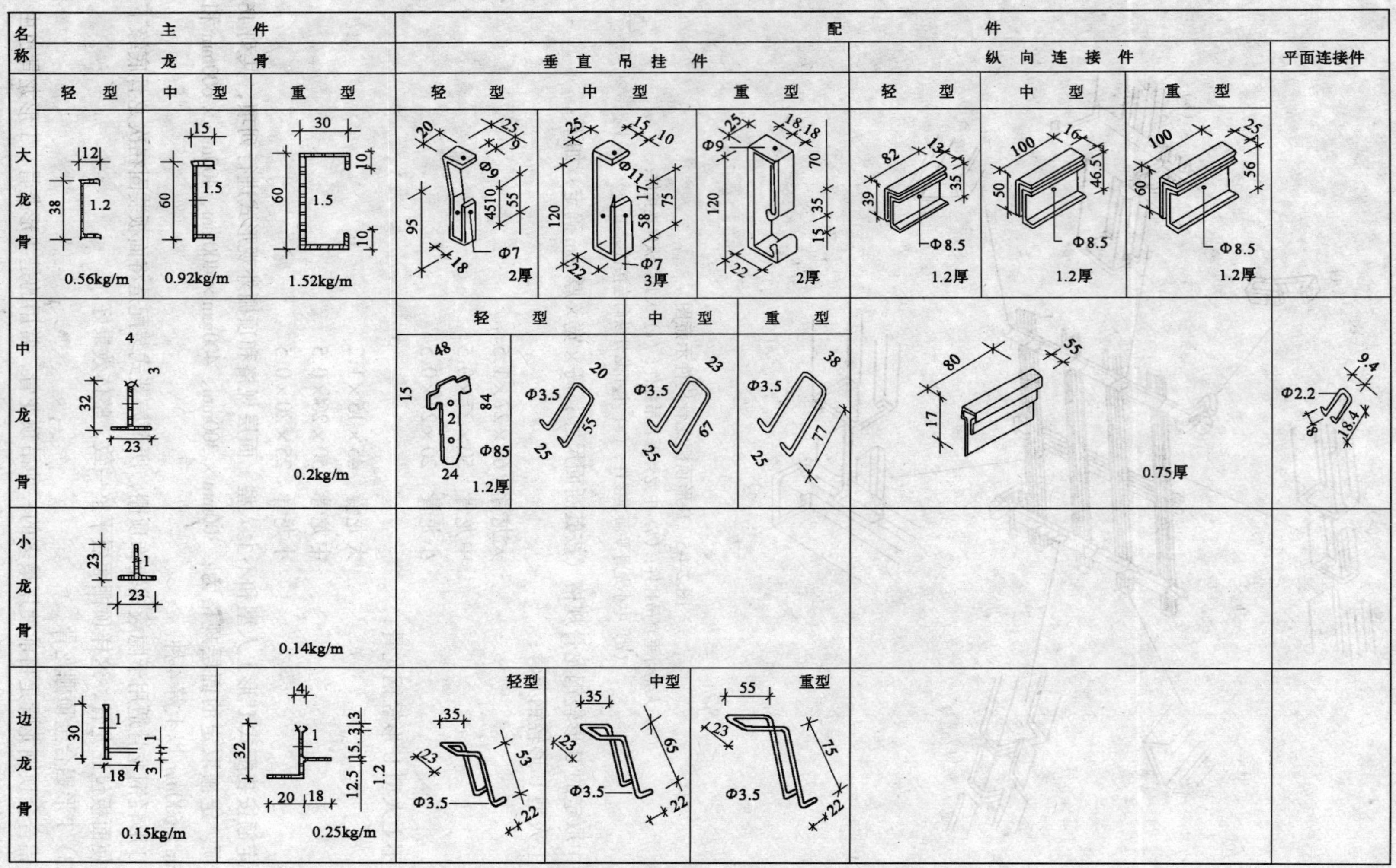

图 2-4-6 T形吊顶轻钢龙骨及配件图（单位：mm）

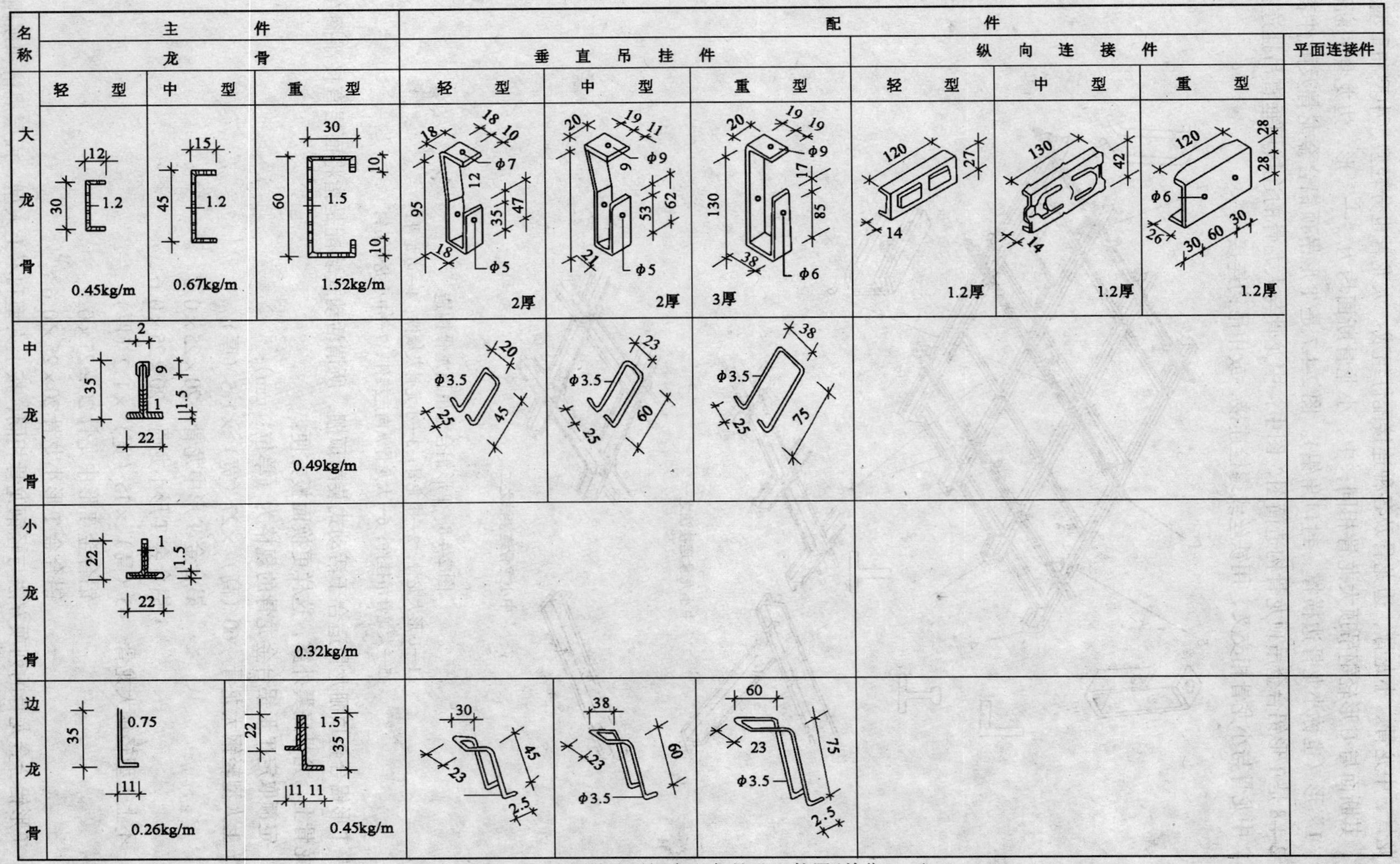

图 2-4-7　T形吊顶铝合金龙骨及配件图(单位:mm)

大龙骨、中龙骨、小龙骨、边龙骨及各种连接配件组成。大龙骨也分轻型、中型和重型系列，其断面与U形轻钢吊顶大龙骨相同；中、小龙骨断面均为"⊥"形，边龙骨的断面为"L"形（也称小龙骨边横撑、封口角铝）。图2-4-7是T形吊顶铝合金龙骨及配件表，图2-4-8是T形铝合金吊顶龙骨构造简图，图中：中龙骨与大龙骨的连接用垂直吊挂连接件。中龙骨与小龙骨相交叉，用铁丝或螺栓连接，或用吊钩连接。

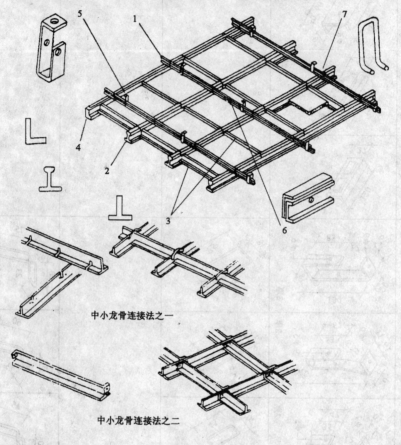

中小龙骨连接法之一

中小龙骨连接法之二

图2-4-8　T形铝合金吊顶龙骨构造
1—U形大龙骨；2—中龙骨；3—小龙骨及横撑；4—边龙骨；
5—大龙骨吊挂件；6—大龙骨纵向连接件；7—中小龙骨吊钩

　　T形铝合金顶棚龙骨适合于活动式装配顶棚，所谓活动式装配是指将面层直接浮搁在次龙骨上，龙骨底翼外露，这样更换面板方便。

　　定额取定T形铝合金龙骨的规格为（单位：mm）：

上人型轻钢大龙骨　60（高）×27（宽）×1.5（厚）

　　　　　　　　　铝合金T形中龙骨　20×25×0.8

　　　　　　　　　铝合金T形小龙骨　20×25×0.6

不上人型轻钢大龙骨　45（高）×15（宽）×1.2（厚）

　　　　　　　　　铝合金T形中龙骨 20×25×0.8

　　　　　　　　　铝合金T形小龙骨 20×25×0.6

　　T形铝合金龙骨的列项方法与轻钢龙骨相同，按上人型和不上人型、面层规格和顶棚

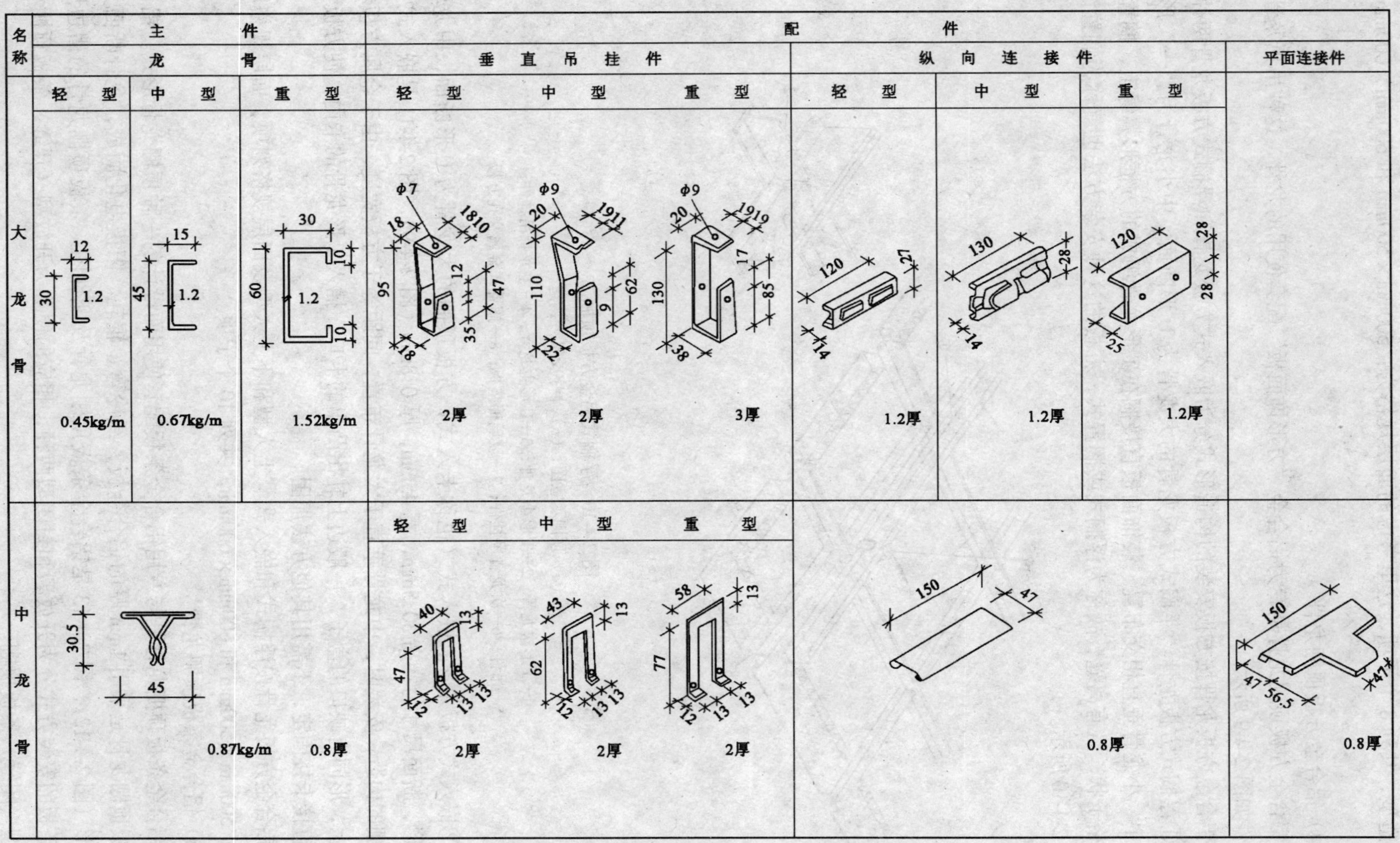

图 2-4-9 铝合金方板吊顶龙骨及配件(单位:mm)

外观造型,共列8个子项,这里考虑的面层规格为:500mm×500mm 和 600mm×600mm 两种。

4) 铝合金方板顶棚龙骨

铝合金方板顶棚龙骨是专为铝合金"方形饰面板"配套使用的龙骨,这种吊顶龙骨及其配件如图2-4-9所示。

铝合金方板龙骨按方板安装的构造形式分为嵌入式方板龙骨和浮搁式方板龙骨两种。

①浮搁式方板龙骨。浮搁式方板龙骨的大龙骨为U形断面,中小龙骨为"⊥"形断面,中、小龙骨垂直相交布置、装饰面板直接搁在T形龙骨组成的方框形翼缘上,搁置后形成格子状,且有离缝,故称为浮搁式或搁置式,方板的这种安装方法也就称为搁置法,如图2-4-10所示。

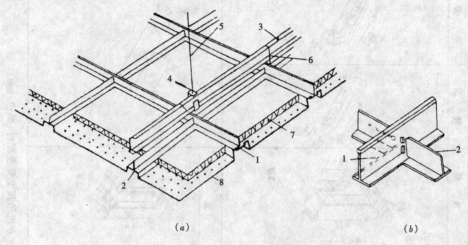

图 2-4-10 浮搁式铝金方板顶棚
(a) 顶棚示意图;(b) 十字交叉处构造
1—T形次龙骨;2—T形小龙骨;3—U形主龙骨;4—主龙骨吊挂件;
5—吊件;6—次龙骨吊挂件;7—玻璃棉垫板;8—搁置式金属穿孔方板

②嵌入式方板龙骨。嵌入式(也称卡入式)方板顶棚的大龙骨为U形断面,中龙骨为T形,断面尺寸为:高30.5mm,宽45mm,厚0.8mm(图2-4-9),图2-4-11是嵌入式方板顶棚的构造,安装时,中龙骨垂直于大龙骨布置,间距等于方板宽度,由于金属方板卷边向上,形同有缺口的盒子,一般边上轧出凸出的卡口,插入T形龙骨的卡内,使方板与龙骨直接卡接固定,不需用其他方法加固。

铝合金方板龙骨按浮搁式和嵌入式、上人型和不上人型及面层规格列项,面层规格取定为:500mm×500mm 和 600mm×600mm,共列10个子项。

5) 铝合金条板顶棚龙骨

铝合金条板顶棚龙骨是与专用铝合金条板配套使用而设计的一种顶棚龙骨形式。铝合金条板顶棚龙骨是采用1mm厚的铝合金板,经冷弯、辊轧、阳极电化而成,龙骨断面为"п"形(图2-4-12),图2-4-13是铝合金条板顶棚龙骨及配件图。条板顶棚龙骨的褶边形状按条板的安装方式分为开放型和封闭型两种,相应的便称为开放型(开缝)条板顶棚和封闭型(闭缝)条板顶棚。

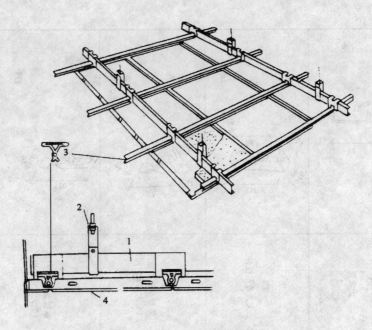

图 2-4-11 嵌入式方板顶棚构造
1—主龙骨；2—主龙骨吊挂件；3—中龙骨；4—方形金属板

定额分中型和轻型条板龙骨，列两个子项。中型条板顶棚龙骨由 U 形大龙骨和 TG 形铝合金条板龙骨组成，承受负载稍大；轻型条板龙骨是指由一种 TG 形龙骨构成的骨架体系。

6）铝合金格片式顶棚龙骨

铝合金格片式顶棚龙骨也是用薄型铝合金板，经冷轧弯制而成，是专与叶片式顶棚饰面板配套的一种龙骨。因此，这种顶棚也可称窗叶式顶棚，或假格栅顶棚。龙骨断面为"Ⅱ"形，褶边轧成三角形缺口卡槽，供卡装格片用。定型产品的卡槽间距为 50mm，安装时可根据叶片的疏密情况，将叶片按 50mm、100mm、150mm、200mm 等间距配装，如图 2-4-14 所示。

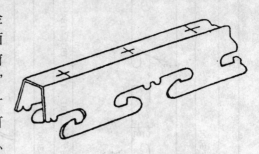

图 2-4-12 条板龙骨外形图

7）关于顶棚外观造型

顶棚面层在同一标高者为一级顶棚；顶棚面层不在同一标高者，且高差在 200mm 以上的为二级或三级造型顶棚。

本定额顶棚的骨架（龙骨）基层分为简单、复杂型两种：

简单型：指每间面层在同一标高的平面上，为简单型，按"简单"定额执行；

复杂型：指每间面层不在同一标高平面上，但必须满足两个条件：

①高差在 100mm 或 100mm 以上；

②少数面积占该间面积 15%以上。

满足这两个条件的，其顶棚龙骨就按"复杂"型定额执行。

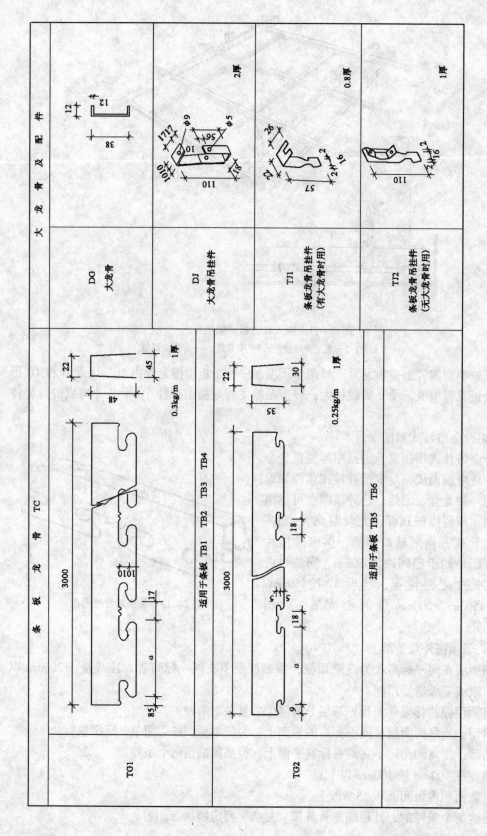

图 2-4-13 铝合金条板顶棚龙骨及配件（单位：mm）
（注：a 为铝合金条板宽度）

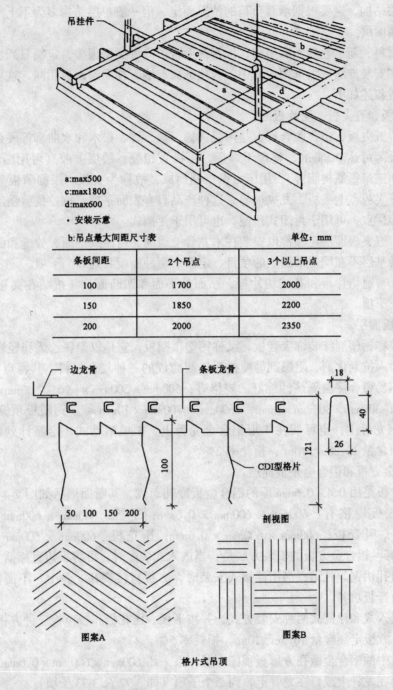

图 2-4-14 铝合金格片式顶棚龙骨及顶棚布置图案

8）轻钢龙骨、铝合金龙骨定额，均是按双层结构编制的，双层结构是指中小龙骨紧贴吊挂在大龙骨下面。若设计为单层龙骨（即大、中龙骨或大、小龙骨的底面均在同一平面上），在套用定额时应扣除定额中的小龙骨及其配件含量，人工乘系数 0.87，其他不变。

无论是简单型顶棚（一级顶棚）或复杂型顶棚（二、三级顶棚），其龙骨均可做成单

125

层结构或双层结构,这要根据承载负荷的情况而定,但一般单层结构多为不上人型顶棚。

(3) 顶棚面层

随着新材料、新工艺的不断出现,顶棚饰面板的品种类型很多,定额只列出其中常用的饰面板材和安装方法,供选用。其中,有些饰面与墙、柱面饰面板相同,这里只就未提及的饰面层板叙述如下:

1) 三夹板、五夹板、切片板面层。

三夹板、五夹板,俗称胶合板,是用桃、杨、椴、桦、松木和水曲柳等硬杂木,经刨切成薄片(最薄可达 0.8mm),整理干燥后,再横直相叠、层层上胶(可用酚醛树脂液、脲醛树脂液和三聚氰氨树脂等),用压力机压制而成,故称为夹板。根据薄板叠胶层数分为三夹板、五夹板、七夹板、九夹板等。这种产品具有表面平整、抗拉抗剪强度好、不裂缝、不翘曲等优点,可用于封闭式顶棚,也可用于浮搁式。

三夹板、五夹板面层定额都以安装在木龙骨上编制,可做成平面、分缝和凹凸面,凹凸面是指龙骨基层不在同一平面上的项目。定额中两种面板共列 6 个子项。

切片板分普通切片板和花式切片板,贴面分平面和凹凸面,并按贴在夹板基层上列项,共列 4 个子项。

2) 钙塑板面层。

钙塑板或称钙塑泡沫装饰吸音板,又称钙塑顶棚板,它是以聚氯乙烯和轻质碳酸钙为主要原料,加入抗老化剂、阻燃剂等搅拌后压制而成的一种复合材料。其特点为不怕水、吸湿性小、不易燃、保温隔热性能好。规格有:500mm×500mm×(6~7)mm;600mm×600mm×8mm;300mm×300mm×6mm;1600mm×700mm×10mm 等。钙塑板顶棚面层可安装在 U 形轻钢龙骨上,也可搁在 T 形铝合金龙骨上,做成活动式,定额计列两个子项。钙塑板的定额含量 $10.20m^2/10m^2$,损耗率 2%。

3) 铝合金方板和铝合金条板面层。

铝合金方板是用 0.4~0.6mm 厚的铝合金板冷轧而成,其断面形状如图 2-4-10 及图 2-4-11 所示。方板规格有:600mm×600mm×0.6mm;平板:600mm×600mm×0.6mm,ϕ1.8mm 微孔;吸音板;600mm×600mm×0.6mm;压花板:600mm×600mm×0.6mm,ϕ3mm,对角等。铝合金方板的安装方法是:当嵌入式装配时,可将板边直接插入龙骨中,也可在铝板边孔用铜丝扎结;当用浮搁式安装时,方板直接搁在龙骨上,不需任何处理,余边空隙用石膏板填补。

定额按嵌入式和浮搁式两种安装方式,并按平板、压花板和吸声板三种方板列项,共列 6 个子项。方板定额含量 $10.5m^2/10m^2$,损耗率 5%。

定额项目中的铝合金微孔方形板顶棚面层,系采用 600mm×600mm×0.6mm,ϕ1.8mm 微孔板,浮搁在龙骨上或钉在龙骨上,列 2 个子项(即 3-72 及 3-73 子项)。

铝合金条板,常称铝合金扣板,它是用厚 0.5~1.2mm 的铝合金板经裁剪、冷弯冷轧而成,呈长条形,两边有高低槽,其断面如图 2-4-15 所示。

铝合金条板的安装方法一般有两种:卡固法和钉固法。卡固法是利用条板两侧弯曲翼缘直接插入龙骨卡口内,条板与条板之间不需作任何处理。若采用开放型(开缝)装配,两条之间留有一条间隙。若采用封闭型(闭缝)装配,应在两条板之间插入一块插缝板。这种方法一般适用于板厚在 0.8mm、板宽在 100mm 以下的条板。钉固法是将条板用螺钉

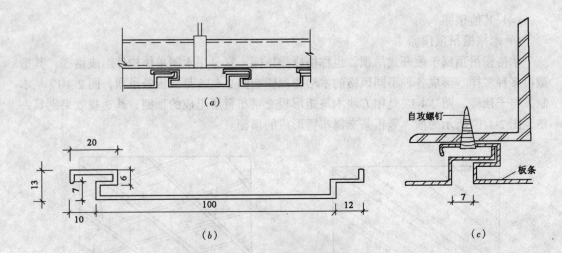

图 2-4-15　铝合金条板
（a）铝合金扣板顶棚示意图；（b）铝扣板断面；（c）板条安装固定

钉、自攻螺钉等固定在龙骨上，图 2-4-15 中是用自攻螺钉连接的，条板与条板的边缘相互搭接，可遮盖住螺钉头，条板之间留有间隙，可增加顶棚的纵深感，也可以不留间隙。板厚超过 1mm、板宽超过 100mm 的条板，多采用螺钉钉结。

铝合金条板有银白色、茶色和彩色（烘漆），一般采用银白色和彩色的居多。条板有窄条、宽条之分，板厚一般为 0.5mm、0.8mm 和 1.0mm 几种。

定额按铝合金扣板和铝合金彩扣板，并分开缝、闭缝列 4 个子项。

注意，铝合金方板、条板与方板、条板铝合金龙骨应配套使用，即凡方板顶棚面层应配套使用方板铝合金龙骨，龙骨项目以面板的尺寸确定；凡条板顶棚面层就配套使用条板铝合金龙骨。

4）矿棉（岩棉）板面层

定额所列矿棉（岩棉）板系指矿棉（岩棉）装饰吸声板，它是以矿渣棉（或岩棉）为主要原料，加入适量的胶粘剂、防潮剂、防腐剂，经加压、烘干、饰面而成的一种新型顶棚材料。矿（岩）棉装饰吸声板具有质轻、吸声、防火、隔热、保温、美观大方、施工简便等特点。适用于各类公共建筑的顶棚饰面，可改善音响效果、生活环境和劳动条件。矿棉饰板面的常用规格为：500mm×500mm，600mm×600mm，1200mm×600mm 等。常用厚度为 12、15、20、25mm 等。

矿棉装饰板的安装，可以将矿棉板搁置在龙骨上（用于 T 形金属龙骨或木龙骨），也可用胶粘剂（如万能胶）将板材直接粘贴在吊顶木条上，或贴在混凝土板下。

定额按 600mm×600mm×15mm 的矿棉板装饰吸声板粘贴在混凝土楼板下和搁在木龙骨上编制，列 2 个子项。

定额 3-77 子项所列的吸声板，是以岩棉吸声板作为顶棚面层编制的。在实际工程中，有多种吸声板材可供选用，它们包括：矿棉装饰吸声板、岩棉吸声板、钙塑泡沫装饰吸声板、珍珠岩装饰吸声板、玻璃棉装饰吸声板、贴塑矿（岩）棉吸声板、聚苯乙烯泡沫装饰吸声板、纤维装饰吸声板、石膏纤维装饰吸声板以及金属（如铝合金）微孔板，等等，都是吸声效果良好的顶棚装饰面层板。

(4) 其他顶棚

1) 木格栅吊顶顶棚

木格栅吊顶属于敞开式吊顶，也称格栅类顶棚。它是用木制单体构件组成格栅，其造型可多种多样，形成各种不同风格的木格栅顶棚。图 2-4-16 是长板条吊顶，图 2-4-17 是木制方格子顶棚，图 2-4-18 是用方块木与矩形板交错布置所组成的顶棚，其透视效果别具一格，图 2-4-19 所示为横、竖板条交错布置形成的顶棚。

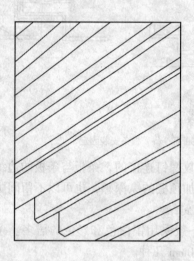

图 2-4-16 木制长板条顶棚示意图

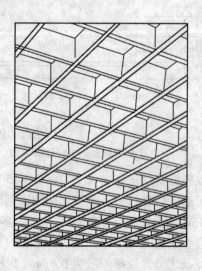

图 2-4-17 木制方格子顶棚示意图

(a)

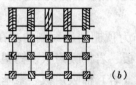

(b)

图 2-4-18 方形木与矩形板组合顶棚
(a) 透视图；(b) 单元构件平、剖面图

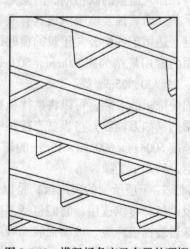

图 2-4-19 横竖板条交叉布置的顶棚

近年来，使用的防火装饰板具有重量轻、加工方便，并具有防火性能好的优点，同时，其表面又无需再进行装饰，因此，在开敞式木制吊顶中得到广泛应用。

2）铝栅假顶棚

铝栅是指条形的铝合金叶片（图2-4-14），铝栅假顶棚是用铝栅配以角铝拼装而成的不带龙骨的一种顶棚。

3）铝合金扣板雨篷

定额项目3-94、3-95是专为雨篷设置的顶棚项目，内容包括安装骨架、拼装铝条和安装铝合金扣板面层。

项目3-94是雨篷底吊铝骨架铝条顶棚，其结构组成包括铝骨架和铝条，铝合金骨架由铝合金龙骨、L25角铝和角钢组成，铝条有大铝条86和小铝条17两种。定额含量均为$102.47m^2/10m^2$。

项目3-95是铝合金扣板雨篷，它由角钢架和铝合金扣板面层组成。铝合金扣板的含量为$10.83m^2/10m^2$。

4）塑料扣板顶棚

塑料扣板顶棚是一种构造简单、安装方便、美观大方的经济实用型吊顶顶棚，一般由木楞龙骨基层和塑料扣板面层所组成。定额列一个子项，塑料扣板含量$10.80m^2/10m^2$，损耗率8%。

需要说明的是，这里所述的4种其他顶棚，不是按面层、龙骨分离列项的，而是在定额中已综合包括了骨架、拼装和安装面层在内的全部顶棚工作内容，使用时应注意与其他项目的区别。

(5) 采光顶棚

采光顶棚也称采光顶，是指建筑物的屋顶、雨篷等的全部或部分材料被玻璃、塑料、玻璃钢等透光材料所代替，形成具有装饰和采光功能的建筑顶部结构构件。可用于宾馆、医院、大型商业中心、展览馆，以及建筑物的入口雨篷等。

采光顶棚的构成主要由透光材料、骨架材料、连接件、粘结嵌缝材料等组成。骨架材料主要有铝合金型材、型钢等。透光材料有：夹丝玻璃、中空玻璃、钢化玻璃、透明塑料片（聚碳酸酯片）、有机玻璃等。连接件一般有钢质和铝质两种。图2-4-20是玻璃采光顶棚构造组成示意图。

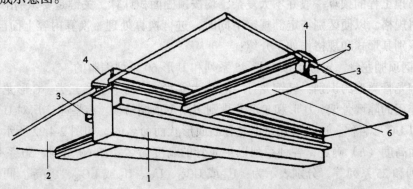

图2-4-20 玻璃采光顶棚构造组成

1—主构件；2—玻璃；3—排凝结水系统；4—脊板；5—氯丁橡胶；6—横向铝件

定额中采光顶棚列3个子项，采光玻璃按中空玻璃（$\delta = 16mm$）和钢化玻璃（$\delta = 6mm$）列两种，骨架采用铝框骨架及钢框骨架。嵌缝材料为橡皮垫条、垫片和密封胶等。定额也是按综合项目编制，工作内容包括制安骨架，安放胶垫，装玻璃，上螺栓等整个顶棚制作过程。

(6) 顶棚检修道

顶棚检修走道有时也称马道。主要用于顶棚中的灯具等设备的安装和检修，因此检修走道应靠近这些设备布置。检修走道有木板简易走道和型钢构架走道，图2-4-21是顶棚检修走道的一种布置形式。

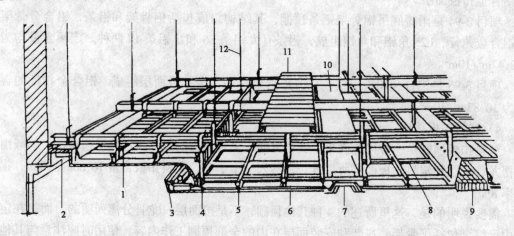

图 2-4-21　顶棚检修走道示意图
1—槽钢主龙骨；2—窗帘盒；3—灯槽；4—吊件；5—次龙骨；6—吊顶面层；
7—出风口；8—横撑龙骨；9—灯具；10—风道；11—检修走道；12—吊杆

定额按木走道，分固定检修道和活动走道板两种形式列3个子项。走道板宽按500mm，厚按30mm计算。因活动走道板可以前后移动，间隔放置，故定额考虑每10m长按5m计算。顶棚检修走道定额也按综合项目编制，其工作内容包括：吊筋安装，走道软件制作、安装，刷防锈漆，铺走道板，固定等全部操作过程。

(7) 金属龙骨的识别

顶棚吊顶工程的预算一般并不太复杂，均按顶棚面积计算。关键是要识别吊顶设计的形式和材料规格，以便区别与定额规定不同时，进行换算处理。换算内容上面已经述及，现就如何识别其形式和规格作如下介绍：

1) 轻钢顶棚龙骨。定额是按U形45系列和U形60系列编制的。

①轻钢龙骨类型的识别：轻钢龙骨一般分为C形、U形、T形三类。C形龙骨只用于不起承重作用的隔墙骨架，U形和T形龙骨则多用于顶棚吊顶。有些生产厂对U形稍作变化，就冠以UC形名称。这些形式是以龙骨断面形状而命名的，如图2-4-22所示。龙骨的规格以断面高度（h）确定，各种系列以主龙骨的高度命名，如60系列、50系列、45系列、38系列和25系列等，分别表示为：U_{60}或UC_{50}、U_{50}、U_{38}或UC_{38}、U_{25}等。同样T形龙骨分为：T_{60}或TC_{60}、T_{50}、T_{38}或TC_{38}、T_{22}等。

②上人型和不上人型的区别：不上人型龙骨是按500N集中荷载设计的，龙骨断面较

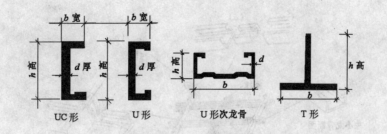

图 2-4-22 龙骨断面

小,一般主龙骨 $h=45$(mm)者为不上人型。上人型龙骨按 1000~1500N 设计,其主龙骨断面为 $h=50$(mm)以上。

顶棚吊顶龙骨如图 2-4-23 所示。

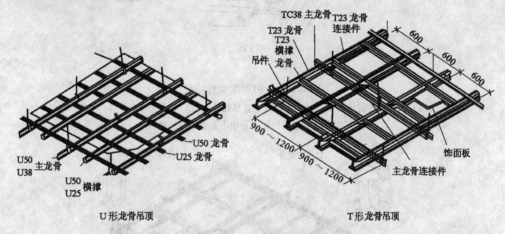

图 2-4-23 龙骨吊顶

2) 龙骨连接件。龙骨的连接件分为:垂直吊挂件、纵向连接件、平面连接件等三类。

①垂直吊挂件:吊筋与大龙骨的连接件称为"大龙骨垂直吊挂件",中(小)龙骨与大龙骨的连接件称为"中(小)龙骨垂直吊挂件"。如图 2-4-24 中(a)、(b)所示。

②纵向连接件:龙骨本身因长度不够需要拼接的连接件。大龙骨的纵向连接件称为"龙骨主接件",中龙骨的纵向连接件称为"龙骨次接件",小龙骨的纵向连接件称为"龙骨小接件"。如图 2-4-24(d)、(c)所示。

③平面连接件:中小龙骨之间的间距,是用连接件将中小龙骨固定在横撑上而确定的。这种连接件的一端挂勾在横撑翼缘上,另一端与中小龙骨接插连接,称为平面连接件。如图 2-4-24(e)所示。

3) 装配式 T 形铝合金顶棚龙骨。这种顶棚吊顶的大龙骨为 U 形、中小龙骨为 T 形、边龙骨为 L 形。中小龙骨在同一平面交叉用螺丝或钢丝固接,顶棚板搁装在中小龙骨上。如图 2-4-25 所示。

4) 铝合金方板顶棚龙骨。这种龙骨是专门为铝合金方形饰面板而配套的一种龙骨,根据面板形式分为嵌入式和浮搁式。

①嵌入式方板顶棚龙骨:大龙骨仍为 U 形,其下吊挂中龙骨,中龙骨为一弹性夹式的 T 形断面,将方板侧边插入夹紧,如图 2-4-26 所示。

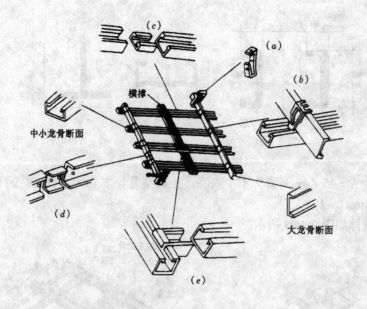

图 2-4-24　U 型顶棚龙骨构件
(a) 大龙骨垂直吊挂件；(b) 中龙骨垂直吊挂件；(c) 中小龙骨次小连接件；
(d) 大龙骨主连接件；(e) 中小龙骨平面连接件

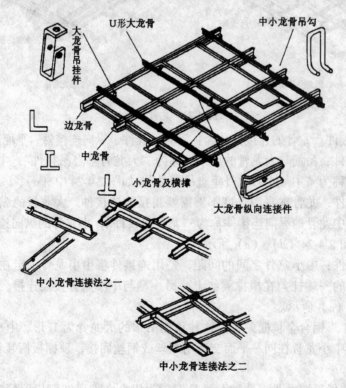

图 2-4-25　T 形顶棚龙骨构件

②浮搁式方板顶棚龙骨：这种顶棚龙骨同装配式 T 形龙骨一样，只是用定型的铝合金方板搁置在中小龙骨上。

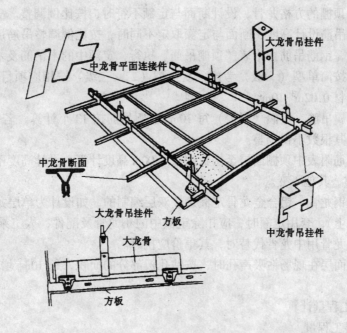

图 2-4-26 方板顶棚龙骨构造

5）铝合金轻型方板顶棚龙骨。这是一种最简单最轻便的顶棚龙骨，常用于家庭浴厕等小面积装修。它以中龙骨为主材直接吊挂，靠墙用L形龙骨钉在墙上，小龙骨切断搁置在中龙骨上形成分格，然后在格中搁放轻型方板。

6）铝合金条板顶棚龙骨和格片式顶棚龙骨。这两种龙骨都是采用薄型铝合金板，经冷扎电化处理而成，龙骨断面为⊓型，两褶边依吊板方式扎成不同卡口，如图2-4-27中（a）1、（b）1龙骨所示。

条板顶棚龙骨的饰面板分封闭式条形板和开敞式条形板。前者是条板卡进龙骨后，完全将龙骨遮挡住，如图2-4-27中（a）3；后者是条板安装上后相互间留有间隙，如图2-4-27中（a）2。

格片式龙骨是在卡口上安装叶片式铝合金板，如图2-4-27（b）所示。

2. 顶棚工程定额换算

（1）顶棚木龙骨断面，轻钢龙骨，铝合金龙骨规格设计与定额不符，应按设计的长度用量分别加6%、6%和7%的损耗调整定额含量。

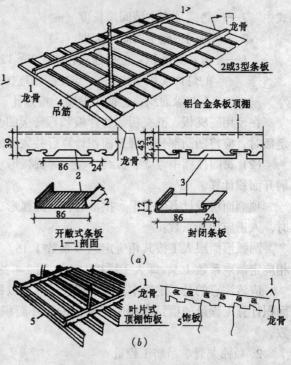

图 2-4-27 条板与格片顶棚龙骨
（a）铝合金条板顶棚；（b）铝合金格片式顶棚

木方格吊顶顶棚的方格龙骨,设计断面与定额不符时,按比例调整。

(2) 顶棚木吊筋设计高度、断面与定额取定不同时,按比例调整吊筋用量。当吊筋设计为钢筋吊筋时,钢筋吊筋按附表"顶棚吊筋"执行,定额中的木吊筋及木大龙骨含量扣除。木吊筋定额按简单型(一级)考虑,复杂型(二、三级)按相应项目人工乘 1.20 系数,增加普通成材 $0.02m^3/10m^2$。

(3) 顶棚金属吊筋,定额(附表)每 $10m^2$ 顶棚吊筋按 13 个计算,若每 $10m^2$ 吊筋用量与定额不符,其根数不得调整。

顶棚金属吊筋附表中顶棚面层至楼板底按 1.00m 高度计算,设计高度不同,吊筋按每增减 100mm 调整,其他不变。

(4) 顶棚轻钢龙骨,铝合金龙骨定额是按双层编制的,如设计为单层龙骨(大、中龙骨均在同一平面上),套用定额时,应扣除定额中的小龙骨及配件,人工乘系数 0.87,其他不变,设计小龙骨用中龙骨代替时,其单价应换算。

(5) 胶合板面层在现场钻吸声孔时,按钻孔板部分的面积,每 $10m^2$ 增加人工 0.67 工日计算。

(二) 顶棚工程量计算

1. 顶棚面层工程量

顶棚面层应按不同材料、拼缝形式、面层安装方法,分别计算其工程量,计算单位为平方米(m^2)。

(1) 顶棚面层工程量按主墙间的净面积计算,表达式如下:

$$S = L \times W \pm K$$

式中　L——每间顶棚主墙间净长度(m);

　　　W——每间顶棚主墙间净宽度(m);

　　　K——应扣除面积:包括独立柱、$0.3m^2$ 以上的灯饰面积(石膏板、夹板顶棚面层的灯饰面积不扣除)、与顶棚相连接的窗帘盒面积。

　　　　　不扣除面积:包括间壁墙、检修孔、附墙烟囱、柱垛和管道所占面积。

在使用三夹板、五夹板、切片板和石膏板凹凸面层(指龙骨不在同一平面上的项目)定额时,应将凹凸部分按展开面积计算后并入平面部分的工程量内,执行凹凸定额子项。

(2) 每间顶棚中假梁、折线、叠线等圆弧形、拱形、特殊艺术形式的顶棚饰面,均按展开面积计算。

顶棚面层设计有圆弧形、拱形时,其圆弧形、拱形部分的面积,在套用顶棚面层定额时,人工应增加系数:

圆弧形面层人工按其相应定额乘系数 1.15,即人工增加 15%,拱形面层的人工按其相应定额乘系数 1.5,即人工增加 50%。图 2-4-28 是几种特殊艺术造型顶棚示意图。

应该注意的是,定额中顶棚面层各子项均以每间面层在同一平面上为准编制的,按净面积计算工程量的项目套相应定额,按展开面积计算的部分套相应定额时人工应增加系数。

2. 顶棚龙骨、吊筋工程量

顶棚龙骨按不同材料、面层规格、顶棚级别、安装方法,分别计算其工程量,以 m^2 表示。

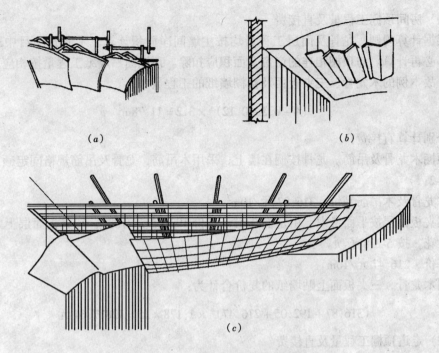

图 2-4-28 几种特殊艺术造型顶棚
(a) 分层式；(b) 折线式；(c) 曲线形

(1) 每间面层在同一标高平面上的顶棚龙骨（简单型、一级顶棚）其工程量按主墙间净空水平投影面积以平方米（m²）表示，不扣除隔墙、检查口、附墙烟囱、柱、墙垛和管道所占面积。

(2) 圆弧形、拱形顶棚龙骨

圆弧形、拱形顶棚龙骨工程量，按其弧形或拱形部分的水平投影面积计算（m²），套用复杂型（二、三级）定额子目。龙骨用量按设计进行调整，按设计长度另加：轻钢龙骨6%，铝合金龙骨7%，木龙骨6%损耗调整定额含量，人工和机械（不含垂直运输机械）按复杂型顶棚子目乘系数1.8。

(3) 吊筋

顶棚龙骨吊筋工程量与顶棚龙骨面积相同，另列项计算，单位按 10m²，执行附表（顶棚吊筋）定额。

3. 铝合金扣板雨篷工程量

定额中的铝合金扣板雨篷，包括铝合金扣板雨篷、雨篷底吊铝骨架铝条顶棚、铝栅假顶棚以及塑料扣板顶棚等几种，归并为一类。这些子项定额按拼铝栅，安装骨架，安装面层综合列项编制。故不再按面层、龙骨分离列项计算工程量。

铝合金扣板雨篷的工程量按不同顶棚材料和结构形式分别列项，均按水平投影面积的平方米（m²）计算。

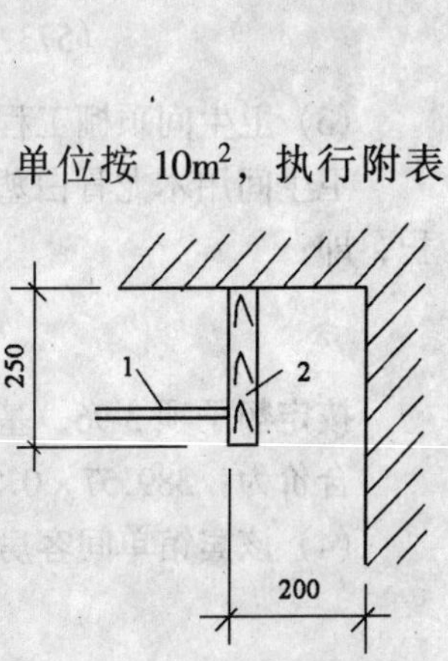

【例1】 若某宾馆有图2-4-29所示单间客房15间，试计算顶棚工程量及定额直接费。顶棚构造按图中说明。

图 2-4-29 单间客房窗帘盒断面
1—顶棚；2—窗帘盒

【解】 由于客房各部位顶棚做法不同，应分别计算

(1) 房间顶棚工程量及直接费

根据计算规则,龙骨及面层工程量均按主墙间净面积计算,木龙骨项目中已含木吊筋,不必再计算。与顶棚相连的窗帘盒面积应扣除。顶棚面贴墙纸工程量按相应顶棚面层计算。故本例的木龙骨、三夹板面及裱糊墙纸的工程量为:

$$(4 - 0.2 - 0.12) \times 3.2 = 11.78 m^2$$

分别计算直接费:

顶棚木龙骨及吊筋。龙骨按搁在墙上,采用木吊筋,龙骨及吊筋规格同定额,按定额子项 3-2:

木龙骨及木吊筋基价 316.87 元/$10m^2$

三夹板面层按平面考虑,由定额 3-41,基价 192.05 元/$10m^2$,三夹板面层上贴装饰墙纸,对花,按 5-298 子项。

基价 216.47 元/$10m^2$

则木龙骨,三夹板面上贴墙纸的复价合计为:

$$(316.87 + 192.05 + 216.47) \times 1.178 \times 15 = 12817.64 \text{ 元}$$

(2) 走道顶棚工程量及直接费

过道顶棚构造与房间类似,壁橱到顶部分不做顶棚,胶合板硝基清漆工程量按夹板面计算。则木龙骨、三夹板、硝基漆工程量为:

$$(1.85 - 0.24) \times 1.1 - 0.12 = 1.65 m^2$$

合价计算:

木龙骨仍按搁在墙上,由定额 3-1 得基价 273.84 元/$10m^2$

三夹板面仍按平面,由 3-41,得基价 192.05 元/$10m^2$

硝基清漆,全套做法按 5-148,基价为 554.49 元/$10m^2$

则过道顶棚合价为:

$$(573.84 + 192.05 + 554.49) \times 0.165 \times 15 = 3267.9 \text{ 元}$$

(3) 卫生间顶棚工程量及直接费

卫生间用木龙骨白塑料扣板吊顶,定额按综合项目编制,其工程量按实做水平投影面积,即:

$$(1.6 - 0.24)(1.85 - 0.12) = 2.35 m^2$$

按定额子项 3-96,基价 389.57 元/$10m^2$

合价为:$389.57 \times 0.235 \times 15 = 1373.23$ 元

(4) 该宾馆单间客房顶棚装饰定额直接费如下:

$$12817.64 + 3267.9 + 1373.23 = 17458.77 \text{ 元}$$

【例2】 图 2-4-30 为某客厅不上人型轻钢龙骨石膏板吊顶,龙骨间距为 400mm × 400mm,吊筋为 $\phi 8$,高 1m。计算工程量及定额直接费。

【解】 (1) 由图可见,该顶棚有高低面,首先应判断顶棚类型(级别):

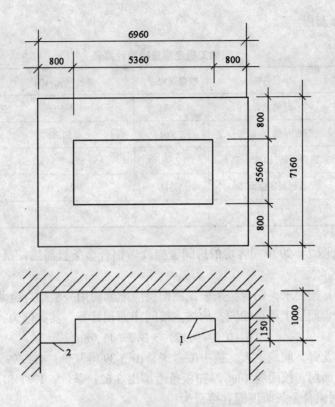

图 2-4-30 顶棚构造简图
1—金属墙纸；2—织锦缎贴面

顶棚水平投影面积　$6.96 \times 7.16 = 49.83 m^2$
顶棚凹进部分面积　$5.36 \times 5.56 = 29.8 m^2$
少数面积与该顶棚总面积之比：

$$\frac{49.83 - 29.8}{49.83} = \frac{20.03}{49.83} = 40\% > 15\%$$

两部分面层的高差 150mm > 100mm，故本客厅顶棚属复杂型。
（2）顶棚龙骨工程量
按计算规则，工程量为净面积的水平投影，即 $49.83 m^2$。
（3）$\phi 8$ 吊筋工程量
因有高低差，吊筋高度不同，应分别计算：
顶棚四周 1m 高的顶棚吊筋面积　$9.83 - 29.8 = -20.03 m^2$
凹进部分 0.85m 高的顶棚吊筋面积 $29.8 m^2$
（4）顶棚面层工程量
面层按展开面积计算，图示：

$$6.96 \times 7.16 + (5.36 + 5.56) \times 2 \times 0.15 = 53.11 m^2$$

（5）计算直接费
该顶棚直接费计算如表 2-4-1 所示，其中：因该顶棚属复杂型，轻钢龙骨按复杂型定额 3-8 执行，顶棚吊筋（$\phi 8$）高度不同，定额应按不同高度换算套用；顶棚面层凹凸面，按3-50凹凸定额套用。

顶棚工程定额直接费计算表　　　　　　　　　　　　表2-4-1

定额编号	项目名称	数量（10m²）	基价（元/10m²）	合价（元）
3-8	轻钢龙骨	4.983	446.06	2222.72
附3-2	顶棚吊筋（1m高）	2.003	50.82	101.79
附3-2换	顶棚吊筋（0.85m高）	2.98	(50.82－1.56×1.5)	144.47
3-50	石膏板顶棚面层	5.311	243.35	1292.43
合计				3761.41

【例3】 若图2-4-29单间客房的房间顶棚改做铝合金条板面层，试计算15间客房的顶棚定额直接费。

【解】 （1）按要求，铝合金条板顶棚面层应配套使用条板铝合金龙骨。该房间为简单型顶棚，龙骨、面层工程是相同，均按主墙间净面积计算，其数值为：

$$(4-0.2-0.12) \times 3.2 = 11.78 m^2$$

铝合金条板龙骨，间或上人，按中型考虑，由3-39得基价：411.76元/10m²
铝合金条板面层，按闭缝1mm厚扣板条考虑由3-62：基价：1727.81元/10m²
则15个房间铝合金条面顶棚直接费为：

$$(411.76 + 1727.81) \times 1.178 \times 15 = 37806.20 元$$

（2）宾馆15间单间客房顶棚装饰定额直接费变为：

$$37806.2 + 3267.9 + 1373.23 = 42447.33 元$$

二、顶棚工程规范

B.3 顶棚工程

B.3.1 顶棚抹灰。工程量清单项目设置及工程量计算规则，应按表2-4-2的规定执行。

顶棚抹灰（编码：020301）　　　　　　　　　　　　表2-4-2

项目编码	项目名称	项目特征	计量单位	工程量计算规则	工程内容
020301001	顶棚抹灰	1. 基层类型 2. 抹灰厚度、材料种类 3. 装饰线条道数 4. 砂浆配合比	m²	按设计图示尺寸以水平投影面积计算。不扣除间壁墙、垛、柱、附墙烟囱、检查口和管道所占的面积，带梁顶棚、梁两侧抹灰面积并入顶棚面积内，板式楼梯底面抹灰按斜面积计算，锯齿形楼梯底板抹灰按展开面积计算	1. 基层清理 2. 底层抹灰 3. 抹面层 4. 抹装饰线条

B.3.2 顶棚吊顶。工程量清单项目设置及工程量计算规则，应按表2-4-3的规定执行。

顶棚吊顶（编码：020302） 表2-4-3

项目编码	项目名称	项目特征	计量单位	工程量计算规则	工程内容
020302001	顶棚吊顶	1. 吊顶形式 2. 龙骨类型、材料种类、规格、中距 3. 基层材料种类、规格 4. 面层材料品种、规格、品牌、颜色 5. 压条材料类、规格 6. 嵌缝材料种类 7. 防护材料种类 8. 油漆品种、刷漆遍数	m²	按设计图示尺寸以水平投影面积计算。顶棚面中的灯槽及跌级、锯齿形、吊挂式、藻井式顶棚面积不展开计算。不扣除间壁墙、检查口、附墙烟囱、柱垛和管道所占面积，扣除单个0.3m²以外的孔洞、独立柱及与顶棚相连的窗帘盒所占的面积	1. 基层清理 2. 龙骨安装 3. 基层板铺贴 4. 面层铺贴 5. 嵌缝 6. 刷防护材料、油漆
020302002	格栅吊顶	1. 龙骨类型、材料种类、规格、中距 2. 基层材料种类、规格 3. 面层材料品种、规格、品牌、颜色 4. 防护材料种类 5. 油漆品种、刷漆遍数	m²	按设计图示尺寸以水平投影面积计算	1. 基层清理 2. 底层抹灰 3. 安装龙骨 4. 基层板铺贴 5. 面层铺贴 6. 刷防护材料、油漆
020302003	吊筒吊顶	1. 底层厚度、砂浆配合比 2. 吊筒形状、规格、颜色、材料种类 3. 防护材料种类 4. 油漆品种、刷漆遍数	m²	按设计图示尺寸以水平投影面积计算	1. 基层清理 2. 底层抹灰 3. 吊筒安装 4. 刷防护材料、油漆
020302004	藤条造型悬挂吊顶	1. 底层厚度、砂浆配合比 2. 骨架材料种类、规格 3. 面层材料品种、规格、颜色 4. 防护层材料种类 5. 油漆品种、刷漆遍数			1. 基层清理 2. 底层抹灰 3. 龙骨安装 4. 铺贴面层 5. 刷防护材料、油漆
020302005	织物软雕吊顶				
020302006	网架(装饰)吊顶	1. 底层厚度、砂浆配合比 2. 面层材料品种、规格、颜色 3. 防护材料品种 4. 油漆品种、刷漆遍数			1. 基层清理 2. 底面抹灰 3. 面层安装 4. 刷防护材料、油漆

三、顶棚吊顶工程的预算编制注意事项

（一）顶棚吊顶工程定额的制定

顶棚吊顶工程是装饰工程中遇到较多的一种装饰，除顶棚面的一般抹灰和涂刷外，大多是采用较复杂的顶棚吊顶工艺。它分为顶棚龙骨、顶棚面层和龙骨饰面合二为一的吊顶等三大类型。各种类型的材料品种繁多，现以"轻钢顶棚龙骨"和"顶棚钙塑板面层"为例，说明定额的计算方法，其他各种材料的顶棚吊顶定额均可仿照编制。

B.3.3 顶棚其他装饰。工程量清单项目设置及工程量计算规则，应按表 2-4-4 的规定执行。

顶棚吊顶（编码：020303） 表 2-4-4

项目编码	项目名称	项目特征	计量单位	工程量计算规则	工程内容
020303001	灯带	1. 灯带型式、尺寸 2. 格栅片材料品种、规格、品牌、颜色 3. 安装固定方式	m²	按设计图示尺寸以框外围面积计算	安装、固定
020303002	送风口、回风口	1. 风口材料品种、规格、品牌、颜色 2. 安装固定方式 3. 防护材料种类	个	按设计图示数量计算	1. 安装、固定 2. 刷防护材料

B.3.4 采风顶棚和顶棚设保温隔热吸声层时，应按 A.8 中相关项目编码列项。

A.8 防腐、隔热、保温工程

A.8.1 防腐面层。工程量清单项目设置及工程量计算规则，应按表 2-4-5 的规定执行。

防腐面层（编码：010801） 表 2-4-5

项目编码	项目名称	项目特征	计量单位	工程量计算规则	工程内容
010801001	防腐混凝土面层	1. 防腐部位 2. 面层厚度 3. 砂浆、混凝土、胶泥种类	m²	按设计图示尺寸以面积计算 1. 平面防腐：扣除凸出地面的构筑物、设备基础等所占面积 2. 立面防腐：砖垛等突出部分按展开面积并入墙面积内	1. 基层清理 2. 基层刷稀胶泥 3. 砂浆制作、运输、摊铺、养护 4. 混凝土制作、运输、摊铺、养护
010801002	防腐砂浆面层				
010801003	防腐胶泥面层				1. 基层清理 2. 胶泥调制、摊铺
010801004	玻璃钢防腐面层	1. 防腐部位 2. 玻璃钢种类 3. 贴布层数 4. 面层材料品种			1. 基层清理 2. 刷底漆、刮腻子 3. 胶浆配制、涂刷 4. 粘布、涂刷面层
010801005	聚氯乙烯板面层	1. 防腐部位 2. 面材料品种 3. 粘结材料种类		按设计图示尺寸以面积计算 1. 平面防腐：扣除凸出地面的构筑物、设备基础等所占面积 2. 立面防腐：砖垛等突出部分按展开面积并入墙面积内 3. 踢脚板防腐：扣除门洞所占面积并相应增加门洞侧壁面积	1. 基层清理 2. 配料、涂胶 3. 聚氯乙烯板铺设
010801006	块料防腐面层	1. 防腐部位 2. 块料品种、规格 3. 粘结材料种类 4. 勾缝材料种类			1. 基层清理 2. 砌块料 3. 胶泥调制、勾缝

A.8.2 其他防腐。工程量清单项目设置及工程量计算规则,应按表2-4-6的规定执行。

其他防腐（编码：010802）　　　　　　　　　　表2-4-6

项目编码	项目名称	项目特征	计量单位	工程量计算规则	工程内容
010802001	隔离层	1. 隔离层部位 2. 隔离层材料品种 3. 隔离层做法 4. 粘贴材料种类	m²	按设计图示尺寸以面积计算 1. 平面防腐:扣除凸出地面的构筑物、设备基础等所占面积 2. 立面防腐:砖垛等突出部分按展开面积并入墙面积内	1. 基层清理、刷油 2. 煮沥青 3. 胶泥调制 4. 隔离层铺设
010802002	砌筑沥青浸渍砖	1. 砌筑部位 2. 浸渍砖规格 3. 浸渍砖砌法(平砌、立砌)	m³	按设计图示尺寸以体积计算	1. 基层清理 2. 胶泥调制 3. 浸渍砖铺砌
010802003	防腐涂料	1. 涂刷部位 2. 基层材料类型 3. 涂料品种、刷涂遍数	m²	按设计图示尺寸以面积计算 1. 平面防腐:扣除凸出地面的构筑物、设备基础等所占面积 2. 立面防腐:砖垛等突出部分按展开面积并入墙面积内	1. 基层清理 2. 刷涂料

A.8.3 隔热、保温。工程量清单项目设置及工程量计算规则,应按表2-4-7的规定执行。

隔热、保温（编码：010803）　　　　　　　　　　表2-4-7

项目编码	项目名称	项目特征	计量单位	工程量计算规则	工程内容
010803001	保温隔热层面	1. 保温隔热部位 2. 保温隔热方式(内保温、外保温、夹心保温) 3. 踢脚线、勒脚线保温做法 4. 保温隔热面层材料品种、规格、性能 5. 保温隔热材料品种、规格 6. 隔气层厚度 7. 粘结材料种类 8. 防护材料种类	m²	按设计图示尺寸以面积计算。不扣除柱、垛所占面积	1. 基层清理 2. 铺粘保温层 3. 刷防护材料
010803002	保温隔热顶棚		m²		
010803003	保温隔热墙		m²	按设计图示尺寸以面积计算。扣除门窗洞口所占面积;门窗洞口侧壁需做保温时,并入保温墙体工程量内	1. 基层清理 2. 底层抹灰 3. 粘贴龙骨 4. 填贴保温材料 5. 粘贴面层 6. 嵌缝 7. 刷防护材料
010803004	保温柱		m²	按设计图示以保温层中心线展开长度乘以保温层高度计算	
010803005	隔热楼地面		m²	按设计图示尺寸以面积计算。不扣除柱、垛所占面积	1. 基层清理 2. 铺设粘贴材料 3. 铺贴保温层 4. 刷防护材料

(二) 轻钢顶棚龙骨定额的制定

1. 轻钢顶棚龙骨

轻钢顶棚龙骨（300mm×300mm 不上人型）定额材料量的计算。

由于各类顶棚龙骨材料的品种和规格都比较多,为便于能够在预算工作中有一定的机动灵活性,定额对顶棚龙骨的主材均以延长米计量,龙骨连接件以个计量。并按上人型和不上人型综合编制。它们的计算式如下:

$$龙骨主材用量 = \frac{计算长度 \times 根数}{计算面积} \times 100 \times (1 + 损耗率)$$

$$接挂件用量 = \frac{计算个数}{计算面积} \times 100 \times (1 + 损耗率)$$

300mm×300mm 一级吊顶的计算面积,按有关标准图集中房间面积 6.96×6.36 = 44.265m² 取定。具体材料用量计算如表2-4-8所示。

轻钢龙骨(300×300)一级吊顶材料量计算表　　　　表2-4-8

材料名称	设计长(m)	后备长(m)	计算长(m)	间距 m	根数或个数 根或个	损耗系数	定额用量
轻钢大龙骨 h45	6.96	0.18	7.14	0.90	6.36÷0.9+1=8	1.06	(式3-26) =136.78m
轻钢中龙骨 h19	6.36	0.16	6.52	0.60	6.96÷0.6+1=13	1.06	(式3-26) =202.97m
轻钢小龙骨 h19	6.36	0.16	6.52	0.60	6.96÷0.6+1=13	1.06	(式3-26) =202.97m
中龙骨横撑	6.96	0.47	7.43	0.60	6.36÷0.6=11	1.06	(式3-26) =195.71m
大龙骨连接件	每根龙骨按3个接头计算				3×8=24	1.06	(式3-27) =58只
中龙骨连接件	每根龙骨按3个接头计算				3×12=36	1.06	(式3-27) =86只
小龙骨连接件	每根龙骨按3个接头计算				3×13=39	1.06	(式3-27) =93只
大龙骨吊挂件	每根龙骨按3个吊挂计算				8×8=64	1.06	(式3-27) =153只
中龙骨吊挂件	每根龙骨按8个吊点计算				8×12=96	1.06	(式3-27) =230只
小龙骨吊挂件	每根龙骨按8个吊点计算				8×13=104	1.06	(式3-27) =249只
中龙骨平面连接件	每个档距2只计(11+12)×2=46				46×11=506	1.06	(式3-27) =1212只
小龙骨平面连接件	每个档距2只计(11+12)×2=46				46×12=552	1.06	(式3-27) =1322只
φ6 吊筋	0.7m×0.222kg/m×64点=9.946kg				9.946kg	1.06	(式3-27) =24kg
螺母	每点2只计64×2=128只				128只	1.07	(式3-27) =309只
垫圈	每点只计64只				64只	1.07	(式3-27) =155只
M5×30 机螺丝	每个重0.00691kg×64=0.442				0.442kg	1.06	(式3-27) =1.06kg

2. 轻钢顶棚龙骨定额人工工日的计算

人工用量按1985年劳动定额计算,并综合考虑以下因素:

(1) 在 8m² 以内的小面积加工因素按 10%,时间定额乘 0.25 系数。

(2) 增加螺杆、螺杆套丝和铁件制作用工。

(3) 上人型定额综合增加检查孔的人工 0.15 工日/100m²。

(4) 人工幅度差按 15%。

计算见表2-4-9所示。

轻钢顶棚龙骨（300×300）一级吊顶人工计算表　　　　表 2-4-9

项目名称	计算量	单位	1985年劳动定额编号	时间定额	工日/100m²
吊安龙骨	10	10m²	§6-16-406-（二）	1.2	12.00
面板钉压条	10	10m²	§6-16-规定10	12×0.33	3.96
8m²内用工	10%	10m²	§6-16规定2	1.2×0.25	0.30
吊筋螺杆制作	6.4	10根	§13-8-137-（二）	0.115	0.736
螺杆套丝	6.4	10根	§13-8-143-（二）	0.0333	0.213
铁件制作	6.4	10根	§13-7-120-（四）	0.208	1.331
小　计					18.54
定额工日			18.54×（1+15%）		21.321

3. 轻钢龙骨顶棚定额的机械台班计算

轻钢龙骨上人型交流电焊机综合取定 0.09 台班/100m²，不上人型不考虑。

铝合金龙骨上人型交流电焊机同轻钢龙骨，不上人型用电锤 1.63 台班/100m²。

（三）顶棚钙塑板面层定额的计算

1. 顶棚钙塑板面层的定额材料量计算

顶棚面层的计算量均按 100m²，钙塑板的损耗率为 5%，则：

钙塑板定额用量 = 100×（1+5%）= 105m²/100m²

综合取定：松厚板 0.016m³，在轻钢龙骨上安装用自攻螺丝 34.5 百个。

2. 钙塑板面层定额的人工量计算

顶棚面板的人工按 1985 年劳动定额中相应项目。考虑 10% 的 8m² 内小面积加工，并增加一个检查孔的人工。

人工幅度差依不同情况按 0%～15% 取定，板料超运距：仓库到操作点 150m。

计算见表 2-4-10。

顶棚钙塑板面层人工用量计算表　　　　表 2-4-10

项目名称	计算量	单位	1985年劳动定额编号	时间定额	工日/100m²
钙塑板铺设	10	10m²	§6-16-411-（三）	1.00	10.00
8m²内小面积加工	1	10m²	§6-16-规定2	1×0.25	0.25
检查孔制作	1	个	§6-16-规定13	0.30	0.30
板料超运距150m	1.11	100块	§6-16-475-十二换	0.20	2.22
小　计					12.77
定额工日			12.77×（1+9%）		13.919

四、顶棚工程预算编制注意事项

1. 概况

本章共 3 节 9 个项目。包括顶棚抹灰、顶棚吊顶、顶棚其他装饰。适用于顶棚装饰工程。

2. 有关项目的说明

(1) 顶棚的检查孔、顶棚内的检修走道、灯槽等应包括在报价内。

(2) 顶棚吊顶的平面、跌级、锯齿形、阶梯形、吊挂式、藻井式以及矩形、弧型、拱型等应在清单项目中进行描述。

(3) 采光顶棚和顶棚设置保温、隔热、吸声层时，按附录 A 相关项目编码列项。

3. 有关项目特征的说明

(1) "顶棚抹灰"项目基层类型是指混凝土现浇板、预制混凝土板、木板条等。

(2) 龙骨类型指上人或不上人，以及平面、跌级、锯齿形、阶梯形、吊挂式、藻井式及矩形、圆弧形、拱形等类型。

(3) 基层材料，指底板或面层背后的加强材料。

(4) 龙骨中距，指相邻龙骨中线之间的距离。

(5) 顶棚面层适用于：石膏板（包括装饰石膏板、纸面石膏板、吸声穿孔石膏板、嵌装式装饰石膏等）、埃特板、装饰吸声罩面板（包括矿棉装饰吸声板、贴塑矿（岩）棉吸声板、膨胀珍珠岩石装饰吸声制品、玻璃棉装饰吸声板等）、塑料装饰罩面板（钙塑泡沫装饰吸声板、聚苯乙烯泡沫塑料装饰吸声板、聚氯乙烯塑料天花板等）、纤维水泥加压板（包括穿孔吸声石棉水泥板、轻质硅酸钙顶板等）、金属装饰板（包括铝合金罩面板、金属微孔吸声板、铝合金单体构件等）、木质饰板（胶合板、薄板、板条、水泥木丝板、刨花板等）、玻璃饰面（包括镜面玻璃、镭射玻璃等）。

(6) 格栅吊顶面层适用于木格栅、金属格栅、塑料格栅等。

(7) 吊筒吊顶适用于木（竹）质吊筒、金属吊筒、塑料吊筒以及圆形、矩形、扁钟形吊筒等。

(8) 灯带格栅有不锈钢格栅、铝合金格栅、玻璃类格栅等。

(9) 送风口、回风口适用于金属、塑料、木质风口。

4. 有关工程量计算的说明

(1) 顶棚抹灰与顶棚吊顶工程量计算规则有所不同：顶棚抹灰不扣除柱垛所占面积；顶棚吊顶不扣除柱垛所占面积，但应扣除独立柱所占面积。柱垛是指与墙体相连的柱而突出墙体部分。

(2) 顶棚吊顶应扣除与顶棚吊顶相连的窗帘盒所占的面积。

(3) 格栅吊顶、吊筒吊顶、藤条造型悬挂吊顶、织物软吊顶、网架（装饰）吊顶均按设计图示的吊顶尺寸水平投影面积计算。

5. 有关工程内容的说明

"抹装饰线条"线角的道数以一个突出的棱角为一道线，应在报价时注意。

五、铝合金顶棚预算实例

1. 阅图列项

根据设计要求，采用 T 形 h_{45} 铝合金龙骨，这是一种简单轻型龙骨；面板为 500mm×

500mm钙塑板，可按450mm×450mm规格套用，因此，可以选列以下两项：

11-400 一级不上人型装配式T形铝合金龙骨（450mm×450mm）。

11-449 安在T形铝合金龙骨上钙塑板。

2. 计算工程量

根据本工程图纸情况，其顶棚工程量同地面工程量一样，故可将地面工程量转抄过来如表2-4-11。

顶棚吊顶工程工程量计算表　　　　　　　　　　　　　　　　　表2-4-11

定额编号	项目名称	单位	工程量	计算式
十一	顶棚吊顶工程			
11-400	铝合金顶棚龙骨	m²	195.27	转抄表3-14 即83.85+111.42=195.27
11-449	顶棚面板钙塑板	m²	195.27	同上

3. 计算直接费：直接费计算如表2-4-12所示。

顶棚吊顶工程预算表　　　　　　　　　　　　　　　　　　　　表2-4-12

定额编号	项目名称	单位	工程量	直接费（元）		其中：人工费(元)		材料费（元）		机械费（元）	
				基价	金额	定额	金额	定额	金额	定额	金额
十一	顶棚吊顶工程				10827.90		983.71		9815.43		28.76
11-400	铝合金顶棚龙骨	100m²	1.95	4394.19	8568.67	406.97	793.59	3972.47	7746.32	14.75	28.76
11-449	顶棚面板钙塑板	100m²	1.95	1158.58	2259.23	97.50	190.12	1061.08	2069.11		

4. 工料分析：请同学查对定额完成表2-4-13计算内容。

顶棚吊顶工程工料分析　　　　　　　　　　　　　　　　　　　表2-4-13

定额编号	项目名称	单位	工程量	综合工日		铝合金大龙骨		铝合金中龙骨		铝合金小龙骨	
				定额	工日	定额	m	定额	m	定额	m
十一	顶棚吊顶工程										
11-400	铝合金顶棚龙骨	100m²	1.95								
11-499	顶棚面板钙塑板	100m²	1.95								

定额编号	项目名称	单位	工程量	铝合金边龙骨		主接件		次接件		大龙骨垂直吊挂件	
				定额	m	定额	个	定额	个	定额	个
十一	顶棚吊顶工程				125.97		113.10		37.05		296.40
11-400	铝合金顶棚龙骨	100m²	1.95	64.60	125.97	58.00	113.10	19.00	37.05	152.00	296.40
11-499	顶棚面板钙塑板	100m²	1.95								

续表

定额编号	项目名称	单位	工程量	中龙骨垂直吊挂件		边龙骨垂直吊挂件		吊筋		膨胀螺栓	
				定额	个	定额	个	定额	kg	定额	套
十一	顶棚吊顶工程				296.40		296.40		61.62		253.50
11-400	铝合金顶棚龙骨	100m²	1.95	152.00	296.40	152.00	296.40	31.60	61.62	130.00	253.50
11-499	顶棚面板钙塑板	100m²	1.95								

定额编号	项目名称	单位	工程量	预埋铁件		螺母		垫圈		射钉	
				定额	kg	定额	百个	定额	百个	定额	百个
十一	顶棚吊顶工程				0.08		5.93		2.96		2.96
11-400	铝合金顶棚龙骨	100m²	1.95	0.04	0.08	3.04	5.93	1.52	2.96	1.52	2.96
11-499	顶棚面板钙塑板	100m²	1.95								

定额编号	项目名称	单位	工程量	机螺丝		φ20合金钢钻头		钙塑板		松厚板	
				定额	kg	定额	支	定额	m³	定额	m²
十一	顶棚吊顶工程				2.05		3.18				
11-400	铝合金顶棚龙骨	100m²	1.95	1.05	2.05	1.63	3.18				
11-499	顶棚面板钙塑板	100m²	1.95								

第五节 门、窗工程

一、门、窗工程造价概述

(一) 定额项目内容及定额换算

1. 门、窗工程定额项目内容

(1) 各类门、窗型式

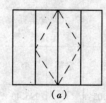 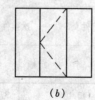

图 2-5-1
(a) 有侧亮的双扇地弹门；
(b) 有侧亮的单扇平开窗

1) 亮子、侧亮。侧亮设于门、窗的两侧，而不是设在上部，在上面的常称为亮子，或上亮。图 2-5-1 是有侧亮的双扇地弹门和有侧亮的单扇平开窗简图。

2) 顶窗。图 2-5-2 为有顶窗及有上亮的单扇平开窗结构形式示意图，图中示出两者的区别，顶窗常称为上悬窗。

3) 固定窗。图 2-5-3 是几种常见固定窗的形式。

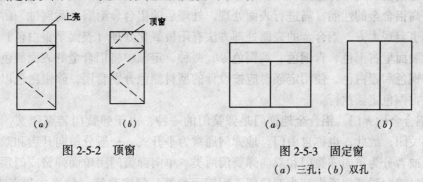

图 2-5-2　顶窗

图 2-5-3　固定窗
(a) 三孔；(b) 双孔

4) 连窗门。连窗门或称门连窗，指门的一侧与一樘窗户相连，常用于阳台门，亦称阳台连窗门，如图 2-5-4 所示。

5) 半玻璃门。半玻璃门，一般是指在门扇上部约 1/3 高度范围内嵌入玻璃，在下部 2/3 范围内以木质板或纤维板作门芯板，并双面贴平。若铝合金半玻门，下部则用银白色或古铜色铝合金扣板。

6) 全玻璃门。全玻璃门是指门扇芯全部安装玻璃制作的门。若为木质全玻门，其门框比一般门的门框要宽厚，且应用硬杂木制成。铝合金全玻门，框扇均用铝型材制作。全玻门常用于办公楼、宾馆、公共建筑的大门。

7) 单层窗、双层窗、一玻一纱窗。单层窗是指窗扇上只安装一层玻璃的窗户；双层窗是指窗扇安装两层玻璃的窗户，分外窗和内窗；一玻一纱窗，是指窗框上安设两层窗扇，分外扇和内扇，一般情况外扇为玻璃窗，内扇为纱窗。

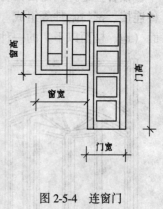

图 2-5-4　连窗门

(2) 铝合金门窗

铝合金门按开启方式可分为地弹门、平开门、推拉门、电子感应门和卷帘门等几种主要类型，它们的代号用汉语拼音表示：DHLM，地弹簧铝合金门；PLM，平开铝合金门；TLM，推拉铝合金门等。铝合金窗按开启方式分为平开窗、推拉窗和固定窗等，其代号为：PK，平开窗；TL，推拉窗；G，固定窗。

铝合金门窗的构造组成包括：1) 门窗框扇料；2) 玻璃；3) 附件及密封材料等部分。门、窗框、扇料采用中空铝合金方料型材，常用的外框型材规格有：38 系列、60 系列，壁厚 1.25～1.3mm；70 系列，厚 1.3mm；90 系列，厚 1.35～1.4mm；90 系列，厚 1.5mm 等，其中 60、70、90 等数字系指型材外框宽度，单位为 mm。常用方管规格有：76.2×44.5×(1.5 或 2.0)(mm)、101.6×44.5×(1.5 或 2.0)(mm) 等。玻璃一般有浮法玻璃、茶色玻璃，厚度 5～12mm 不等。附件及密封材料包括闭门器、门弹簧、铝拉铆钉、螺钉(丝)、滑轮组、连接件(如镀锌铁脚，也称地脚，膨胀螺栓等)、软填料、密封胶条和玻璃胶等。铝合金门、窗外框按规定不得插入墙体，外框与墙洞口应为弹性连接，定额所用弹性材料称软填料，如沥青玻璃棉毡、矿棉条等。

铝合金门窗所用铝合金型材是在铝中加入适量的铜、镁、锰、硅、锌等组成的铝基合金，为提高铝合金的性能，需进行表面处理，处理后的铝合金耐磨、耐腐蚀、耐气候性均好，色泽也美观大方。铝合金的表面处理方法有阳极氧化处理（表面呈银白色）和表面着色处理（表面呈古铜色、青铜色、黄铜色等）两种。定额中将铝合金的表面颜色分为两大类，即古铜色和银白色，使用定额时应按设计的型材颜色分别套用，除银白色以外的其他颜色均按古铜色定额执行。

1) 铝合金地弹门。铝合金地弹门是弹簧门的一种，由于弹簧门装有弹簧，门扇开启后会自动关闭，故此，也称自由门。地弹门通常为平开式，一般分单向开启和双向开启两种形式，或者分为单向弹簧门和双向弹簧门两类。单向弹簧门用单面弹簧或门顶弹簧，多为单扇门；双向弹簧门通常都为双扇门，用双面弹簧、门底弹簧（分横式和直式）、地弹簧等。采用地弹簧的称地弹门。

铝合金地弹门是由铝合金型材制作成的门框、门扇、地弹簧（或闭门器）、玻璃及各种连接、密封附件等组成。地弹簧是闭门器的一种，又称地龙或门地龙，是安装于门扇下面（地、楼面以下）的一种自动闭门装置。

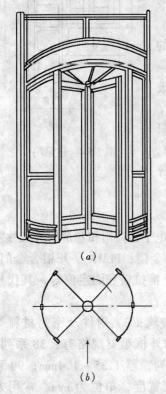

图 2-5-5　旋转铝合金门示意图
(a) 透视图；(b) 平面示意图

2) 旋转门。目前，均用金属旋转门，金属旋转门常称转门，有铝合金型材和型钢两类型材结构。金属旋转门的构造组成包括：①门扇旋转轴，例如采用不锈钢柱（$\phi 76$）；②圆形转门顶；③底座及轴承座；④转门壁，可采用铝合金装饰板或圆弧形玻璃；⑤活动门扇，一般采用全玻璃，玻璃厚度可达 12mm。转门的基本结构形式如图 2-5-5。

3) 卷帘门。卷帘门适用于商店、仓库或其他较为高大洞口的门，其主要构造如图 2-5-6，包括卷帘板、导轨及传动装置等。卷帘板的形式主要有页片式和空格式两种，其中页片式使用较多。页片（也称闸片）式帘板用铝合金板、镀锌钢板或不锈钢板轧制而成。帘板的下部采用钢板或角钢，便于安装门锁，并可增加刚度。帘板的上部与卷筒连接，便于开启。开启卷帘门时，页板沿门洞两侧的导轨上升，卷在卷筒内。

定额按帘板的材料和形式分列铝合金卷帘门、鱼鳞状卷帘门、不锈钢卷帘门三种。并且铝合金卷帘门子目适用于实腹式、冲孔空腹式、电化铝合金、有色电化铝合金等。

4) 铝合金平开窗。铝合金平开窗目前多为单扇和双扇，分带上亮和不带上亮，带顶窗和带侧亮等 6 种型式，框料型材多为 38 系列。平开窗由窗框（称外框）、窗扇（内框）、压条、拼角（又称铝角）等铝合金型材，以及玻璃、执手、拉把和密封材料等组成。

5) 铝合金推拉窗。铝合金推拉窗有双扇、三扇、四扇以及带亮和不带亮等 6 种型式。推拉窗的构成是：窗框由上滑道、下滑道和两侧的边封组成；窗扇由上横（又称上方）、

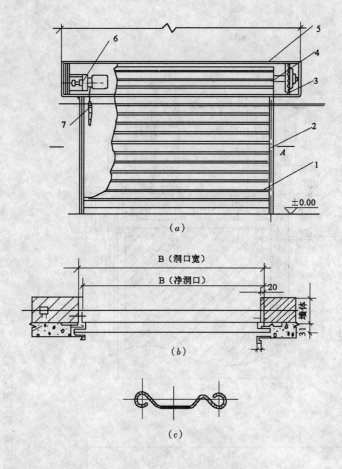

图 2-5-6 铝合金卷帘门简图
(a) 立面；(b) A-A 剖面；(c) 闸片
1—闸片；2—导轨部分；3—框架；4—卷轴部分；
5—外罩部分；6—电、手动系统；7—手动拉链

下横（又称下方）、外边框（又称光企）、内边框（又称带钩边框或勾企）和密封边的密封毛条等组成；拼角连接件仍用铝角，玻璃装在上下横槽内，安装连接时在框与墙洞口之间加弹性软填料，安装后用密封胶条、密封油膏和玻璃胶等封缝。铝合金推拉窗所用型材有60 系列、70 系列和 90 系列等。

(3) 木门窗

1) 镶板门。镶板门又称冒头门、框档门，是指由边梃、上冒头、中冒头、下冒头组成门扇骨架，内镶门芯板构成的门。门芯板通常用数块木板拼合而成，拼合时可用胶粘合或做成企口，或在相邻板间嵌入竹签拉接。

2) 胶合板门。胶合板门也称夹板门，是指门芯板用整块胶合板（例如三夹板）置于门梃双面裁口内，并在门扇的双面用胶粘贴平整而成。

3) 切片板木门。图 2-5-7 是目前较为流行的双扇切片板装饰门构造图，木骨架上夹板衬底，双面切片板面，实木收边。图 2-5-8 是单扇木骨架木板装饰门，双面做木装饰线，实木收边。

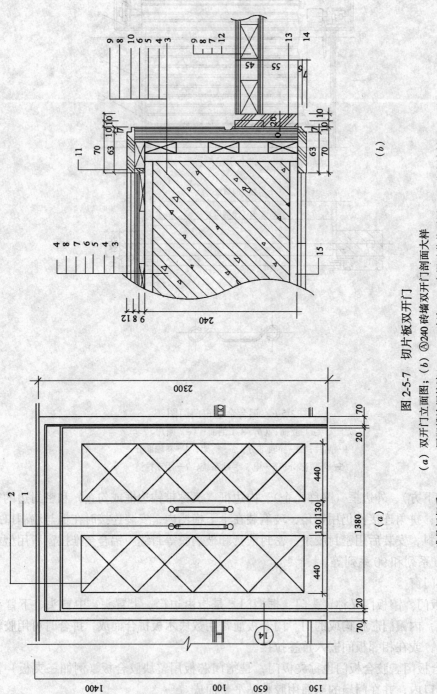

图 2-5-7 切片板双开门
(a) 双开门立面图；(b) A240 砖墙双开门剖面大样
1—成品门门把手；2—5mm 厚凹糟涂深棕漆；3—240 砖墙；4—水泥砂浆找平层；5—防潮涂料；6—木龙骨 (9×50)；7—夹板厚 5mm；8—榉木三夹板；9—表面清油；10—木芯板；11—榉木门贴脸 (70×13) 清油；12—木龙骨 (37×60)；13—榉木门口；14—走廊；15—墙面面贴壁纸

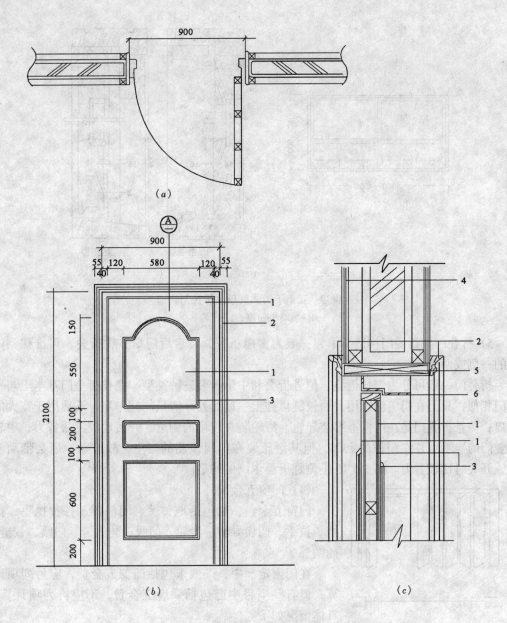

图 2-5-8 木骨架木板面装饰门
(a) 装饰门平面；(b) 装饰门立面；(c) Ⓐ大样
1—木板装饰；2—门框收口线；3—木线装饰；4—墙纸；5—硬木；6—实木收边

4）推拉门。推拉门亦称扯门，是目前装修中使用较多的一种门。推拉门有单扇、双扇和多扇，可以藏在夹墙内，或贴在墙面上，占用空间较少，按构成推拉门的材料来分，主要有铝合金推拉门和木推拉门。铝合金推拉门的构造组成同铝合金推拉窗。木推拉门由门扇、门框、滑轮、导轨等部分组成。按滑行方式分上挂式和下滑式两种，上挂式推拉门挂在导轨上左右滑行。上导轨承受门的荷载；下滑式推拉门由下导轨承受门的荷载并沿下轨滑行。图 2-5-9 是双扇下滑式玻璃木推拉门构造，图中所示为一扇固定，另一扇可滑行，也可做成两扇都能滑行的。

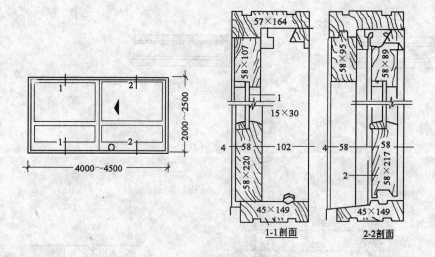

图 2-5-9 双扇下滑式玻璃木推拉门构造
1—玻璃 5mm 厚；2—滑轮

5）折叠门。折叠门构造简单，一般为多扇折叠，开启后门扇并拢折叠，可推移到门洞的一侧或两侧。

折叠门一般可分为侧挂折叠、侧悬折叠和中悬折叠三种类型。侧挂折叠门基本上与平开门相似，只是在门扇侧边用普通铰链再挂上一扇，且一般只能挂一扇，不适用于宽大的洞口；侧悬折叠门是在门框上部装导轨，滑轮装在门扇的侧边，开关比较灵活省力；中悬折叠门的导轨也装在门框的上部，但其滑轮装在门扇顶侧的当中，故推动一扇会带动多扇，开关时比较费力。图 2-5-10 是侧悬折叠木门的构造。

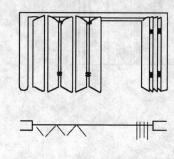

图 2-5-10 侧悬木折叠门构造

（4）门窗五金配件

门窗五金，一般包括地弹簧、闭门器、各种执手、拉把、拉手、门窗导轨、滑轮、门吸、防盗链、门锁、铰链、插销等。

在门窗定额中，一般未包括门窗五金费，应另列项计算，但有些项目中已包括一般五金费，不应再列项计算。具体情况如下：

1）购入铝合金窗单价中，已包括一般五金费，套用单独"安装"子目时，不得另外再套用 4-124 至 4-130 子目。

2）购入铝合金门单价中，已包括一般五金费，未包括地弹簧、管子拉手、锁等特殊五金，实际发生时，另按"门窗五金配件安装"相应子目执行。

3）铝合金窗制作兼安装中，未包括五金费，发生时，按 4-124 至 4-130 子目执行。

4）本门窗安装项目中，未包括五金费，门窗五金费应另列项按"门窗五金配件安装"有关子目执行。

2. 门窗工程量定额换算

（1）铝合金门窗制作、安装，木门窗制作安装，均是按在现场制作编制的，如在构件厂制作，也按本定额执行。

(2) 各种铝合金门窗所用铝合金型材的规格、含量的取定列在"铝合金门窗用料表"附表中，表中加括号的用量即为定额的取定含量。设计型材的规格与定额不符时，应按附表中相应型号的相同规格调整铝合金型材用量，或按设计用量加6%损耗调整，人工、机械费用不变。铝合金门窗用料定额附表中的数量已包括6%的损耗在内。

(3) 门窗框与墙或柱的连接是按镀锌铁脚、膨胀螺栓连接考虑的，设计不同，定额中的铁脚、螺栓应扣除，其他连接件另外增加。

(4) 定额木材木种分类如下：

一类：红松、水桐木、樟子松；

二类：白松、杉木（方杉、冷杉）、杨木、铁杉、柳木、椴木；

三类：青松、黄花松、秋子松、马尾松、东北榆木、柏木、苦楝木、梓木、黄菠萝、椿木、楠木（桢楠、润楠）、柚木、樟木、山毛榉、栓木、白木、云香木、花旗松、枫木；

四类：栎木（柞木）、檀木、色木、槐木、荔木、麻粟木（麻栎、青刚）、桦木、荷木、水曲柳、柳桉、华北榆木、核桃楸、克隆、门格里斯。

定额硬木门窗制作木种，以三、四类木种为准，设计采用一二类木种时，人工、机械分别乘下列系数：木门窗制作按相应人工和机械乘系数0.88，木门窗安装按相应项目人工和机械乘系数0.95。

(5) 定额中木门窗框、扇已注明了木材断面。定额中的断面均以毛料为准，设计图纸注明的断面为净料时，应增加刨光损耗，单面刨光加3mm，双面刨光加5mm。框料断面以边框为准，扇断面以主梃断面为准，设计断面不同时，材积按比例换算。

(6) 铝合金半玻门扣板高度以900mm为准，高度不同时，扣板、玻璃按比例增减。设计双面扣板时，定额中扣板含量乘以2.00，另每10m^{2}增加0.03工日，自攻螺丝0.70百个，其他不变。

(7) 门窗框包不锈钢板，木骨架成材断面按40mm×50mm计算的，设计框料断面与定额不符，按设计用量加5%损耗调整定额含量。

(8) 细木工板实芯门扇，定额按整片开洞拼贴，双面贴普通切片板（切片板含量22.00m^2/10m^2），设计不是整片开洞拼贴者，每10m^{2}扣除普通切片板含量11.00m^2。

(二) 门窗工程量计算

门窗工程量按购入成品构件安装和现场制作安装分别计算，即：(1) 购入成品铝合金门窗和构入成品木装饰门安装；(2) 铝合金门窗现场制作安装；(3) 木门窗现场制作安装。其中，木门窗制作安装中，定额已将木门扇、木窗扇和各自的框单独列子目，工程量也应分别列项计算，套用相应定额子目。

1. 购入构件成品安装工程量

(1) 购入成品的各种铝合金门窗安装，其工程量按门窗洞口面积以平方米（m^2）计算。

(2) 购入成品木门扇安装，工程量按购入门扇的净面积计算。

2. 铝合金门窗制作安装及木门窗制作安装工程量

(1) 现场铝合金门窗制作及安装工程量，按门窗洞口面积以平方米（m^2）计算。

铝合金门、窗框外围面积与洞口面积之间的关系如图 2-5-11 所示。按图所示，可列出铝合金门、窗框外围面积与洞口面积的折算关系（表 2-5-1），利用表中折算系数，根据购入或制作的铝合金门窗框外围尺寸，即可计算出它们的工程量。

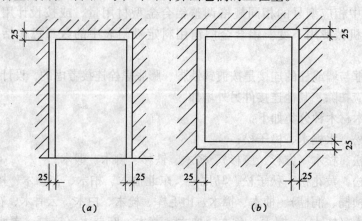

图 2-5-11 铝合金门窗框外围面积与洞口面积的关系

铝合金门窗框外围面积与洞口面积折算系数表　　　　表 2-5-1

定额编号	外框宽	外框高	洞口宽	洞口高	换算系数	洞口面积
1	2	3	4	5	6 =（4×5）/（2×3）	7 = 外围面积×6
4-23、4-31	950	2075	1000	2100	1.065	
4-24、4-32	950	2675	1000	2700	1.062	
4-25、4-33	1750	2375	1800	2400	1.039	
4-26、4-34	2950	2375	3000	2400	1.028	
4-27、4-35	1750	2975	1800	3000	1.037	
4-28、4-36	2950	2975	3000	3000	1.025	
4-29、4-37	3550	2375	3600	2400	1.025	
4-30、4-38	3250	2975	3300	3000	1.024	
4-39、4-41	850	2075	900	2100	1.072	
4-40、4-42	850	2575	900	2600	1.069	
4-49、63	550	1150	600	1200	1.138	
4-50、64	550	1450	600	1500	1.129	
4-51、65	550	1450	600	1500	1.129	
4-52、66	1150	1150	1200	1200	1.089	
4-53、67	1150	1750	1200	1800	1.073	
4-55、69	1450	1450	1500	1500	1.07	

续表

定额编号	外框宽	外框高	洞口宽	洞口高	换算系数	洞口面积
4-56、70	1450	2050	1500	2100	1.06	
4-57、71	2950	1450	3000	1500	1.052	
4-58、72	2950	2050	3000	2100	1.042	
4-59、73	2950	1550	3000	1600	1.05	
4-60、74	2950	2050	3000	2100	1.042	
4-61、62 4-75、76	1150	1450	1200	1500	1.079	

(2) 现场木门窗框、扇制作、安装工程量，按门窗洞口面积以平方米（m²）计算。

无论是现场铝合金门窗制作安装，或是木门窗扇制作安装，其工程量均可用下式表示：

$$S_{m、c} = W \times H$$

式中　W——门或窗洞口宽度（m）；

　　　H——门或窗洞口高度（m）。

【例1】　计算图 2-5-12 所示小型住宅木门窗制安的工程量及定额直接费。设外门洞口尺寸 1000mm×2000mm，室内门洞口尺寸 750mm×2100mm，均为切片板门，窗洞口为 1200mm×1700mm 的硬木窗。

【解】　依据计算规则和定额，木门窗按不同材种，框料断面大小，门窗框、扇的制作安装，均按洞口面积计算其工程量，分别套用定额。

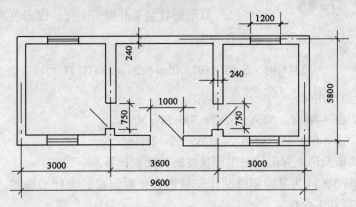

图 2-5-12　水磨石地面平面图

外门及室内门　$1 \times 2 \times 1 + 0.75 \times 2.1 \times 2 = 5.15 m^2$，

窗　$1.2 \times 1.7 \times 4 = 8.16 m^2$，

设门、窗框的框断面均为 75mm×100mm，则按定额 4-86，基价为：

667.13 元/10m²，其工程量应为门及窗合计

$5.15 + 8.16 = 13.31 m^2$，门窗框定额直接费为：

$$667.13 \times 1.331 = 887.95 元$$

若窗扇边框断面积为 29.25cm²,按平开窗 4-89,
基价 1006.71 元/10m²,其窗扇直接费为:

$$1006.71 \times 0.816 = 821.48 \text{ 元}$$

切片板门扇,若门边框断面积 22.80cm²,由定额 4-96,门扇定额直接费为:

$$1303.50 \times 0.515 = 671.30 \text{ 元}$$

本例木门窗制安定额直接费为:

$$887.95 + 821.48 + 671.30 = 2380.73 \text{ 元}$$

(3)门连窗者,门的工程量算至门的外边线。

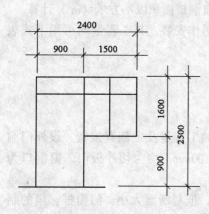

图 2-5-13　门连窗简图

【例2】 某住宅楼阳台用铝合金门连窗(图 2-5-13)26 樘,洞口尺寸为:门高 2500mm,窗高 1600mm,门宽 900mm,门窗总宽 2400mm。试计算该住宅铝合金门连窗制安工程量、直接费和铝合金型材用量。

【解】 1)计算工程量

门连窗工程量应分别计算:门的工程量算至门框外边线,即 $0.9 \times 2.5 \times 26 = 58.5 \text{m}^2$。

窗的工程量 $(2.4 - 0.9) \times 1.6 \times 26 = 62.4 \text{m}^2$。

2)定额直接费

单扇铝合金半玻平开门带上亮,银白色玻璃,由定额 4-46,基价 2341.91 元/10m²,

双扇铝合金平开窗带上亮,银白色玻璃,按定额 4-67,基价 1912.05 元/10m²,定额直接费为:

$$2341.91 \times 5.85 + 1912.05 \times 6.24 = 25631.37 \text{ 元}$$

3)铝合金型材用量

门用型材,由 4-46 有,$52.4 \times 5.85 = 306.54 = 307\text{kg}$,

窗用型材,由 4-67,$45.73 \times 6.24 = 285.36 = 285\text{kg}$。

(4)平面为圆弧形或异形门窗工程量按展开面积计算。

【例3】 图 2-5-14 为某瞭望塔制作安装铝合金固定窗的设计平面图,共 3 樘。若窗高 1750mm,计算其工程量。

【解】 该铝合金窗的平面为折线形,按展开面积计算其工程量如下:0.85×4(孔)$\times 3$(樘)$\times 1.75$(高)$= 17.85 \text{m}^2$

(5)普通窗上部带有半圆窗的工程量

普通窗上部带有半圆窗,其工程量分别按半圆窗和普通窗计算,套用相应定额。其分界以普通窗和半圆窗之间的横框上面的裁口线为分界线,如图 2-5-15 所示。计算公式为:

$$\text{半圆窗面积}(\text{m}^2) = \frac{\pi D^2}{8} = 0.393 \times D^2$$

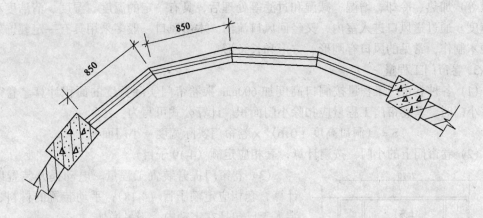

图 2-5-14 异形窗平面示意图

$$普通矩形窗面积（m^2）= D \times h$$

式中　D——普通矩形窗宽度，亦即半圆窗直径（m）；

　　　h——普通窗高度（m）。

【例4】　某建筑物设计如图 2-5-15 所示外形的木窗 8 樘，尺寸如图示，计算工程量及定额直接费。

【解】　1）计算半圆窗工程量：

$$0.393 \times 1.5^2 \times 8 = 7.07 m^2$$

按定额总说明，湖北省装饰定额的缺项项目，用省建筑工程综合预算定额，但人工单价、材料价格、机械台班单价按建筑装饰定额的有关规格执行。因此按省综合定额，上部半圆窗部分的制安套用 7-210 至 7-213 子目，经调整后的基价为：

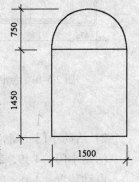

图 2-5-15　普通窗上部带半圆窗

$$9091.04 + 404.03 + 6545.11 + 1902.11 = 17942.29 元/100 m^2$$

半圆窗复价为：$17942.29 \times 0.0707 = 1268.52$ 元

2）普通矩形窗计算面积：

$$1.5 \times 1.45 \times 8 = 17.4 m^2$$

因定额按框及扇的制安分别列项编制，故本例木窗制安应按木窗框制安 4-86 子目（设框料断面为 75mm×100mm），和木窗扇制安（设断面为 29.25cm²）4-89 子目的基价之和计算。故其基价为：

$$667.13 + 1006.71 = 1673.84 元/100 m^2$$

矩形窗复价为：$1673.84 \times 0.174 = 291.25$ 元

3）图 2-5-15 所示的 8 樘木窗的定额直接费为：

$$1268.52 + 291.25 = 1559.77 元$$

(6) 木质送风口、回风口的制作安装，按木质百叶窗定额执行

送风口、回风口适用于室内空气需要调节的房间。空气经空调设备（如通风机、通风

管道等）加热、冷却、增湿、减湿和过滤等处理后，具有一定的温度、湿度、清洁度和气流速度。通过送风口进入室内，又经回风口流出。木质风口一般多采用具有一定装饰效果的硬木制作，常见的风口有圆形、方形和长条形。

3. 卷帘门工程量

(1) 各种卷帘门工程量按洞口高度加600mm乘卷帘门实际宽度的面积计算。卷帘门上有小门时，其卷帘门工程量应扣除小门面积。计算公式可写为：

$$S = （洞口高度 + 0.6） \times 卷帘门实际宽度 - 小门面积$$

(2) 卷帘门上的小门，按扇计算，套相应定额（4-19子目）。

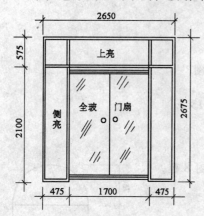

图 2-5-16 卷帘门

(3) 卷帘门提升装置工程量。电动提升装置以套计算，套相应定额子目（4-18）；手动装置的材料、安装人工已包括在定额内，不另增加。

【例5】 如图2-5-16所示卷帘门的宽为3500mm，安装于洞口高2900mm的车库门口，卷帘门上有一活动小门，小门尺寸为750mm×2075mm，提升装置为电动，计算该卷帘门的定额直接费。

【解】 1) 铝合金卷帘门的工程量计算

$$（2.9 + 0.6） \times 3.5 - 0.75 \times 2.075 = 10.69 m^2$$

按购入成品安装计算卷帘门复价，由定额4-14，基价为1571.96元/$10m^2$，

$$复价 = 1571.96 \times 1.069 = 1680.43 元$$

2) 活动小门一扇，电动装置一套，定额编号及基价分别为：

活动小门，4-19，246.80元/扇

电动装置，4-18，2255.66元/套。

3) 该铝合金卷帘门定额直接费为：

$$1680.43 + 246.8 + 2255.66 = 4182.89 元$$

4. 无框玻璃门工程量

(1) 无框玻璃门工程量按其洞口面积以平方米（m^2）计算。

(2) 无框玻璃门中，部分为固定门扇、部分为开启门扇时，工程量应分开计算，执行相应定额，侧亮不带门夹部分，按固定门子目执行。

(3) 无框玻璃门上带亮子时，其亮子与固定门扇合拼计算，执行固定门项目。

5. 门窗框、扇包金属面工程量

(1) 门、窗框上包不锈钢板时，均按不锈钢板的展开面积以平方米（m^2）计算。定额子目4-81及4-84均已综合了木框料及基层衬板所消耗的工料，若仅单独包门窗框不锈钢板时，应套用2-131子目。

(2) 木门扇上包金属面或软包面时，均以门扇净面积计算工程量。

(3) 无框玻璃门上亮子与门扇之间的钢骨架横撑（外包不锈钢板），按横撑包不锈钢板的展开面积以平方米（m^2）计算，按门框包不锈钢板相应定额执行。

二、门、窗工程规范

B.4 门窗工程

B.4.1 木门。工程量清单项目设置及工程量计算规则,应按表2-5-2的规定执行。

木门(编码:020401)　　　　　　表2-5-2

项目编码	项目名称	项 目 特 征	计量单位	工程量计算规则	工 程 内 容
020401001	镶板木门				
020401002	企口木板门	1. 门类型 2. 框截面尺寸、单扇面积 3. 骨架材料种类 4. 面层材料品种、规格、品牌、颜色 5. 玻璃品种、厚度、五金材料、品种、规格 6. 防护层材料种类 7. 油漆品种、刷漆遍数			
020401003	实木装饰门				
020401004	胶合板门				
020401005	夹板装饰门	1. 门类型 2. 框截面尺寸、单扇面积 3. 骨架材料种类 4. 防火材料种类 5. 门纱材料品种、规格 6. 面层材料品种、规格、品牌、颜色 7. 玻璃品种、厚度、五金材料、品种、规格 8. 防护材料种类 9. 油漆品种、刷漆遍数	樘	按设计图示数量计算	1. 门制作、运输、安装 2. 五金、玻璃安装 3. 刷防护材料、油漆
020401006	木质防火门				
020401007	木纱门				
020401008	连窗门	1. 门窗类型 2. 框截面尺寸、单扇面积 3. 骨架材料种类 4. 面层材料品种、规格、品牌、颜色 5. 玻璃品种、厚度、五金材料、品种、规格 6. 防护材料种类 7. 油漆品种、刷漆遍数			

B.4.2 金属门。工程量清单项目设置及工程量计算规则，应按表 2-5-3 的规定执行。

金属门（编码：020402） 表 2-5-3

项目编码	项目名称	项目特征	计量单位	工程量计算规则	工程内容
020402001	金属平开门	1. 门类型 2. 框材质、外围尺寸 3. 扇材质、外围尺寸 4. 玻璃品种、厚度、五金材料、品种、规格 5. 防护材料种类 6. 油漆品种、刷漆遍数	樘	按设计图示数量计算	1. 门制作、运输、安装 2. 五金、玻璃安装 3. 刷防护材料、油漆
020402002	金属推拉门				
020402003	金属地弹门				
020402004	彩板门				
020402005	塑钢门				
020402006	防盗门				
020402007	钢质防火门				

B.4.3 金属卷帘门。工程量清单项目设置及工程量计算规则，应按表 2-5-4 的规定执行。

金属卷帘门（编码：020403） 表 2-5-4

项目编码	项目名称	项目特征	计量单位	工程量计算规则	工程内容
020403001	金属卷闸门	1. 门材质、框外围尺寸 2. 启动装置品种、规格、品牌 3. 五金材料、品种、规格 4. 刷防护材料种类 5. 油漆品种、刷漆遍数	樘	按设计图示数量计算	1. 门制作、运输、安装 2. 启动装置、五金安装 3. 刷防护材料、油漆
020403002	金属格栅门				
020403003	防火卷帘门				

B.4.4 其他门。工程量清单项目设置及工程量计算规则，应按表 2-5-5 的规定执行。

其他门（编码：020404） 表 2-5-5

项目编码	项目名称	项目特征	计量单位	工程量计算规则	工程内容
020404001	电子感应门	1. 门材质、品牌、外围尺寸 2. 玻璃品种、厚度、五金材料、品种、规格 3. 电子配件品种、规格、品牌 4. 防护材料种类 5. 油漆品种、刷漆遍数	樘	按设计图示数量计算	1. 门制作、运输、安装 2. 五金、电子配件安装 3. 刷防护材料、油漆
020404002	转门				
020404003	电子对讲门				
020404004	电动伸缩门				
020404005	全玻门（带扇框）	1. 门类型 2. 框材质、外围尺寸 3. 扇材质、外围尺寸 4. 玻璃品种、厚度、五金材料、品种、规格 5. 防护材料种类 6. 油漆品种、刷漆遍数			1. 门制作、运输、安装 2. 五金安装 3. 刷防护材料、油漆
020404006	全玻自由门（无扇框）				
020404007	半玻门（带扇框）				
020404008	镜面不锈钢饰面门				1. 门扇骨架及基层制作、运输、安装 2. 包面层 3. 五金安装 4. 刷防护材料

B.4.5 木窗。工程量清单项目设置及工程量计算规则，应按表 2-5-6 的规定执行。

木窗（编码：020405）　　　　　　　表 2-5-6

项目编码	项目名称	项目特征	计量单位	工程量计算规则	工程内容
020405001	木质平开窗	1. 窗类型 2. 框材质、外围尺寸 3. 扇材质、外围尺寸 4. 玻璃品种、厚度、五金材料、品种、规格 5. 防护材料种类 6. 油漆品种、刷漆遍数	樘	按设计图示数量计算	1. 窗制作、运输、安装 2. 五金、玻璃安装 3. 刷防护材料、油漆
020405002	木质推拉窗				
020405003	矩形木百叶窗				
020405004	异形木百叶窗				
020405005	木组合窗				
020405006	木天窗				
020405007	矩形木固定窗				
020405008	异形木固定窗				
020405009	装饰空花木窗				

B.4.6 金属窗。工程量清单项目设置及工程量计算规则，应按表 2-5-7 的规定执行。

金属窗（编码：020406）　　　　　　　表 2-5-7

项目编码	项目名称	项目特征	计量单位	工程量计算规则	工程内容
020406001	金属推拉窗	1. 窗类型 2. 框材质、外围尺寸 3. 扇材质、外围尺寸 4. 玻璃品种、厚度、五金材料、品种、规格 5. 防护材料种类 6. 油漆品种、刷漆遍数	樘	按设计图示数量计算	1. 窗制作、运输、安装 2. 五金、玻璃安装 3. 刷防护材料、油漆
020406002	金属平开窗				
020406003	金属固定窗				
020406004	金属百叶窗				
020406005	金属组合窗				
020406006	彩板窗				
020406007	塑钢窗				
020406008	金属防盗窗				
020406009	金属格栅窗				
020406010	特殊五金	1. 五金名称、用途 2. 五金材料、品种、规格	个/套	按设计图示数量计算	1. 五金安装 2. 刷防护材料、油漆

B.4.7 门窗套。工程量清单项目设置及工程量计算规则，应按表 2-5-8 的规定执行。

门窗套（编码：020407）　　　　　　　表 2-5-8

项目编码	项目名称	项目特征	计量单位	工程量计算规则	工程内容
020407001	木门窗套	1. 底层厚度、砂浆配合比 2. 立筋材料种类、规格 3. 基层材料种类 4. 面层材料品种、规格、品种、品牌、颜色 5. 防护材料种类 6. 油漆品种、刷油遍数	m²	按设计图示尺寸以展开面积计算	1. 清理基层 2. 底层抹灰 3. 立筋制作、安装 4. 基层板安装 5. 面层铺贴 6. 刷防护材料、油漆
020407002	金属门窗套				
020407003	石材门窗套				
020407004	门窗木贴脸				
020407005	硬木筒子板				
020407006	饰面夹板筒子板				

B.4.8 窗帘盒、窗帘轨。工程量清单项目设置及工程量计算规则，应按表2-5-9的规定执行。

窗帘盒、窗帘轨（编码：020408） 表 2-5-9

项目编码	项目名称	项目特征	计量单位	工程量计算规则	工程内容
020408001	木窗帘盒	1. 窗帘盒材质、规格、颜色 2. 窗帘轨材质、规格 3. 防护材料种类 4. 油漆种类、刷漆遍数	m	按设计图示尺寸以长度计算	1. 制作、运输、安装 2. 刷防护材料、油漆
020408002	饰面夹板、塑料窗帘盒				
020408003	铝合金属窗帘盒				
020408004	窗帘轨				

B.4.9 窗台板。工程量清单项目设置及工程量计算规则，应按表2-5-10的规定执行。

窗台板（编码：020409） 表 2-5-10

项目编码	项目名称	项目特征	计量单位	工程量计算规则	工程内容
020409001	木窗台板	1. 找平层厚度、砂浆配合比 2. 窗台板材质、规格、颜色 3. 防护材料种类 4. 油漆种类、刷漆遍数	m	按设计图示尺寸以长度计算	1. 基层清理 2. 抹找平层 3. 窗台板制作、安装 4. 刷防护材料、油漆
020409002	铝塑窗台板				
020409003	石材窗台板				
020409004	金属窗台板				

B.4.10 其他相关问题应按下列规定处理：

（1）玻璃、百叶面积占其门扇面积一半以内者应为半玻门或半百叶门，超过一半时应为全玻门或全百叶门。

（2）木门五金应包括：折页、插销、风钩、弓背拉手、搭扣、木螺钉、弹簧折页（自动门）、管子拉手（自由门、地弹门）、地弹簧（地弹门）、角铁、门轧头（地弹门、自由门）等。

（3）木窗五金应包括：折页、插销、风钩、木螺钉、滑轮滑轨（推拉窗）等。

（4）铝合金窗五金应包括：卡锁、滑轮、铰拉、执手、拉把、拉手、风撑、角码、牛角制等。

（5）铝合门五金应包括：地弹簧、门锁、拉手、门插、门铰、螺丝等。

（6）其他门五金应包括L型执手插锁（双舌）、球形执手锁（单舌）、门轧头、地锁、防盗门扣、门眼（猫眼）、门碰珠、电子销（磁卡销）、闭门器、装饰拉手等。

三、门、窗工程的预算编制注意事项

（一）铝合金门窗的定额制定

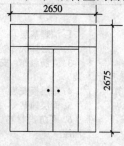

图 2-5-17

铝合金门窗的制作和安装是装饰工程中普遍采用的一种门窗形式，铝合金门一般分为地弹门和平开门；铝合金窗常分平开窗和推拉窗。它们的定额制定方法基本相同，现以双扇全玻璃地弹门和双扇带亮推拉窗为例说明其定额的计算。

（二）铝合金双扇全玻璃地弹门的定额制定

该项定额取定的结构尺寸如图 2-5-17 所示，该门的洞口尺寸为 $2.7 \times 2.7 = 7.29 m^2$，含樘量 $= 100 m^2 \div 7.29 m^2 = 13.7174$ 樘/$100 m^2$

1. 门的材料耗用量计算
(1) 铝合金型材
框料总长 = 外侧框长 + 里侧框长 + 上中框长 + 下框长
$$= [2.675 + (2.675 - 0.089) + 2.65 + 0.475] \times 2 = 16.772\text{m}$$
定额铝合金型材用量 = 框料长 × 含樘量 × 型材单位重 × (1 + 损耗率)
$$= 16.772 \times 13.7174 \times 1.4877 \times 1.07 = 366.23\text{kg}/100\text{m}^2$$
(2) 玻璃
门扇采用 10mm 厚、亮窗采用 6mm 厚，损耗率为 3%
门扇玻璃用量 = 门扇面积 × 含樘量 × (1 + 损耗率)
$$= 2.1 \times 1.7 \times 13.7174 \times 1.03$$
$$= 50.4\text{m}^2/100\text{m}^2$$
亮子玻璃用量 = $100\text{m}^2 - 50.4 = 49.6\text{m}^2/100\text{m}^2$

(3) 玻璃胶
涂胶长度按 17.82（m/樘）取定，每支挤胶 7m，则：
$$\text{定额玻璃胶} = 17.82 \times 13.7174 \div 7 = 34.92 \text{ 支}/100\text{m}^2$$

(4) 密封毛条
按 6.3（m/樘）取定，则：
$$\text{定额密封毛条} = 6.3 \times 13.7174 = 86.42\text{m}/100\text{m}^2$$

(5) 软填料
按周边长 = $2.7 \times 3 = 8.1\text{m}$，料重 0.222377kg/m 取定。则：
$$\text{定额软填料} = 8.1 \times 0.222377 \times 13.7174 = 24.71\text{kg}/100\text{m}^2$$

(6) 密封油膏
单位重按 0.17798kg/m 取定，则：
$$\text{定额密封油膏} = 8.1 \times 0.17798 \times 13.7174 = 19.78\text{kg}/100\text{m}^2$$

(7) 不锈钢上下帮条板
用于门扇玻璃上下包边，损耗率为 1%，则：
$$\text{定额帮条用量} = 1.7 \times 2 \times 13.7174 \times 1.01 = 47.11\text{m}/100\text{m}^2$$

2. 门的人工耗用量计算
铝合金门窗制作是根据某加工厂生产实绩统计计算而得，生产人数 24 人，每月加工 1500m²，则 $1500 \div 24 \div 25.5$ 天 $= 2.45\text{m}^2/$工日（产量定额），则时间定额 $= 1/2.45 = 0.408$ 工日/m² 考虑开工率为 50%，则为 $0.408/0.5 = 0.82$ 工日/m²

铝合金门窗安装是参照有关其他定额取定为 0.84 工日/m²。

这样通过以上测算，对铝合金门窗的制作、安装单位用工综合取定为：地弹门 1.8 工日/m²、平开门和推拉窗 1.6 工日/m²、固定窗 1.0 工日/m²。则定额工日按下式计算：
$$\text{定额工日} = \text{单位用工} \times \text{折减系数}$$

在上式中单位用工均是按门窗外框面积计算的，为换算成按门窗洞口面积计算，则乘以折减系数，其值按下式确定：
$$\text{折减系数} = \text{门窗外框面积} \div \text{门窗洞口面积}$$

双扇全玻璃地弹门的折减系数 =（2.65×2.675）÷（2.7×2.7）= 0.9724

地弹门单位用工统一按 1.8 工日/m², 而加工全玻璃门扇的用工按 0.305 工日/m² 考虑, 则双扇全玻璃地弹门的定额工日为:

定额工日 =（1.8 + 0.305）× 0.9724 × 100m² = 204.70 工日/100m²

3. 门的机械台班计算

铝合金门的机械台班耗用量是人工操作中的一种辅助机械, 它按定额基本用工的 0.0096 倍综合取定, 即: [1.8（工日/m²）× 0.9724 × 100] × 0.0096 = 1.68 台班/100m²

(三) 铝合金双扇带亮推拉窗的定额制定

双扇带亮推拉窗定额的取定尺寸如图 2-5-18 所示。

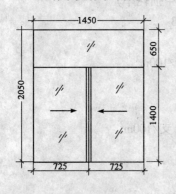

图 2-5-18 推拉窗简图

洞口面积 = 1.5 × 2.1 = 3.15m²

含樘量 = 100 ÷ 3.15 = 31.746 樘/100m²

1. 窗的材料耗用量计算

(1) 铝合金型材: 推拉窗定额是按 90 系列型材规格编制的, 各型材单位重量如下:

上框: 0.885kg/m, 中框: 1.643kg/m, 下框: 0.963kg/m, 边框: 0.789kg/m

上横: 0.723kg/m, 下横: 0.985kg/m, 光企: 0.926kg/m, 勾企: 1.007kg/m

压线条: 0.0565kg/m, 连接件: 0.478kg/m

型材定额重 = Σ（型材长 × 单位重）× 含樘量 ×（1 + 损耗率）

则各型材重量计算如下:

上、中、下框型材重 = 1.45 ×（0.885 + 1.643 + 0.963）= 5.062kg/樘

边框型材重 = 2.05 × 2 × 0.789 = 3.2349kg/樘

上、下横型材重 =（1.45 − 0.02）×（0.723 + 0.985）= 2.4424kg/樘

光、勾企型材重 =（1.40 − 0.03）×（1.007 + 0.926）× 2 = 5.2964kg/樘

压线条型材重 = [（1.45 − 0.05）× 4 +（0.65 − 0.02）× 4] × 0.0565 = 0.4588kg/樘

连接件型材重 = 0.642 × 0.478 = 0.3069kg/樘

小计重　　16.8014kg/樘, 则:

定额型材重 = 16.801 × 31.746 × 1.07 = 570.7kg/100m²

(2) 密封毛条: 毛条长定额按 11.98m 取定 [实际为（1.4 − 0.03）× 6 +（1.45 − 0.02）× 2 = 11.08]

定额毛条量 = 11.98 × 31.746 = 380.32m/100m²

(3) 玻璃胶: 涂抹长按 12.15m 取定, 每支挤胶 7m, 则:

定额玻璃胶量 = 12.15 × 31.746 ÷ 7 = 55.10 支/100m²

(4) 软填料: 90 系列填料断面为 0.025 × 0.09m, 容重 85kg/m³, 损耗率 3%。则:

定额软填料量 = [0.025 × 0.09 ×（1.5 + 2.1）× 2] × 85 × 31.746 × 1.03 = 45.03kg/100m²

(5) 密封油膏: 密封断面按 0.008 × 0.008 计, 容重为 1350kg/m³, 损耗率 3%, 采用

双面密封。则：

$$定额油膏量 = 0.008 \times 0.008 \times 7.2 \times 2 \times 1350 \times 31.746 \times 1.03 = 40.68 kg/100m^2$$

（6）地脚：按18个/樘取定，则：

$$定额地脚用量 = 18 \times 31.746 = 571.43 \text{ 个}/100m^2$$

（7）膨胀螺栓：按地脚的2倍计算，则：

$$定额膨胀螺栓 = 572 \times 2 = 1144 \text{ 个}/100m^2$$

（8）螺钉：按32个/樘计算。

2. 窗的人工耗用量计算

单位用工按上述综合取定为1.6工日/m^2，

而折减系数 = $(1.45 \times 2.05) \div (1.5 \times 2.1) = 0.94365$。则：

$$定额工日 = 1.6 \times 0.94365 \times 100 = 150.98 \text{ 工日}/100m^2$$

3. 窗的机械台班计算

推拉窗的机械台班按定额工日的0.0108倍计算，即：

$$定额台班 = 150.98 \times 0.0108 = 1.63 \text{ 台班}/100m^2$$

四、门、窗工程量清单计价编制注意事项

1. 概况

本章共9节57个项目。包括木门、金属门、金属卷帘门、其他门、木窗、金属窗、门窗套、窗帘盒、窗帘轨、窗台板。适用于门窗工程。

2. 有关项目的说明

（1）木门窗五金包括：折页、插锁、风钩、弓背拉手、搭扣、弹簧折页、管子拉手、地弹簧、滑轮、滑轨、门轧头、铁角、木螺丝等。

（2）铝合金门窗五金包括：卡销、滑轮、铰拉、执手、拉把、拉手、风撑、角码、牛角制、地弹簧、门销、门插、门铰等。

（3）其他五金包括：L型执手锁、球形执手锁、地锁、防盗门扣、门眼、门碰珠、电子锁（磁卡锁）、闭门器、装饰拉手等。

（4）门窗框与洞口之间缝的填塞，应包括在报价内。

（5）实木装饰门项目也适用于竹压板装饰门。

（6）转门项目适用于电子感应和人力推动转门。

（7）"特殊五金"项目指贵重五金及业主认为应单独列项的五金配件。

3. 有关项目特征的说明

（1）项目特征中的门窗类型是指带亮子或不带亮子、带纱或不带纱、单扇、双扇或三扇、半百叶或全百叶、半玻或全玻、全玻自由门或半玻自由门、带门框或不带门框、单独门框和开启方式（平开、推拉、折叠）等。

（2）框截面尺寸（或面积）指边立樘截面尺寸或面积。

（3）凡面层材料有品种、规格、品牌、颜色要求的，应在工程量清单中进行描述。

（4）特殊五金名称是指拉手、门锁、窗锁等，用途是指具体使用的门或窗，应在工程量清单中进行描述。

（5）门窗套、贴脸板、筒子板和窗台板项目，包括底层抹灰，如底层抹灰已包括在墙、柱面底层抹灰内，应在工程量清单中进行描述。

4．有关工程量计算说明

（1）门窗工程量均以"樘"计算，如遇框架结构的连续长窗也以"樘"计算，但对连续长窗的扇数和洞口尺寸应在工程量清单中进行描述。

（2）门窗套、门窗贴脸、筒子板"以展开面积计算"，即指按其铺钉面积计算。

（3）窗帘盒、窗台板，如为弧形时，其长度以中心线计算。

5．有关工程内容的说明

（1）木门窗的制作应考虑木材的干燥损耗、刨光损耗、下料后备长度、门窗走头增加的体积等。

（2）防护材料分防火、防腐、防虫、防潮、耐磨、耐老化等材料，应根据清单项目要求报价。

五、门、窗工程预算编制实例

门、窗工程主要根据施工图纸中，门、窗洞口设计尺寸计算工程量，所以计算内容不太复杂，关键是要选列好计算项目。预算编制仍按阅图列项、计算工程量、计算直接费、工料分析等步骤进行。

1．阅图列项

在施工图纸中，装饰工程门窗的规格类型一般并不太多，应认真查看其形式和类别，了解每一樘的扇数和是否带亮子，然后对着定额列出应计算的定额编号和项目名称。

2．计算工程量

在施工图纸中，门窗的尺寸，一般都是标注的洞口尺寸，故可直接按尺寸计算工程量，但注意，应按门窗所确定的项目选取定额编号，分别计算工程量，见表2-5-11。

门窗工程量计算表　　　　　　　　表2-5-11

定额编号	项目名称	单位	工程量	计算式
七	门窗工程			
7-286	铝合金双扇地弹门	m²	3.75	
	其中：1M-1	m²	3.75	1.5×2.5=3.75
7-302	铝合金三扇带亮推拉窗	m²	46.20	
	其中：10C-1	m²	30.00	1.5×2.0×10=30
	6C-2	m²	16.20	1.5×1.8×6=16.2
7-300	双扇带亮推拉窗　2C-3	m²	4.32	1.2×1.8×2=4.32
7-299	双扇无亮推拉窗　6C-5	m²	2.25	0.75×0.5×6=2.25

3．计算直接费

铝合金门窗一般都在施工现场制作，故可直接套用"铝合金门窗制作安装"定额。但应注意以下两点：

（1）若是委托代购成品安装，注意在门窗基价中增加运输费和采保费（采保费率按各省市规定，湖北省为2%）。

（2）注意检查门窗型号的规格是否与定额相同，若不同者应换算主材定额耗用量，调整定额基价。

现设铝合金窗的规格型号与定额相同，而铝合金门的型号相同，但主材的规格：施工

采用 76.2mm×44.5mm 方管 2mm 厚,查定额该分部工程后面的附录八表得知,定额是采用:

101.6mm×44.5mm 方管 1.5mm 厚。

在这同一型号中,规格 76.2×44.5 方管 2 厚的用材量为 655.08kg/100m² 则:

定额用料相差 = 655.08 − 609.08 = 46kg/100m²

材料费差价 = 46kg/100m² × 定额取定价 16.87 元/kg = 776.02 元/100m²

因此铝合金门的定额基价应调整为:定额基价 28565.13 + 776.02 = 29341.15 元/100m²

相应的定额材料费调整为:定额材料费 24619.82 + 776.02 = 25395.84 元/100m²

下面请计算出铝合金门窗的工程预算表,填入表 2-5-12 中。

工 程 预 算 表　　　　　　　表 2-5-12

定额编号	项目名称	单位	工程量	直接费(元)		其中:人工费(元)		材料费(元)		机械费(元)	
				基价	金额	定额	金额	定额	金额	定额	金额
七	门窗工程				12480.15		2156.93		10011.31		311.89
7-286换	双扇带亮地弹门	100m²	0.04	29341.15	1173.65	3380.91	135.24	25395.84	1015.83	564.44	22.58
7-299	双扇无亮推拉窗	100m²		26494.69		2915.25		23035.20		544.24	
7-300	双扇带亮推拉窗	100m²		23769.15		2944.31		20277.24		547.60	
7-302	三扇带亮推拉窗	100m²		20343.13		2994.81		16790.64		557.68	
补	拆旧补新	樘	24.00	19.50	468.00		468.00				

4. 工料分析

在工料分析中注意换算项目的主材,应采用材料的调整量进行计算(表 2-5-13 中空处请自己计算)。

门窗工程工料分析表　　　　　　　表 2-5-13

定额编号	项目名称	单位	工程量	综合工日		铝合金型材		玻璃 6mm		密封毛条	
				定额	工日	定额	kg	定额	m²	定额	m
七	门窗工程				110.62		292.93		56.00		153.31
7-286换	双扇带亮地弹门	100m²	0.04	173.38	6.94	655.08	26.20	100.00	4.00	129.63	5.19
7-299	双扇无亮推拉窗	100m²									
7-300	双扇带亮推拉窗	100m²									
7-302	三扇带亮推拉窗	100m²									
补	拆旧补新	樘	24.00	1.00	24.00						

续表

定额编号	项目名称	单位	工程量	玻璃胶		软填料		密封油膏		地脚	
				定额	支	定额	kg	定额	kg	定额	个
七	门窗工程				27.00		18.84		17.07		226.36
7-286换	双扇带亮地弹门	100m²	0.04	32.81	1.31	32.94	1.32	26.37	1.05	350.00	14.00
7-299	双扇无亮推拉窗	100m²									
7-300	双扇带亮推拉窗	100m²									
7-302	三扇带亮推拉窗	100m²									

定额编号	项目名称	单位	工程量	膨胀螺栓		螺钉		拉杆螺栓		胶纸	
				定额	套	定额	百个	定额	kg	定额	m³
七	门窗工程				498.06		4.73		0.54		73.30
7-286换	双扇带亮地弹门	100m²	0.04	700.00	28.00	8.23	0.33	13.40	0.54	92.00	3.68
7-299	双扇无亮推拉窗	100m²									
7-300	双扇带亮推拉窗	100m²									
7-302	三扇带亮推拉窗	100m²									

第六节 油漆、涂料工程

一、油漆、涂料工程造价概述

（一）油漆、涂料工程定额项目内容及定额换算

1．定额项目内容

（1）木材面油漆

木材面油漆按油漆构件类型不同，可分为木门、木窗、木扶手，其他木材面，窗台板、筒子板，木踢脚线，橱、台、柜，墙裙，木地板，以及木质家具等项目。按油漆的饰面效果，可分为混色和清色两种类型，混色油漆（也称混水油漆），使用的主漆一般为调合漆、磁漆；清色油漆亦称清水漆，使用的一般为各种类型的清漆、磨退。按装饰标准，一般可分为普通、中级和高级三等。木材面油漆施工，因不同的油漆涂饰有不同的做法，现对几种常用的油漆工艺作如下阐述。

1）木材面混色油漆

混色油漆按质量标准分为普通、中级和高级三个等级，主要施工程序如下：

基层处理→刷底子漆→满刮腻子→砂纸打磨→嵌补腻子→砂纸磨光→刷第一遍油漆→修补腻子→细砂纸磨光→刷第二遍油漆→水砂纸磨光→刷最后一遍油漆。表2-6-1是木材面混色油漆的主要工序和等级划分。

普通、中级和高级木材面混色油漆的主要工序　　　　　　　　表 2-6-1

项 次	工序名称	普通级涂料	中级涂料	高级涂料
1	清扫、起钉子、除油污等	+	+	+
2	铲去脂囊、修补平整	+	+	+
3	磨砂纸	+	+	+
4	节疤处点漆片	+	+	+
5	干性油或带色干性油打底	+	+	+
6	局部刮腻子、磨光	+	+	+
7	腻子处涂干性油	+		
8	第一遍满刮腻子		+	+
9	磨光		+	+
10	第二遍满刮腻子			+
11	磨光			+
12	刷涂底涂料		+	+
13	第一遍涂料	+	+	+
14	复补腻子		+	+
15	磨光		+	+
16	湿布擦净		+	+
17	第二遍涂料	+	+	+
18	磨光（高级涂料用水砂纸）		+	+
19	湿布擦净			+
20	第三遍涂料		+	+

注：1. 表中"+"号表示进行的工序；
　　2. 高级涂料做磨退时，宜用醇酸树酯涂料刷涂，并根据膜厚度增加 1～2 遍涂料和磨退、打砂蜡、打油蜡、擦亮的工序；
　　3. 木料及胶合板内墙、顶棚表面施涂溶剂型混色涂料的主要工序同上表。

混色油漆的做法大致分为两种。漆面为调合漆的做法：
①清理基层、磨砂纸、点漆片、刮腻子、刷底油、调合漆二至三遍；
②清理基层、磨砂纸、润油粉、刮腻子、刷调合漆三遍。
磁漆罩面的做法与调合漆类似，即
①清理基层、磨砂纸、刷底油、刮腻子、调合漆二遍，磁漆一遍；
②清理基层、磨砂纸、润油粉、刮腻子、调合漆一至三遍，磁漆一至三遍。
现将有关工艺的做法简述如下：
①刷底油、刮腻子、刷调合漆：
　　a. 刷底油：刷底油也称刷清油、刷底子漆。刷底油的作用是防止木材受潮变形，增强防腐能力，并使后道嵌补的腻子等能与基层有很好的粘结性。木材面底油的配比成分为清油和油漆溶剂油。底油不宜过稠，要求较稀，涂面薄而均匀，所有部位都要均匀涂刷一

道，使其渗透于木材内部。

底油的品种和做法，根据基层和漆面做法而不同，涂刷混色涂料时，一般用清油打底；涂刷清漆，则应用油粉或水粉进行润粉；金属面油漆则应刷防锈漆打底；抹灰面一般也用清油打底。

b. 刮腻子：刮腻子是平整基层表面、增强基层对油漆的附着力、机械强度和耐老化性能的一道底层。故一般称刮腻子为"打底"或"打底子"，又称"刮灰"或"打底灰"，是决定油漆质量好坏的一道重要工序。

腻子的种类应根据基层和油漆的性质不同而配套调制。木材面一般采用石膏油腻子。刮腻子的操作一般分2～3次，油漆等级愈高，刮腻子次数越多，但一般以三道为限。第一道刮腻子称"嵌腻子"或"嵌补腻子"，主要是嵌补基层的洞眼、裂缝和缺损处，使之平整。第二遍刮腻子称为"批腻子"或"满批腻子"，即对基层表面进行全面批刮，要求表面光洁。待其干燥磨平后即可涂刷底漆，也称头道漆；待漆干燥后用细砂纸磨平，并对个别地方出现的缺损，再补一次腻子，称为"找补腻子"。对于做混色油漆的木材面，头道腻子应在刷过清油后才能批嵌；做清漆的木材面，则应在润粉后才能批嵌；金属面应等防锈漆充分干燥后才能批嵌。

c. 刷调合漆：找补腻子并砂纸打磨平整后，即可刷第一遍油漆，在混色油漆中，头道漆使用调合漆。调合漆常用的有油性调合漆与磁性调合漆两种，这里的调合漆是指油性调合漆，它是以干性植物油（如桐油、亚麻子油等）为主要基料，加入着色颜料（无机化学颜料或有机化学颜料）和体质颜料（如滑石粉、碳酸钙、硫酸钡等），经研磨均匀后加入催干剂（一般为钴、锰、铅、铁、锌、钙等金属元素的氧化物或盐类），并用200号溶剂汽油或松节油与二甲苯的混合溶剂调配而成。

调合漆一般涂刷两遍，第一遍（头道漆）以前采用厚漆（即铅油），现定额改用无光调合漆，第二遍用调合漆。较高级的混色漆涂刷三遍，头道和二道用无光调合漆，第三道面漆用调合漆。

每刷完一遍漆后，应用细砂纸轻轻打磨，使漆面光洁后再刷下一道漆。但在刷最后一遍漆前，应用水砂纸磨光，以获得平整的表面。水砂纸细磨适用于高级油漆，普通油漆（通常称为三遍成活：即底油一遍、调合漆二遍）不必水砂纸磨光。

d. 刷最后一道油漆：普通油漆的最后一道面漆，一般采用调合漆二遍或三遍。对于较高级的木材面油漆，最后一遍漆常选用磁漆罩面，即做成底油、调合漆二遍、磁漆一遍的漆面，磁漆可增加漆面的光亮及光滑程度，使漆膜更为丰满。

②润油粉、刮腻子、调合漆、磁漆：

a. 润油粉：在建筑装饰工程中，普通等级木材面油漆的头道工序多采用刷底油一遍，但为了提高油漆的质量，增强头道工序的效果，则采用润粉工艺。

润粉是以大白粉（又称白垩，分子式$CaCO_3$）为主要原料，掺入调剂液调制而成的糊状物，根据掺入调剂液的种类不同，润粉分为油粉和水粉两种。油粉是用大白粉掺入清油（熟桐油）和溶剂油调制而成，按需要亦可加入颜料粉；水粉是在大白粉中掺入水胶（如骨胶、鱼胶等）及颜料粉等配制而成。使用油粉或水粉，应根据木材面情况选择决定，定额中均按油粉编制。

润油粉时不用漆刷，而是用棉纱团或麻丝团浸蘸配制好的油粉，多次来回揩擦木材表面至平滑,此种做法比刷底油效果更佳。

b. 刷磁漆:按润油粉、刮腻子、调合漆、磁漆工艺所做成的油漆,一般采用润油粉一遍、调合漆一至三遍、磁化漆一至三遍、磨退出亮的做法。这里的磁漆均用于做面层漆,以取得优良的漆面效果。

磁漆,也称瓷漆,是调合漆的一种,全称为磁性调合漆,它也是以干性植物油为主要基料,在基料中加入树脂、颜料(包括着色颜料和体质颜料)、溶剂及催干剂等配制而成。这种漆的干燥性比油性调合漆好,漆膜较硬,光亮平滑,具有瓷釉般的光泽,酷似磁(瓷)器,故而简称磁(瓷)漆,以示与油性调合漆相区别。由于磁漆色泽丰富,附着力强,适用于室内装修和家具油漆,也可以用于室外的钢铁和木材表面。

磁漆根据所掺树脂的种类不同,有不同的品种,如掺入甘油松香脂的称酯胶磁漆,掺入酚醛树脂的称酚醛磁漆,掺醇酸树脂的称醇酸磁漆等。定额中所列为醇酸磁漆,用量依油漆对象和油漆遍数而异。如单层木门,磁漆一遍,含量为 $2.25kg/10m^2$,磁漆两遍为 $4.28kg/10m^2$,磁漆三遍、磨退出亮为 $6.30kg/10m^2$,磁漆罩面为 $2.26kg/10m^2$ 等。

2) 木材面清漆

清漆分为油脂清漆和树脂清漆两种。定额编制的油脂清漆包括酚醛清漆和醇酸清漆两种。酚醛清漆的做法一般为:清理基层、磨砂纸、抹腻子、刷底油、色油、刷酚醛清漆二遍;或按如下做法:清理基层、磨砂纸、润油粉、刮腻子、刷底油、刷色油、刷酚醛清漆二遍或三遍。

醇酸清漆的一般做法为:清理基层、磨砂纸、润油粉、刮腻子、刷色油、刷醇酸清漆四遍、磨退出亮。

木材面清漆的主要工序如表 2-6-2 所示。

木材面清漆的主要工序　　　　　　表 2-6-2

项次	工序名称	中级油漆	高级油漆	项次	工序名称	中级油漆	高级油漆
1	清扫、起钉、除油污等	+	+	13	磨光	+	+
2	磨砂纸	+	+	14	第二遍油漆	+	+
3	润粉	+	+	15	磨光	+	+
4	磨砂纸	+	+	16	第三遍油漆	+	+
5	第一遍满刮腻子	+	+	17	磨水砂纸		+
6	磨光	+	+	18	第四遍油漆		+
7	第二遍满刮腻子		+	19	磨光		+
8	磨光	+	+	20	第五遍油漆		+
9	刷色油	+	+	21	磨退		+
10	第一遍油漆	+	+	22	打砂蜡		+
11	拼色	+	+	23	打油蜡		+
12	复补腻子	+	+	24	擦亮		+

①色油。色油是一种既能显示木材面纹理,又能使木材面底色一致的一种自配油漆,它介于厚漆与清漆之间。因厚漆涂刷在木材面上能遮盖木材纹理,而清漆是一种透明的调

合漆，它只起稀释厚漆而不改变油漆的性质，所以，也可以说色油是一种带颜色的透明油漆。色油主要用于欲显示木材纹理本色的清漆面油漆工艺中，很少用于做混色漆面。

色油一般用色调合漆、清漆加油漆溶剂油调配而成，也可用色调合漆、清漆、清油、加油漆溶剂油调和而成。色油的配合比可按色调合漆13%、清漆13%、油漆溶剂油74%，也可以按色调合漆10%、清漆10%、清油10%、油漆溶剂油70%计算。

②清漆。清漆是一种透明的液体油漆，多用于油漆的表层，以显示构件的底色或底纹，达到既保护面层，又有极佳的装饰效果。

清漆是以树脂为主要成膜物质，分油基清漆和树脂清漆两类。油基清漆俗称凡立水，系由合成树脂、干性油、溶剂、催化剂等配制而成。油基清漆的品种有酯胶清漆、酚醛清漆、醇酸清漆等。树脂清漆不含干性油，这种漆干燥迅速、漆膜硬度大、电绝缘性好、色泽光亮，但膜脆、耐热、耐候性较差。树脂清漆的品种有虫胶清漆（俗称泡立水、漆片）、环氧清漆、硝基清漆、丙稀酸清漆等。在油基清漆中加入着色颜料和体质颜料就成为调合漆。

定额按油基清漆编制，包括酚醛清漆和醇酸清漆。酚醛清漆俗称永明漆，是用干性油和酚醛树脂为胶粘剂而制成的。它干燥快、漆膜坚韧耐久、光泽好，并耐热、耐水、耐弱酸碱。其缺点是涂膜容易泛黄。适用于室内外木器和金属面涂饰。

醇酸清漆又叫三宝漆，是用干性油和改性醇酸树脂溶于溶剂中而制得的。这种漆的附着力、光洁度、耐久性比酯胶清漆和酚醛清漆都好，漆膜干燥快、硬度大、电绝缘性好、可抛光、打磨、色泽光亮，但膜脆、耐热、抗大气性较差。主要用于室内门窗、木地面、家具等的油漆，不宜外用。

3）木材面聚氨酯清漆

聚氨酯清漆是目前使用较为广泛的一种清漆，是优质的高级木材面用漆。木材面聚氨酯漆的一般做法是：清理基层、磨砂纸、润油粉、刮腻子、刷聚氨酯漆二遍或三遍。

彩色聚氨酯漆（简称色聚氨酯漆）的做法为：刷底油、刮腻子、刷色聚氨酯漆二遍或三遍。

①聚氨酯漆品种中，应用较多的是双组份羟基常温固化型聚氨酯漆，使用时应按说明书将甲、乙组份按一定比例配制，并需加入适量的稀释剂调稀后再使用。稀釉剂用聚氨酯涂料专用稀释剂，配比按1:1重量比，调配成混合液。

②涂刷第一道聚氨酯漆的作用是封底，漆可适当稀一些。

③涂刷两道聚氨酯漆的时间间隔不宜过长，否则漆膜变硬，不易打磨，且漆膜之间的结合力变差。

④木地板涂刷聚氨酯漆时，一般材质多为硬木地板，适当加些色粉，可使木材纹理及色泽更显理想，达到较佳装饰效果。

定额按两种聚氨酯漆即：聚氨酯漆（685）和色聚氨酯漆分别编制，涂刷遍数有二遍、三遍。

4）木材面硝基清漆磨退

硝基清漆属树脂清漆类，漆中的胶粘剂只含树脂，不含干性油。木材面硝基清漆磨退的做法为：

清漆基层、磨砂纸、润油粉、刮腻子、刷理硝基清漆、磨退出亮；

或按下列操作过程：清理基层、磨砂纸、润油粉二遍、刮腻子、刷理漆片、刷理硝基清漆、磨退出亮等。

①基层处理。硝基清漆对基层要求严格，一切影响涂层的附着物（如灰尘、油脂、磨屑等）都要清理干净，并用砂纸打磨，使基层见到新面。如果是浅色装饰，还需要进行木材漂白。所有的虫眼、钉眼均需用腻子补平。

②刷漆片固体（虫胶清漆、泡立水）。润油着色后，便是涂刷泡立水，也称刷理漆片或虫胶清漆。刷虫胶清漆起到封底的作用，是硝基清漆的底漆，是一道关键的工序，一般常用浓度为 20%~25% 的虫胶清漆刷理两遍。

漆片固体，又称虫胶片、干切片。虫胶是热带地区的一种虫胶虫，在幼虫时期，由于新陈代谢所分泌的胶质积累在树枝上，摘取这种分泌物，经洗涤、磨碎、除渣、熔化、去色、沉淀、烘干等工艺而制成薄片，即为虫胶片。将虫胶片用酒精（95°以上）溶解而得的溶液即为泡立水，又称洋干漆。

③刷硝基清漆。硝基清漆一般刷 1~2 遍，用硝基稀释剂稀释，第一遍漆可适当黏稠些，第二遍稍稀点，每遍之间需干燥 1~2h。硝基清漆又称清喷漆，简称腊克，是硝基漆类的一种。它是以硝化棉（即硝酸纤酯）为主要原料，配以合成树脂（如醇酸树脂、酚醛树脂、氨基树脂等）、增韧剂（如苯二甲酸二丁脂、磷酸三甲酚酯、蓖麻油等）、溶剂（如丙酮、醋酸乙脂）和稀释剂（如甲苯、二甲苯等）制成。硝基清漆具有漆膜坚硬、丰富耐磨、光泽好、成膜快、易于抛光打蜡、修补、漆面不留痕迹等优点，是较高级的一种油漆，适用于木材面、金属面的涂覆装饰。

硝基漆分为磁漆和清漆两种，加入颜料加工而成的称为磁漆，未加颜料的透明基料称为硝基清漆。定额按硝基清漆和亚光硝基清漆编制。亚光硝基清漆是以清漆为主体，加入适量的消光剂和辅助材料调合而成的，消光剂的用量不同，漆膜的光泽度亦不相同。亚光漆的漆膜光泽度柔和、均匀、平整光滑、耐温、耐水、耐酸碱。

④磨退出亮。磨退出亮是高级清漆涂饰工艺中的最后一道工序，它由水磨、抛光擦蜡、涂擦上光剂等三步操作组成。

水磨是指先用湿毛巾在漆面上湿抹一遍，并随之打一遍肥皂水溶液，然后用 400~500 号水砂纸湿磨，使漆膜面无浮光、无小麻点、平整乌亮。

抛光是指用脱脂棉球浸蘸抛光膏溶液（定额采用砂蜡）涂敷于漆面上。擦蜡是用手捏此棉球，用劲揩擦，通过棉球中的抛光膏溶液和摩擦的热量，使漆面抛磨出光，最后用棉纱擦去雾光。

涂擦上光剂是指把上光剂均匀涂抹于漆面上，并用干棉纱反复擦，使漆面上的白雾光消除，呈现出光泽如镜的效果。

5) 木材面丙烯酸清漆

木材面丙烯酸清漆的做法与硝基清漆磨退类似，一般施工程序为：

基层清理→磨砂纸→润油粉一遍→刮腻子→刷醇酸清漆一遍→刷丙烯酸清漆三遍→磨退出亮。

丙烯酸清漆的主要成膜物质是甲基丙烯酸聚脂和甲基丙烯酸脂类改性醇酸树脂。丙烯酸清漆的性能优异，漆膜坚硬、机械强度高、附着力好，可与虫胶清漆、醇酸清漆配套使用，与硝基清漆相比，具有固体含量高、施工简便、工期短的特点。

丙烯酸清漆工艺中用醇酸清漆打底,再罩丙烯酸清漆三遍,磨退。丙烯酸清漆是双组份漆,使用时,组份一与组份二按1:1.5(质量比)混合均匀(加丙烯酸稀释剂)后即可涂刷。

(2) 金属面油漆

金属面油漆按油漆品种可分为调合漆、防锈漆、银粉漆、防火漆、磁漆和其他油漆等。其做法一般包括底漆和面漆两部分,底漆一般用防锈漆,面漆通常刷调合漆、银粉漆或磁漆两遍。定额编制按调合漆、红丹防锈漆和磁漆,供不同类型的防锈标准使用。红丹漆是目前使用最广泛的防锈底漆,红丹(Pb_3O_4)呈碱性,能与浸蚀性介质、中酸性物质起中和作用;红丹还有较高的氧化能力,能使钢铁表面氧化成均匀的Fe_2O_3薄膜,与内层紧密结合,起强劲的表面钝化作用;红丹与干性油结合所形成的铅皂,能使漆膜紧密,不透水。因此,红丹有显著的防锈作用。

金属面油漆的主要工序为:除锈去污、清扫打磨、刷防锈漆、刷调合漆或磁漆。如果只刷防锈漆或只刷调合漆、磁漆,那就套用各自的定额子目即可。

(3) 抹灰面油漆

抹灰面油漆按油漆品种可分为调合漆、乳胶漆和磁漆。适用于内墙、墙裙、柱、梁、天棚等抹灰面,木夹板面,以及混凝土花格、窗栏杆花饰、阳台雨篷、隔板等小面积的装饰性油漆。

抹灰面油漆的主要工序归纳为:清扫基层、磨砂纸、刮腻子、找补腻子、刷漆成活等内容。油漆遍数按涂刷要求而定,普通油漆:满刮腻子一遍、油漆二遍、中间找补腻子;中级油漆:满刮腻子二遍、油漆三遍成活。表2-6-3是抹灰面油漆的主要工序,供参考。

抹灰面涂刷油漆的主要工序　　　　表2-6-3

项次	工序名称	中级油漆	高级油漆	项次	工序名称	中级油漆	高级油漆
1	清扫	+	+	8	第一遍油漆	+	+
2	填补裂缝磨光	+	+	9	复补腻子		+
3	第一遍满刮腻子	+	+	10	磨光		+
4	磨光	+	+	11	第二遍油漆	+	+
5	第二遍满刮腻子		+	12	磨光		+
6	磨光		+	13	第三遍油漆		+
7	干性油打底	+	+				

注:表中"+"号为进行的工序。

抹灰面油漆定额编制分油刮腻子、普通乳胶漆、苯丙乳化漆和喷塑等4个分项。

1) 封油刮腻子

封油刮腻子分项,定额包括满批腻子、清油封底和贴自粘胶带三个方面的内容,可根据油漆项目要求套用,如在顶棚、墙面板缝接缝处贴自粘胶带时,则应增套子目5-245。

封油刮腻子的工艺内容包括:清扫基层、补平缝隙、孔眼、满刮腻子或嵌补缝腻子、板缝贴自粘胶带、磨砂纸等。

2) 乳胶漆

乳胶漆也称乳胶涂料，系由合成树脂的乳胶（也称乳液，如聚醋酸乙烯乳液、丙烯酸乳液等）为主要成膜物质，与各种颜料浆调和而成。其中乳液（胶）由有关树脂（大都为烯树脂类）、乳化剂（常用烷基苯酚环氧乙炔缩合物）、保护胶（如酪类）、酸碱度调节剂（如氢氧化钠、碳酸氢钠等）、消泡剂（如松香醇、辛醇等）和增韧剂（如苯二甲酸二丁酯、磷酸三丁酯等）聚合而成。颜料浆是由着色颜料（如太白粉）、体质颜料（如滑石粉）和各种助剂（如防腐剂、防锈剂、防冻剂等）加水研磨而成。这种漆的特点是不用溶剂而以水为分散介质，在漆膜干燥后，不仅色泽均佳，而且耐久性的抗水性良好。适用于室内外抹灰面、混凝土面和木材表面涂刷。

常用的乳胶漆有：普通乳胶漆、苯丙外墙乳胶漆、聚醋酸乙烯乳胶漆、丙烯酸乳胶漆等。

定额编入的乳胶漆有普通乳胶漆和苯丙乳胶漆两种。定额中乳胶漆含量，对抹灰面，底漆为 $11kg/100m^2$、腻子为 $1.36kg/100m^2$、中层和面层漆均为 $15.45kg/100m^2$，则乳胶漆二遍的含量是 $27.81kg/100m^2$；对三遍乳胶漆，其含量为 $11 + 1.36 + 15.45 \times 2 = 43.26kg/100m^2$（以上为全国统一基础定额或江苏省估价表含量）。

3) 抹灰面过氯乙烯漆

过氯乙烯漆是以过氯乙烯树脂为主要成膜物质，加入适量其他树脂（如干性油改性醇酸树脂、顺丁稀二酸酐树脂等）和增韧剂（如邻苯二甲酸二丁酯、磷酸三甲苯酯、氯化石蜡等），溶于酯、酮、苯等组合溶液中调制而成。

过氯乙烯漆是由底漆、磁漆和清漆为一组配套使用的。底漆附着力好，清漆作面漆防腐性能强，磁漆作中间层，能使底漆与面漆很好的结合。抹灰面过氯乙烯漆的施工要点是：清扫基层、刮腻子、刷底油、磁漆和面层清漆。

4) 喷塑

喷塑就是用喷塑涂料在物体表面制成一定形状的喷塑膜，以达到保护、装饰作用的一种涂饰施工工艺。喷塑涂料是以丙烯酸脂乳液和无机高分子材料为主要成膜物质的有骨料的新型建筑涂料。适用于内外墙、顶棚、梁、柱等饰面，与木板、石膏板、砂浆及纸筋灰等表面均有良好的附着力。

喷塑涂层的结构为：按涂层的结构层次分为三部分，即底层、中层和面层；按使用材料分，可分为底料、喷点料和面料三个组成部分，并配套使用。

①底料：也称底油、底层、底漆或底胶水，用作基层打底，可用喷枪喷涂，也可涂刷。它的作用是渗透到基层，增加基层的强度，同时又对基层表面进行封闭，并消除基层表面有损于涂层附着力的因素，增加骨架与基层之间的结合力，底油的成分为乙烯-丙烯酸酯共聚乳液。

②喷点料：即中间层涂料，又称骨料，是喷涂工艺特有的一层成型层，是喷塑涂层的主要构成部分。此层为大小颗粒混合的糊状厚涂料，用空压机喷枪或喷壶喷涂在底油之上，分为平面喷涂（即无凹凸点）和花点喷涂两种。花点喷涂又分大、中、小三种，即定额中的大压花、中压花、喷中点、幼点。大、中、小花点由喷壶的喷嘴直径控制，它与定额规定的对应关系如表2-6-4所示。喷点料 $10 \sim 15min$ 后，用塑料辊筒滚压喷点，即可形成质感丰富、新颖美观的立体花纹图案。

喷点面积与喷嘴直径间的关系　　　　　　　　表 2-6-4

名　称	定额规定的喷点面积（cm²）	喷嘴直径（mm）
大压花	1.2 以上	8~10
中压花	1~1.2	6~7
中点、幼点	1 以下	4~5

③面料：又称面油或面漆，一般加有耐晒材料，使喷塑深层带有柔和色泽。面油有油性和水性两种。在喷点料后 12~24h 开始罩面，可喷涂，也可涂刷，一般要求喷涂不低于二道，即通常的一塑三油（一道底油、二道面油、一道喷点料）。

(4) 涂料饰面

1) 多彩涂料

多彩涂料是上世纪 90 年代的新型装饰涂料产品，具有较强的粘结力，可在灰浆墙面、水泥砂浆墙面、木材面、石膏板面、金属板面等各种基层上涂饰，适用于墙、柱、顶棚面。

多彩涂料具有优良的耐久性、耐洗刷性、耐油性，一般的污染可用肥皂水清洗。涂膜光泽适宜，色泽丰富，质感好，被誉为无缝墙纸。

多彩涂料的施工可按底涂、中涂、面涂，或底涂、面涂的顺序进行。具体过程包括：清扫灰土、满刮腻子、磨砂纸、刷底层、中层多彩各一遍、喷多彩涂料一遍等。

底涂的主要作用是封闭基层，提高涂膜的耐久性和装饰效果，可用喷涂或滚涂法施工。在常温条件下，底层涂料喷涂 4h 后，可进行面层涂饰。面层喷涂时，空压机压力在 $0.15~0.2N/mm^2$，一般喷涂一遍成活。如有涂层不均可在 4h 内进行局部补喷涂。

2) 好涂壁

好涂壁涂料是一种新型的室内饰面材料。好涂壁以人造纤维或天然纤维为主要材料，其粘结材料为水溶性。该涂料色泽柔和、质地独特，具有很强的装饰质感，手感舒适、富有弹性，吸声、透气，粘结强度大，耐潮湿、防结露；且涂料不含石棉、矿棉、玻璃纤维等有害物质，无毒、无味、无污染；该涂料的不足之处是不耐洗刷。

好涂壁适用于墙、柱面及顶棚面的涂饰，其施工简便，对基层要求不高，可一遍成活。一般的做法为：清扫基面灰土、批嵌、涂刷、压平等过程。

3) 803、106 涂料

①803 内墙涂料。803 内墙涂料又称聚乙烯醇涂料，它是以聚乙烯醇缩甲醛胶（即 106 胶）为基料，经化学处理后，加入轻质碳酸钙、立德粉、钛白粉、着色颜料和适量助剂等，均匀混合研磨而成。803 涂料无毒、无味，干燥快，粘结力强，涂层光滑，涂刷方便，装饰效果好。

803 涂料可涂刷于混凝土、纸筋石灰等内墙抹灰面，适合于内墙面装饰。该涂料的施工工艺为：清扫基层表面、刮腻子、刷浆、喷涂等过程。

②106 内墙涂料。106 内墙涂料全称为聚乙烯醇水玻璃涂料。它是由聚乙烯醇水溶液、中性水玻璃、轻质碳酸钙、立德粉、钛白粉、滑石粉和少量的分散剂、乳化剂、消泡剂、颜料色浆等，经高速搅拌混匀，并研磨加工而成。

聚乙烯醇水玻璃涂料无毒、无味，粘结强度较高，涂膜干燥快，能在稍潮湿的墙面上施工。常用的品种有白色、淡黄、淡蓝、淡湖绿等。适用于住宅、商店、医院、学校等建筑物的内墙涂刷。106涂料可以用刷涂、喷涂、滚涂等施工方法，一般的施工过程为：基层处理、刮腻子、刷浆、喷涂等。

4) 防霉涂料

防霉涂料有水性防霉内墙涂料和高效防霉内墙涂料之分，高效防霉涂料可对多种霉菌、酵母菌有较强的扼杀能力，涂料使用安全，无致癌物质。涂膜坚实、附着力强、耐潮湿、不老化脱落。适用于医院、制药、食品加工、仪器仪表制造行业的内墙和天棚面的涂饰。

防霉涂料施工方法简单，一般分为清扫墙面、刮腻子、刷漆料几步工序，但基层清除要严格，应去除墙面浮灰、霉菌，施工作业应采用涂刷法。

5) 彩色喷涂、砂胶喷涂

①彩色喷涂。彩色喷涂又称彩砂喷涂，是一种彩砂涂料，用空压机喷枪喷涂于基面上。彩砂涂料是以丙烯酸共聚乳液为胶粘剂，由高温烧结的彩色陶瓷粒或以天然带颜色的石屑作为骨料，外加添加剂等多种助剂配制而成。涂料的特点是：无毒、无溶剂污染、快干、不燃、耐强光、不褪色、耐污染等。利用骨料的不同组配和颜色，可使涂料色彩形成不同层次，取得类似天然石材的彩色质感。

彩砂涂料的品种有单色和复色两种。单色有：粉红、铁红、紫红咖啡、棕色、黄色、棕黄、绿色、黑色、蓝色等系列；复色是由单色组配，形成一种基色，并可附加其他颜色的斑点，质感更为丰富。

彩砂涂料主要用于各种板材及水泥砂浆抹面的外墙面装饰。

彩色喷涂的基本施工工艺为：清理基层、补小洞孔、刮腻子、遮盖不喷部位、喷涂、压平、清铲、清洗喷污的部位等操作过程。彩色喷涂要求基面平整（达到普通抹灰标准），若基面不平整，应填补小洞口，且需用108胶水、水泥腻子找平后再喷涂。

②砂胶喷涂。砂胶喷涂是以粗骨料砂胶涂料喷涂于基面上形成的保护装饰涂层。砂浆涂料是以合成树脂乳液（一般为聚乙烯醇水溶液及少量氯乙烯偏二氯乙烯乳液）为胶粘剂，加入普通石英砂或彩色砂子等制成。具有无毒、无味、干燥快、抗老化、粘结力强等优点。一般用 4~6mm 口径喷枪喷涂。

(5) 裱糊墙纸饰面

裱糊墙纸包括在墙面、柱面、顶棚面裱糊墙纸或墙布。裱糊装饰材料品种繁多，花色图案各异，色彩丰富，质感鲜明，美观耐用，具有良好的装饰效果，因而颇受欢迎。

1) 墙纸分类

建筑装饰墙纸，种类很多，分类方法尚不统一，按其材料性质不同，可分为如下五类。定额分装饰墙纸、金属墙纸和织锦缎三类列项，计列 15 个子目（图 2-6-1）。

①墙纸。墙纸又称壁纸，有纸质墙纸和塑料墙纸两大类。纸质型透气、吸音性能好；塑料型光滑、耐擦洗。一般有大、中、小三种规格。

大卷：幅宽 920~1200mm，长 50m，40~60m^2/卷；

中卷：幅宽 760~900mm，长 25~50m，20~45m^2/卷；

小卷：幅宽 530~600mm，长 10~12m，5~8m^2/卷。

②金属墙纸。金属墙纸是在基层上涂布金属薄膜（一般为铝膜），经表面化学处理后

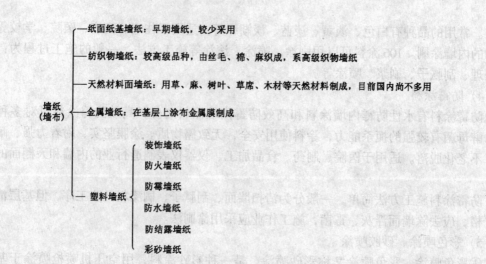

图 2-6-1 墙纸分类

进行彩色印刷,并涂以保护膜,然后与防水纸粘贴压合分卷而成。它具有不锈钢面、黄铜面等金属质感,表面光洁、耐水耐磨、不发斑、不变色、图像清晰、色泽高雅等优点。其规格有 10000mm×530mm、20000mm×530mm 等。这种墙纸给人以金壁辉煌,庄重大方的感觉,适宜于气氛热烈的场所使用。

③织锦缎墙布。织锦缎墙布是用棉、毛、麻、丝等天然纤维或玻璃纤维制成。各种粗、细纱或织物,经不同纺纱编织工艺和印色拉线加工,再与防水防潮纸粘贴复合而成。它具有耐老化、无静电、不反光、透气性能好等优点。其规格为:幅宽 500mm×1000mm,长 10~40m。

2) 裱糊墙纸的基本施工方法

对于定额所列三类墙纸(布),其施工操作过程如下:

清扫基层→批补→刷底油→找补腻子→磨砂纸→配置贴面材料→裁墙纸(布)→裱糊刷胶→贴装饰面等。

①基层表面处理。基层表面清扫要严格,做到干燥、坚实、平滑。局部麻点需先用腻子补平,再视情况满刮一遍腻子或满刮两遍腻子,而后用砂纸磨平。墙面常用腻子配合比见表 2-6-5 所示。

墙面腻子重量配合比   表 2-6-5

聚醋酸乙烯乳液	滑石粉	羧甲基纤维素溶液(浓度1%)
8~10	100	20~30

裱糊墙纸前,宜在基层表面刷一道底油,以防止墙身吸水太快使粘结剂脱水而影响墙纸粘贴。

②弹线。为便于施工,应按设计要求,在墙、柱面基层上弹出标志线,即弹出墙纸裱糊的上口位置线,和弹出垂直基准线,作为裱糊的准线。

③裁墙纸(布)。根据墙面弹线找规矩的实际尺寸,确定墙纸的实际长度,下料长度要预留尺寸,以便修剪,一般比实贴长度略长 30~50mm。然后按下料长度统筹规划裁割墙纸,并按裱糊顺序编号,以备逐张使用。若用贴墙布,则墙布的下料尺寸,应比实际

尺寸大 100～150mm。

④闷水。塑料墙纸遇到水或胶液，开始则自由膨胀，约 5～10min 胀足，而后自行收缩。掌握和利用这个特性，是保证裱糊质量的重要环节。为此，须先将裁好的墙纸在水中浸泡约 5～10min，或在墙纸背面刷清水一道，静置，亦可将墙纸刷胶后叠起静置，使其充分胀干，上述过程俗称闷水或浸纸。玻璃纤维墙布，无纺墙布，锦缎和其他纤维织物墙布，一般由玻璃纤维、化学纤维和棉麻植物纤维的织物为基材，遇水不胀，故不必浸纸。

⑤涂刷胶粘剂。将浸泡后膨胀好的墙纸，按所编序号铺在工作台上，在其背面薄而均匀地刷上胶粘剂。宽度比墙纸宽约 30～50mm，且应自上而下涂刷。使用最多的裱糊胶粘剂有聚醋酸乙烯乳液和聚乙烯醇缩甲醛（108胶）等，其重量配合比如表 2-6-6 所示。

裱糊塑料墙纸常用胶粘剂配合比　　　　表 2-6-6

配合比 \ 原材料	聚乙烯醇缩甲醛胶（108胶）	羧甲基纤维素（浓度2.5%）	聚醋酸乙烯乳液	水
1	100	30		50
2	100		20	适量
3		100	30（掺少量108胶）	

注意，在涂刷织锦缎胶粘剂时，由于锦缎质地柔软，不便涂刷，需先在锦缎背面裱衬一层宣纸，使其挺括而不变形，然后将粘结剂涂刷在宣纸上即成。也有织锦缎连裱宣纸的，这样施工时就不需再裱衬宣纸了。

⑥裱糊贴饰面。墙纸上墙粘贴的顺序是从上到下。先粘贴第一幅墙纸，将涂刷过胶粘剂的墙纸胶面对胶面折叠，用手握墙纸上端两角，对准上口位置线，展开折叠部分，沿垂直基准线贴于基层上，然后由中间向外用刷子铺平，如此操作，再铺贴下一张墙纸。

墙纸裱贴是要将一幅一幅的墙纸（布）拼成一个整体，并有对花和不对花之分。墙纸裱糊拼缝的方法一般有四种：对接拼缝、搭接拼缝、衔接拼缝和重叠裁切拼缝。图案对花一般有横向排列图案、斜向排列图案和不对花排列图案三种情况。按规定方法拼缝、对花，就能取得满意的装饰效果。

⑦修整。裱糊完后，应及时检查，展开贴面上的皱折、死折。一般方法是用干净的湿毛巾轻轻揩擦纸面，使墙纸湿润，再用手将墙纸展平，用压滚或胶皮刮板赶压平整。对于接缝不直，花纹图案拼对不齐的，应撕掉重贴。

（6）常用油漆、涂料配合比

现将油漆、涂料工程中常用油漆、涂料及腻子的配合比分列如下，供使用时参考。

1）油漆、腻子配合比

①石膏油腻子：

刮石膏油腻子（用于门窗），1（熟桐油）：1（石膏粉）：水适量

刮石膏油腻子（用于地板），1（熟桐油）：1.5（石膏粉）：水适量

抹找石膏油腻子，1（熟桐油）：2（石膏粉）：水适量

②润油粉，60（大白粉）：20（松节油）：8（调合漆）：7（清油）：5（熟桐油）

③润水粉，90（大白粉）：7（色粉）：3（骨胶）

④漆片腻子，1（漆片）：4（酒精）：2.5（石膏粉）：色粉（占石膏粉5%）

⑤木材面底油，15（熟桐油）:15（清油）:70（溶解油）
⑥色漆，60%（浅色）:20%（中色）:20%（深色）
⑦油色，10%（色调合漆）:10%（清漆）:10%（清油）:70%（溶剂油）
⑧磨退：醇酸清漆磨退，分别加醇酸稀释剂15%~20%
刷理漆片，17.25（漆片）:82.75（酒精）
刷理硝基清漆，1（硝基清漆）:1~4（硝基漆稀释剂）
⑨酚醛清漆，90（酚醛漆）:10（油漆溶剂油）
⑩醇酸磁漆，90（磁漆）:10（醇酸稀释剂）
⑪聚氨酯漆，90（酯漆）:10（二甲苯）
⑫过氯乙烯五遍成活：
底漆，77（过氯乙烯底漆）:23（过氯乙烯稀释剂）
磁漆，80（过氯乙烯磁漆）:20（过氯乙烯稀释剂）
清漆，80（过氯乙烯清漆）:20（过氯乙烯稀释剂）

2）金属面油漆配合比
①调合漆，95（调合漆）:5（油漆稀释剂）
②醇酸磁漆，95（磁漆）:5（醇酸漆稀释剂）
③过氯乙烯五遍成活：
底漆，77（过氯乙烯底漆）:23（过氯乙烯稀释剂）
磁漆，80（过氯乙烯磁漆）:20（过氯乙烯稀释剂）
清漆，80（过氯乙烯清漆）:20（过氯乙烯稀释剂）
④沥青漆，45（石油沥青）:50（油漆溶剂油）:5（清油）
⑤红丹防锈漆，95（红丹防锈漆）:5（油漆溶剂油）
⑥磷化底漆，90（磷化底漆）:7.5（乙醇）:2.5（丁醇）
⑦锌黄底漆，90（锌黄底漆）:10（醇酸漆稀释剂）

3）抹灰面油漆配合比
①抹灰腻子，88（大白粉）:2（羧甲基纤维素）:10（聚醋酸乙烯乳液）
②批胶腻子，88（滑石粉）:2（羧甲基纤维素）:10（聚醋酸乙烯乳液）
③抹找石膏油腻子，1（熟桐油）:1.5（石膏粉）
④底油，20（熟桐油）:20（清油）:60（油漆溶剂油）
⑤调合漆，100%
⑥无光调合漆，90（调合漆）:10（油漆溶剂油）
⑦无光调合漆面漆，95（调合漆）:5（油漆溶剂油）

4）其他油漆材料
①油漆溶剂油（稀釉剂）、洗刷子、擦手等用的辅助溶剂油，油基漆取总用量5%，其他漆类取总用量的10%；
②酒精（抗冻剂），取石膏腻子中石膏粉用量的2%；
③催干剂，按油漆总用量的1.7%计取，石膏油腻子使用的熟桐油同样加1.7%；
④漆片酒精，木疤及沥青等污迹处理点、节使用；
⑤浮石粉，摩擦膜及补棕眼用；

⑥蜡、砂蜡及上光蜡，分别加煤油 10%；
⑦石蜡、加溶剂油 3%（找蜡腻子用）；
⑧地板蜡，加煤油 10%；
⑨磷化底漆除油剂：洗衣粉。

5) 水质涂料配合比
①白水泥浆，80（白水泥）:17（107胶）:3（色粉）；
②石灰油浆：

$$清油使用量 = 块石灰使用量 \times (1+损耗率) \times 30\%（清油比）$$

$$色粉使用量 = \frac{块石灰使用量}{1-5\%（色粉比）} - 块石灰使用量$$

（注：清油加入量占块石灰总用量30%；色粉加入量占块石灰总用量5%。）
③石灰浆应加入工业食盐，加入量应为块石灰用量 1%～3%：

$$食盐用量 = \frac{块石灰使用量}{1-(1\%～3\%)食盐用量} - 块石灰使用量$$

④大白浆加入羧甲基纤维素 2.1%，(8) 色粉 3.34%；
⑤红土子浆，85（红土子）:15（血料）；
⑥水泥浆，77（水泥）:8（块石灰）:15（血料）；
⑦可塞银浆，78（可塞银）:20（大白粉）:2（羧甲基纤维素）；
⑧内用乳胶漆，80（乳胶漆）:20（水）；
⑨外用乳胶漆，100%乳胶漆。

2. 油漆、涂料、裱糊工程定额换算

(1) 油漆、涂料定额中规定的喷、涂刷的遍数，如与设计不同时，可按每增减一遍相应定额子目执行。

(2) 市场油漆涂料品种繁多，定额是按常规品种编制的，设计用的品种与定额不符时，单价可以换算，其余不变。

木材面设计亚光聚氨酯清漆时，按聚氨酯漆材料单价调整，其他不变。

设计半亚光硝基清漆时，套用亚光硝基清漆相应子目，人工、材料均不调整。

(3) 油漆、涂料工程，定额已综合了同一平面上的分色及门窗内外分色所需的工料，除需做美术、艺术图案者可另行计算，其余工料含量均不得调整。

(4) 裱糊墙纸子目已包括再次找补腻子在内，裱糊织锦缎定额中，已包括宣纸的裱糊工料费在内，不得另计。

(5) 木门、木窗贴脸、披水条、盖口条的油漆已包括在相应木门窗定额内，不得另行计算。

(6) 油漆、涂料工程定额其他材料费中已包括 3.60m 高以内的脚手费用在内。

(二) 油漆、涂料工程量计算

1. 顶棚、墙、柱、梁面的喷（刷）涂料、抹灰面乳胶漆及裱糊项目

其工程量按实喷（刷）面积以平方米（m²）计算，但不扣除 0.3m² 以内的孔洞面积。

喷（刷）涂料项目，应按不同涂料品种，喷刷遍数，喷刷物基层，分别计算其工程量。

喷塑项目，应按不同花点、喷涂物基面，分别计算其工程量。

裱糊项目，应按不同裱糊材料，对花与不对花，裱贴基面，分别计算其工程量。

2．木材面油漆工程量

装饰工程中木材面油漆的项目很多，为了简化定额内容和简化计算工程量，定额的木材油漆部分制定了"单层木门"、"单层木窗"、"木扶手（不带托板）"、"其他木材面"、"窗台板、筒子板"、"踢脚线"、"橱、台、柜"、"墙裙"、"木地板"九项定额内容，其余项目的木材面油漆均分别乘以一定的折算系数，列入上述项目内套用定额。即：各项木材面的油漆工程量按构件的工程量乘相应系数（常称折算系数），以平方米（m²）计算。构件的工程量按表2-6-7至表2-6-12的规定计算，系数列在相应的表格内。

（1）套用单层木门定额的项目工程量计算方法及相应系数，如表2-6-7。

套用单层木门定额的项目折算系数表　　　　　　　　　　表2-6-7

项目名称	系数	工程量计算方法
单层木门	1.00	按洞口面积计算
带上亮木门	0.96	
双层（一玻一纱）木门	1.36	
单层全玻门	0.83	
单层半玻门	0.90	
不包括门套的单层门扇	0.81	
凹凸线条几何图案造型单层木门	1.05	
木百叶门	1.25	

注：1．门、窗贴脸、披水条、盖口条的油漆已包括在相应定额内，不予调整；

2．双扇木门按相应单扇木门项目乘以0.9系数。

（2）套用单层木窗定额的项目工程量计算方法及相应系数，如表2-6-8。

套用单层木窗定额的项目折算系数表　　　　　　　　　　表2-6-8

项目名称	系数	工程量计算方法
单层玻璃窗	1.00	按洞口面积计算
双层（一玻一纱）窗	1.36	
双层（单裁口）	2.00	
三层（二玻一纱）窗	2.60	
单层组合窗	0.83	
双层组合窗	1.13	
木百叶窗	1.50	
不包括窗套的单层木窗扇	0.81	

（3）套用木扶手定额的项目工程量计算方法及系数，如表2-6-9。

套用木扶手定额的项目工程量系数　　　　　　　　　表 2-6-9

项目名称	系数	工程量计算方法
木扶手（不带托板）	1.00	按延长米
木扶手（带托板）	2.60	
窗帘盒（箱）	2.04	
窗帘棍	0.35	
装饰线缝宽在 150mm 内	0.35	
装饰线缝宽在 150mm 外	0.52	

（4）套用其他木材面定额的项目工程量计算方法及系数，如表 2-6-10。

套用其他木材面定额的项目工程量系数　　　　　　　表 2-6-10

项目名称	系数	工程量计算方法
纤维板、木板、胶合板顶棚	1.00	长×宽
木方格吊顶顶棚	1.20	
鱼鳞板墙	2.48	外围面积
暖气罩	1.28	
木间壁木隔断	1.90	
玻璃间壁露明墙筋	1.65	长（斜长）×高
木栅栏、木栏杆（带扶手）	1.82	

（5）套用木墙裙定额的项目工程量计算及系数，如表 2-6-11。

套用木墙裙定额的项目工程量系数　　　　　　　　表 2-6-11

项目名称	系数	工程量计算方法
木墙裙	1.00	净长×高
有凹凸、线条几何图案的木墙裙	1.05	

（6）踢脚线按延长米计算，如踢脚线与墙裙材料相同，应合并在墙裙工程量中。

（7）橱、台、柜工程量计算，按展开面积计算。

（8）窗台板、筒子板（门、窗套），不论有拼花图案和线条均按展开面积计算。

（9）套用木地板定额的项目工程量计算及系数，如表 2-6-12。

套用木地板定额的项目工程量计算及系数　　　　　　表 2-6-12

项目名称	系数	工程量计算方法
木地板	1.00	长×宽
木楼梯（不包括底面）	2.30	水平投影面积

计算工程量时，对不同油漆材料、油漆层次、做法、油漆遍数、油漆基层，均应分别计算其油漆工程量。

3．金属面油漆工程量

金属面油漆部分定额制定了"单层钢门窗"、"其他金属面"二项定额内容，其余项目的金属面油漆乘以一定的折算系数，分别列入"单层钢门窗"和"其他金属面"项目内套用定额。

各项金属面的油漆工程量按各构件的工程量乘相应的系数（即折算系数）计算。各金属构件工程量计算方法和折算系数列在表 2-6-13 及 2-6-14 内。

套用单层钢门窗定额项目工程量计算及系数　　　　　表 2-6-13

项目名称	系数	工程量计算方法
单层钢门窗	1.00	洞口面积
钢百叶门	2.74	
半截百叶钢门	2.22	
吸气罩	1.63	水平投影面积

套用其他金属面定额项目工程量计算及系数　　　　　表 2-6-14

项目名称	系数	工程量计算方法
钢层架、天窗架、挡风架、屋架梁、支撑、檩条	1.00	重量（t）
墙架（空腹式）	0.50	
墙架（格板式）	0.82	
钢栅栏门、栏杆、窗栅	1.71	
零星铁件	1.32	

（1）套单层钢门窗定额的项目，其油漆工程量按表 2-6-13 规定计算后再乘相应的表列系数。

（2）套用其他金属面定额的项目，其油漆工程量按表 2-6-14 规定计算，并乘以表列系数。不同油漆材料、油漆遍数、油漆物基层，均应分别计算其油漆工程量。

4. 抹灰面油漆、涂料工程量

套用抹灰面定额的项目，按表 2-6-15 规定计算的工程量乘相应系数，即得抹灰面的油漆、涂料工程量。

套用抹灰面定额的项目工程量及系数　　　　　表 2-6-15

项目名称	系数	工程量计算方法
槽形底板、混凝土折板	1.30	板底长×宽
混凝土各种有梁板	1.30	
混凝土平板	1.00	
混凝土平板式楼梯底	1.10	水平投影面积

不同油漆材料、油漆遍数、油漆物基层，均应分别计算其油漆工程量。

5. 木材面、金属面油漆折算系数的计算

（1）木材面油漆面积系数

木材面的油漆是按其露明部分的面积进行涂刷的，但计算复杂，为了简化工程量计算，定额规定统一按单层面积计算，这样，在实际油漆面积与计算面积之间，就有一个比值，这个比值称为油漆面积系数。它的计算式为：

$$\text{油漆面积系数} = \frac{\text{实际油漆面的展开面积}}{\text{按单面长宽计算的面积（或长度）}}$$

油漆面积系数的计算举例如下。

【例1】 计算单层木门的油漆面积系数。

【解】 定额对单层木门综合考虑选定两种规格，即：

1）带亮单开板门尺寸 2.70×0.90（m），按占 60% 计；

2）无亮单开板门尺寸 2.10×0.90（m），按占 40% 计。

则按单面计算的面积为：
$$2.70 \times 0.90 \times 0.60 = 1.458 m^2$$
$$2.10 \times 0.90 \times 0.40 = 0.756 m^2$$
$$1.458 + 0.756 = 2.214 m^2$$

而实际油漆的展开面积计算结果（具体计算略）为：带亮单开门 = $5.718 m^2$，无亮单开门 = $4.701 m^2$，则取定油漆面积为：

1）带亮单开门 $5.718 \times 0.60 = 3.431 m^2$
2）无亮单开门 $4.701 \times 0.40 = 1.880 m^2$

数据代入上式得：$3.431 + 1.880 = 5.311 m^2$

$$单层门油漆面积系数 = \frac{5.311}{2.214} = 2.399 \approx 2.40$$

【例2】 计算单层玻璃窗的油漆面积系数。

【解】 定额按具有普遍性的带亮双开窗 1.80×1.20（m）考虑。则单面面积为 $1.80 \times 1.20 = 2.16 m^2$

实际油漆面积 = $4.278 m^2$

$$单层玻璃窗油漆面积系数 = \frac{4.278}{2.16} = 1.981 \approx 2.00$$

【例3】 计算木扶手（不带托板）的油漆面积系数。

【解】 选定油漆木扶手长度为13m，而实际油漆4个单面的总面积为 $3m^2$，则

$$木扶手（不带托板）的油漆面积系数 = \frac{3}{13} = 0.231 \approx 0.23$$

按上述方法，可计算出各种木材面的油漆面积系数，列于表2-6-16中。

木材面油漆面积系数表 表2-6-16

项目	展开面积系数	项目	展开面积系数
基本数据	1.00	护墙面层、衣柜、壁柜	1.10
单层木门	2.40	暖气罩	1.55
单层木窗	2.00	筒子板、窗台板、盖板	1.00
双层（一玻一纱）木门	3.27	封檐板、搏风板（100m）	0.40
双层（一玻一纱）木窗	2.73	挂镜线、窗帘棍、压条（100m）	0.08
三层（二玻一纱）木窗	5.20	挂衣板、黑板、生活园地（100m）	0.12
单层木天窗、摇窗	1.65	木扶手（带托板）（100m）	0.60
双层木天窗、摇窗	2.25	木扶手（不带托板）（100m）	0.23
木百叶门窗	3.00	木屋架（单面投影面）	2.16
窗帘盒（100m）	0.47	屋面板（带檩条）	1.34
木间壁、木隔断（双面）	2.30	鱼鳞板墙（双面）	3.00
玻璃间壁（双面）	2.00	吸音板（单面）	1.05
木栅栏、木栏杆（100m）	2.20	地板、踢脚板	1.00
木板、纤维板、胶合板（单面）	1.21	木楼梯（不包括底面）	2.30
板条顶棚（单面）	1.30	零星木装修	1.05

用同样方法计算的金属面油漆项目面积系数列于表 2-6-17 中。

金属面油漆项目展开面积系数表　　　　表 2-6-17

项目	展开面积系数	项目	展开面积系数
基本数据	1.00	操作台、走台、制动架	0.27
单层钢门窗	1.35	钢梁、车档	0.27
双层（一玻一纱）钢门窗	2.00	墙架：（空腹式）	0.19
钢百叶门	3.70	格板式	0.31
半截百叶钢门	3.00	轻型屋架	0.54
满钢板式包铁门	2.20	钢爬梯	0.45
射线防护门	4.00	踏步式钢扶梯	0.40
钢折叠门	3.10	钢栅栏门、栏杆、窗栅	0.65
单开门、推拉门、钢骨架	2.30	零星铁件	0.50
间壁（双面）	2.50	平板屋面	1.00
铁丝网大门	1.10	瓦垄板屋面	1.20
钢屋架、天窗架、挡风架	0.38	排水伸缩缝盖板	1.05
屋架梁、支撑、檩条	0.38	吸气罩	2.20
钢柱、吊车梁	0.38		

（2）木材面油漆折算系数

求出所有木门的油漆面积系数与单层木门的油漆面积系数的比值、所有木窗的油漆面积系数与单层玻璃窗的油漆面积系数的比值、所有以长度计算的木构件系数与木扶手（不带托板）的相应系数的比值、木楼梯的系数与木地板的系数的比值、其余以面积计算的木构件的系数与木板纤维板胶合板顶棚的系数的比值，即得表 2-6-18 所列的数据，即为折算系数。金属面油漆项目折算系数列于表 2-6-17 和 2-6-18。

木材面油漆折算系数　　　　表 2-6-18

项目名称	折算系数	项目名称	折算系数	项目名称	折算系数
单层木门	1.00	三层（二玻一纱）窗	2.60	纤维板、木板、胶合板顶棚	1.00
带上亮木门	0.96	单层组合窗	0.83	木方格吊顶顶棚	1.20
双层（一玻一纱）木门	1.36	双层组合窗	1.13	鱼鳞板墙	2.48
单层全玻门	0.83	木百叶窗	1.50	暖气罩	1.28
单层半玻门	0.90	不包括窗套的单层木窗扇	0.81	木间壁、木隔断	1.90
不包括门套的单层门扇	0.81	木扶手（不带托板）	1.00	玻璃间壁露明墙筋	1.65
凹凸线条几何图案造型木门	1.05	木扶手（带托板）	2.60	木栅栏、木栏杆（带扶手）	1.82
木百叶门	1.25	窗帘盒（箱）	2.04	木墙裙	1.00
单层玻璃窗	1.00	窗帘棍	0.35	有凹凸线条、几何图案的木墙裙	1.05
双层（一玻一纱）窗	1.36	装饰线缝宽在150mm内	0.35	木地板	1.00
双层（单裁口）窗	2.00	装饰线缝宽在150mm外	0.52	木楼梯（不包括底面）	2.30

【例4】　计算单层木门、双层木门（一玻一纱）、三层木窗（二玻一纱）、窗帘盒、

钢百叶门的油漆折算系数。

【解】 1）单层木门折算系数：

$$\frac{2.4}{2.4} = 1.00$$

2）双层木门（一玻一纱）折算系数等于双层木门油漆面积系数与单层木门油漆面积系数之比，即：

$$\frac{3.27}{2.4} = 1.36$$

3）三层（二玻一纱）木窗折算系数：

$$\frac{5.2}{2.00} = 2.60$$

4）窗帘盒折算系数为窗帘盒油漆面积系数与木扶手（不带托板）油漆面积系数之比，即：

$$\frac{0.47}{0.23} = 2.04$$

5）钢百叶门折算系数：

$$\frac{3.70}{1.35} = 2.74$$

6）工程量计算。

【例5】 计算图 2-5-12 所示小型住宅硬木窗涂刷酚醛清漆二遍的工程量及定额直接费。设窗洞口尺寸均为 1200mm×1700mm。

【解】 本住宅为单层玻璃硬木窗，其油漆工程量应按洞口面积乘系数计算，结果如下：

$$1.2 \times 1.7 \times 4 \times 1.00（系数） = 8.16 m^2$$

按规则，本例套用单层木窗定额 5-50，基价 80.08 元/10m²，直接费为：

$$80.08 \times 0.816 = 65.35 元$$

【例6】 若图 2-5-12 所示小型住宅设计为双层（一玻一纱）硬木窗，其余与上例相同，求油漆工程量及定额直接费。

【解】 由表 2-6-8，双层木窗（一玻一纱）折算系数为 1.36，则油漆工程量：

$$1.2 \times 1.7 \times 4 \times 1.36 = 11.1 m^2$$

本例同样套单层木窗定额 5-50，其直接费计算如下：

$$80.08 \times 1.11 = 88.89 元$$

【例7】 图 2-4-29 单间客房的过道、房间贴装饰墙纸，硬木踢脚线（150mm×20mm）硝基清漆，计算其工程量及定额直接费。

【解】 1）计算工程量：

过道、房间贴装饰墙纸，工程量按实贴面积计算，其中过道壁橱到顶，不贴墙纸。

$(1.85 + 1.1 \times 2) \times (2.2 - 0.15) + (4 - 0.12 + 3.2) \times 2 \times (2.6 - 0.15) - 0.9 \times (2.0 - 0.15) \times 3 - 0.8 \times (2.0 - 0.15) - 1.8 \times 1.8 + (0.9 + 2 \times 2 - 0.15 \times 2) \times 0.24$ 过人洞侧面 $+ 1.8 \times 4 \times (0.24 - 0.1)/2$ 窗侧面 $= 34.89 m^2$（其中门窗框料断面取 75mm×100mm）

踢脚线按延米计算工程量：

$$(1.85 + 1.1 \times 2) + (4 - 0.12 + 3.2) \times 2 - 0.9 \times 3 - 0.8 + 0.24 \times 2 = 15.19 m$$

2）计算贴装饰墙纸定额直接费：

按对花考虑，由定额 5-294 有基价 202.22 元/10m²，直接费为：
$$202.22 \times 3.489 = 705.55 \text{ 元}$$

3）计算硬木踢脚板硝基清漆定额直接费：

若硝基清漆的做法按润油粉、刮腻子、硝基清漆、磨退出亮。由定额 5-150，基价 111.13 元/10m²，直接费为：
$$111.13 \times 1.519 = 168.81 \text{ 元}$$

4）此项目定额直接费总计为：
$$705.55 + 168.81 = 874.36 \text{ 元}$$

【例 8】 若上例中过道、房间贴装饰墙纸改为刷乳胶漆。设计规定乳胶漆的做法为：抹灰墙面批二遍腻子、清油封底、刷乳胶漆三遍。试计算刷乳胶漆工程量及定额直接费。

【解】 按计算规则，抹灰面乳胶漆工程按实刷面积计算，则其工程量与贴墙纸面积相同，为 34.89m²。

因定额将乳胶漆项目折成三个子目，即抹灰面满批腻子、清油封底和刷乳胶漆。则本例墙面乳胶漆需套用三个子目，才能完整地组成乳胶漆的单价。按做法要求，分别套定额 5-240（抹灰面满批腻子二遍），5-244（清油封底），5-247（刷乳胶漆三遍），则乳胶漆基价为：
$$31.16 + 19.03 + 53.93 = 104.12 \text{ 元}/10\text{m}^2$$

其定额直接费为：
$$104.12 \times 3.489 = 363.27 \text{ 元}$$

二、油漆、涂料、裱糊工程规范

B.5 油漆、涂料、裱糊工程

B.5.1 门油漆。工程量清单项目设置及工程量计算规则，应按表 2-6-19 的规定执行。

门油漆（编码：020501） 表 2-6-19

项目编码	项目名称	项目特征	计量单位	工程量计算规则	工程内容
020501001	门油漆	1. 门类型 2. 腻子种类 3. 刮腻子要求 4. 防护材料种类 5. 油漆品种、刷漆遍数	樘	按设计图示数量计算	1. 基层清理 2. 刮腻子 3. 刷防护材料、油漆

B.5.2 窗的油漆。工程量清单项目设置及工程量计算规则，应按表 2-6-20 的规定执行。

窗油漆（编码：020502） 表 2-6-20

项目编码	项目名称	项目特征	计量单位	工程量计算规则	工程内容
020502001	窗油漆	1. 窗类型 2. 腻子种类 3. 刮腻子要求 4. 防护材料种类 5. 油漆品种、刷漆遍数	樘	按设计图示数量计算	1. 基层清理 2. 刮腻子 3. 刷防护材料、油漆

三、油漆、涂料饰面工程的预算编制注意事项

（一）油漆涂料饰面定额的制定

油漆涂料的饰面一般由底油、腻子和面漆等三部分组成，其中：

底油：又称打底、刷底油、刷底漆等。它的施工工艺很多，最简单的做法是涂刷底油，其他还有润油粉、润水粉等。

腻子：俗称刮腻子、刮灰。根据工艺精度要求确定不同的遍数，一般分满批腻子和找补腻子。

面漆：涂刷面层油漆或涂料，品种质量繁多，表现得丰富多彩。

涂刷对象无论是木质、金属和抹灰面，都是按这三部分要求进行增减。因此，油漆涂料饰面的定额就是按这三部分要求进行制定。

（二）木门窗"润油粉、刮腻子、调合漆两遍、磁漆一遍"的定额制定

1."润油粉、刮腻子、调合漆两遍、磁漆一遍"的定额材料量计算

该工艺的施工内容和定额取定值如下：

（1）润油粉：由大白粉60%、熟桐油8%、油漆溶剂油20%、清油12%等调和成胶质状，按12kg/100m² 取定。用杂麻绳团沾其油粉揩擦木材表面，杂麻绳团按1.5kg/100m² 取定。

（2）刮腻子：先满批腻子一遍，按：3kg/100m² 取定，由熟桐油和石膏粉各按50%调和而成。待干经砂磨处理，再找补腻子，按0.9kg/100m² 取定，由熟桐油33.33%、石膏粉66.67%调和而成。为防冻抗冻需要，另按石膏粉的2%增用酒精。

（3）调合漆两遍：每遍按10.1kg/100m² 取定。催干剂按0.47kg/100m² 取定。洗刷用油漆溶剂油按1.617kg/100m² 取定。

（4）磁漆一遍：按8.5kg/100m² 取定。醇酸稀释剂按0.44kg/100m² 取定。

各种材料的定额用量按下式计算：

材料定额量 = 计算取用量 × （1 + 损耗率）× 油漆面积系数

上式中：

计算取用量：是指各种材料根据配比计算后的计算用量。上述工艺的计算取用量统计，见表2-6-21。

"润油粉刮腻子、调合漆两遍、磁漆一遍"定额材料取用量统计表　　　表 2-6-21

材料名称	润油粉 取定 12kg/100m²		刮 腻 子				计算取用量	损耗率
			满批 3kg/100m²		找补 0.9kg/100m²			
	配比	配量	配比	配量	配比	配量		
大白粉	60%	7.20kg					7.20kg	8%
熟桐油	8%	0.96kg	50%	1.50kg	33.33%	0.30kg	2.76kg	4%
溶剂油	20%	2.40kg				1.617kg（洗刷油漆用）	4.017kg	4%
清 油	12%	1.44kg					1.44kg	3%
石膏粉			50%	1.50kg	66.67%	0.6kg	2.10kg	5%
无光调合漆	每遍按10.10kg/100m² 取定，共二遍						20.20kg	3%

续表

材料名称	润油粉 取定 12kg/100m²		刮腻子 满批 3kg/100m²		找补 0.9kg/100m²		计算取用量	损耗率
	配比	配量	配比	配量	配比	配量		
醇酸磁漆	按一遍取定						8.50kg	3%
杂麻绳	按 1.5kg/100m² 取定						1.50kg	
酒 精	按石膏粉的 2%取用,即 2.1×0.02=0.042						0.042kg	
催干剂	按 0.47kg/100m² 取定						0.47kg	
醇酸稀释剂	按 0.44kg/100m² 取定						0.44kg	
砂 纸	按 20 张/100m²						20 张	
白 布	按 0.014m²/工日取定						0.46m²	

计算出定额的材料用量,如:

$$大白粉定额用量 = 7.2 \times 1.08 \times 2.4 = 18.66 kg/100m^2$$

$$熟桐油定额用量 = 2.76 \times 1.04 \times 2.4 = 6.89 kg/100m^2$$

$$油漆溶剂油定额用量 = 4.017 \times 1.04 \times 2.4 = 10.03 kg/100m^2$$

如此类推,得:清油 3.55、石膏粉 5.30、无光调合漆 49.94、醇酸磁漆 21.02、杂麻绳 3.60、酒精 0.10、催干剂 1.13、醇酸稀释剂 1.06、砂纸 48、白布 0.53。

2. "润油粉、刮腻子、调合漆两遍、磁漆一遍"的定额人工量计算

定额人工工日按 1985 年劳动定额中的相应项目和有关规定计算。但对于该项工艺内容,劳动定额中没有现成的综合时间定额可供套用,因此,需经换算求得综合时间定额,换算办法是将各单项施工过程的时间定额摘录出来进行综合,见表 2-6-22。

单层木门综合时间定额换算表　　　　表 2-6-22

工艺名称	选用劳动定额编号	时间定额	备 注
润油粉	§12-1-21-(二)	0.769	
刮腻子	§12-1-21-(三)	0.870	
头遍调合漆	§12-1-5-(三)	0.483	
二遍调合漆	§12-1-5-(四)	0.402	
磁 漆	§12-1-5-(五)	0.322×1.33	按油-4 规定 2
综合时间定额		2.952	

对木门窗的油漆定额要综合考虑以下情况:

(1) 对先安玻璃后做油漆者占 6%,先做油漆后安玻璃者占 94%综合考虑。

(2) 对内外分色者占 40%,不分色者占 60%综合考虑。

(3) 对油漆颜色按白色或乳黄色者占 60%,其他色者占 40%综合取定。

(4) 根据劳动定额油漆玻璃第一章四有关规定 1,考虑增加 4%的配料用工,并考虑人工幅度差 10%,则共计考虑综合系数 $1.04 \times 1.1 = 1.144$。

按上述考虑内容计算定额人工见表 2-6-23。

单层木门"润油粉、刮腻子、调合漆两遍、磁漆一遍"定额人工计算表　　表 2-6-23

项目名称	计算量	单位	1985年劳动定额的选用编号	时间定额（工日/10m²）	工日/100m²
先玻后油者 6%	0.6	10m²	表 3-33 值及 §12-1 有关规定 3	2.952×1.18	2.090
先油后玻者 94%	9.4	10m²	表 3-33	2.952	27.749
	小计				29.839
内外分色者 40%	0.4	10m²	§12-1 有关规定 1	29.839÷2×(1.11+1.05)	12.89
不分色者 60%	0.6	10m²		29.839	17.90
	小计				30.79
白或乳黄色 60%	0.6	10m²	油玻第一章四、有关规定 3	30.79×1.11	20.50
其他颜色 40%	0.4	10m²		30.79	12.32
	小计				32.82
定额用工			32.82×综合系数 1.144		37.55

（三）抹灰面"乳胶漆两遍"定额的制定

1. 乳胶漆定额材料量的计算

涂刷乳胶漆不打底油，只刮腻子。抹找平腻子按 1.5kg/100m² 取定，由大白粉 88%、羧甲基纤维素 2%、聚醋酸乙烯乳液 10% 进行调和而成。

批胶腻子按 15kg/100m² 取定：由滑石粉 88%、羧甲基纤维素 2%、聚醋酸乙烯乳液 10% 进行调和而成。

按上述配料的材料计算取用量，和按计算的定额用量如表 2-6-24 所示：

抹灰面乳胶漆定额材料量计算表　　表 2-6-24

材料名称	抹找腻子 1.5kg		批胶腻子 15kg		乳胶漆		计算取用量 kg	损耗率 %	定额用量 每100m²
	配比	配量	配比	配量	头遍	二遍			
滑石粉			88%	13.20			13.20	5%	13.86kg
羧甲基纤维素	2%	0.03	2%	0.30			0.33	3%	0.34kg
聚醋酸乙烯乳液	10%	0.15	10%	1.50			1.65	3%	1.70kg
大白粉	88%	1.32					1.32	8%	1.43kg
乳胶漆					12.00	15.00	27.00	3%	27.81kg
砂纸		2		2		2			6 张
白布	0.014m²/工日×3.8 工日								0.05m²

2. 乳胶漆定额人工工日的计算

乳胶漆不考虑配料工，人工幅度差按 10%，可直接查用劳动定额 §12-7-132（一），其时间定额为 0.345 工日/10m²，则：

$$定额工日 = 10 \times 0.345 \times 1.1 = 3.80\ 工日/100m^2$$

四、油漆、涂料、裱糊工程清单计价编制注意事项

（一）概况

本章共 9 节 29 个项目。包括门油漆、窗油漆，木扶手、板条面、线条面、木材面油漆，

金属面油漆，扶灰面油漆，喷刷涂料、裱糊等。适用于门窗、金属、抹灰面油漆工程。

（二）有关项目的说明

(1) 有关项目中已包括油漆、涂料的不再单独按本章列项。

(2) 连窗门可按门油漆项目编码列项。

(3) 木扶手区别带托板与不带托板分别编码（第五级编码）列项。

（三）有关工程特征的说明

(1) 门类型应分镶板门、木板门、胶合板门、装饰实木门、木纱门、木质防火门、连窗门、平开门、推拉门、单扇门、双扇门、带纱门、全玻门（带木扇框）、半玻门、半百叶门、全百叶门以及带亮子、不带亮子、有门框、无门框和单独门框等油漆。

(2) 窗类型应分平开窗、推拉窗、提拉窗、固定窗、空花窗、百叶窗以及单扇窗、双扇窗、多扇窗、单层窗、双层窗、带亮子、不带亮子等。

(3) 腻子种类分石膏油腻子（熟桐油、石膏粉、适量水）、胶腻子（大白、色粉、羧甲基纤维素）、漆片腻子（漆片、酒精、石膏粉、适量色粉）、油腻子（矾石粉、桐油、脂肪酸、松香）等。

(4) 刮腻子要求，分刮腻子遍数（道数）或满刮腻子或找补腻子等。

（四）有关工程量计算的说明

(1) 楼梯木扶手工程量按中心线斜长计算，弯头长度应计算在扶手长度内。

(2) 挡风板工程量按中心线斜长计算，有大刀头的每个大刀头增加长度50cm。

(3) 木板、纤维板、胶合板油漆，单面油漆按单面面积计算，双面油漆按双面面积计算。

(4) 木护墙、木墙裙油漆按垂直投影面积计算。

(5) 台板、筒子板、盖板、门窗套、踢脚线油漆按水平或垂直投影面积（门窗套的贴脸板和筒子板垂直投影面积合并）计算。

(6) 清水板条顶棚、檐口油漆、木方格吊顶顶棚油漆以水平投影面积计算，不扣除空洞面积。

(7) 暖气罩油漆，垂直面按垂直投影面积计算，突出墙面的水平面按水平投影面积计算，不扣除空洞面积。

(8) 工程量以面积计算的油漆、涂料项目，线角、线条、压条等不展开。

（五）有关工程内容的说明

(1) 有线角、线条、压条的油漆、涂料面的工料消耗应包括在报价内。

(2) 灰面的油漆、涂料，应注意基层的类型，如：一般抹灰墙柱面与拉条灰、拉毛灰、甩毛灰等油漆、涂料的耗工量与材料消耗量的不同。

(3) 空花格、栏杆刷涂料工程量按外框单面垂直投影面积计算，应注意其展开面积，工料消耗应包括在报价内。

(4) 刮腻子应注意刮腻子遍数，是满刮，还是找补腻子。

(5) 墙纸和织锦缎的裱糊，应注意要求对花还是不对花。

五、油漆、涂料工程预算编制实例

（一）阅图列项

根据设计说明中刷油的项目和类别，对照油漆定额表选列项目。如装饰工程说明：木门涂刷调合漆二遍、木墙裙清漆二遍、木地板刷地板漆三遍、内墙面涂刷乳胶漆二遍。因此，按湖北省统一基价表选列项目如下：

11—476　单层木门调合漆二遍；　　　　　11—551　木墙裙油色清漆二遍；
11—616　木地板满刮腻子地板漆三遍；　　11—673　内墙面和抹灰顶棚乳胶漆二遍；
11—677　花块、雨篷等小面积乳胶漆二遍。

（二）计算工程量

根据上述所列内容，在图纸中查取尺寸计算工程量。在计算木墙裙油漆时，注意要乘以工程量系数。

（三）计算直接费

将上述计算的工程量，按定额单位的要求，以小数点后二位有效数，填入到预算表内套用定额，计算出表 2-6-25 数据。

油漆涂料工程预算表　　　　　表 2-6-25

定额编号	项目名称	单位	工程量	直接费（元）		其中：人工费（元）		材料费（元）		机械费（元）	
				基价	金额	定额	金额	定额	金额	定额	金额
十一	油漆涂料工程										
	单层木门调合漆二遍	100m²									
	木墙裙油色清漆二遍	100m²									
	木地板地板漆三遍	100m²									
	乳胶漆二遍	100m²									
	小面积乳胶漆二遍	100m²									

（四）工料分析

根据预算表的定额编号和工程量，套用定额计算该项目的工料，见表 2-6-26。

油漆涂料工程工料分析表　　　　　表 2-6-26

定额编号	项目名称	单位	工程量	综合工日		无光调合漆		熟桐油		油漆溶剂油	
				定额	工日	定额	kg	定额	kg	定额	kg
十一	油漆涂料工程										
	单层木门调合漆二遍	100m²	0.43	17.69	7.61	24.96	10.73	4.25	1.83	11.14	4.79
	木墙裙油色清漆二遍	100m²									
	木地板地板漆三遍	100m²									
	内墙乳胶漆二遍	100m²									
	小面积乳胶漆二遍	100m²									

定额编号	项目名称	单位	工程量	石膏粉		调合漆		清油		漆片	
				定额	kg	定额	kg	定额	kg	定额	kg
十一	油漆涂料工程										
	单层木门调合漆二遍	100m²	0.43	5.04	2.17	22.01	9.46	1.75	0.75	0.07	0.03
	木墙裙油色清漆二遍	100m²									
	木地板地板漆三遍	100m²									
	内墙乳胶漆二遍	100m²									
	小面积乳胶漆二遍	100m²									

续表

定额编号	项目名称	单位	工程量	酒精 定额	kg	催干剂 定额	kg	砂纸 定额	张	白布 定额	m²
十一	油漆涂料工程			0.43	0.43	0.18	1.03	0.44	42.00	18.06	0.26	0.11
	单层木门调合漆二遍	100m²	0.43									
	木墙裙油色清漆二遍	100m²										
	木地板地板漆三遍	100m²										
	内墙乳胶漆二遍	100m²										
	小面积乳胶漆二遍	100m²										

定额编号	项目名称	单位	工程量	酚醛清漆 定额	kg	地板漆 定额	kg	乳胶漆 定额	kg	油石粉 定额	kg
十一	油漆涂料工程				11.53		8.17		213.55		85.24
	单层木门调合漆二遍	100m²	0.43								
	木墙裙油色清漆二遍	100m²									
	木地板地板漆三遍	100m²									
	内墙乳胶漆二遍	100m²									
	小面积乳胶漆二遍	100m²									

定额编号	项目名称	单位	工程量	羧甲基纤维素 定额	kg	聚醋酸乙烯乳液 定额	kg	大白粉 定额	kg	定额	kg
十一	油漆涂料工程				2.09		10.46		8.79		
	单层木门调合漆二遍	100m²	0.43								
	木墙裙油色清漆二遍	100m²									
	木地板地板漆三遍	100m²									
	内墙乳胶漆二遍	100m²		0.34	2.09	1.70	10.46	1.43	8.79		
	小面积乳胶漆二遍	100m²									

第七节 其他工程

一、其他工程造价概述

（一）其他工程定额项目内容及定额换算

1. 定额项目内容

（1）招牌、灯箱

定额所列招牌分为平面型、箱体型两种，在此基础上又分为简单型和复杂型。平面型是指厚度在120mm以内在一个平面上有招牌。箱体型是指厚度超过120mm一个平面上有招牌或多面有招牌。

简单型招牌是指矩形或多边形、面层平整无凸凹面者。复杂招牌是指圆弧形或面层有凸凹造型的，不论安装在建筑物的何种部位均按相应定额执行。

灯箱制作安装分为钢结构灯箱、木结构灯箱和布灯箱。

(2) 字安装

定额字的安装是指成品单体字的安装，不包括字的制作和拼装，故不论字体形式如何，均按定额执行，即使是外文或拼音字，也应以中文意译的单字或单词进行计量，而不应以字符来计量。对字的材质，定额列有二种，即有机玻璃字和金属字。泡沫塑料字、硬塑料字应执行有机玻璃字的相应子目，镜面玻璃字应执行金属字的相应子目，但成品字的单价换算、人工不变。字的规格，定额是按三个档次制定的，即：

长×宽×厚 = 400mm×400mm×50mm，定额控制范围在 0.2m² 以内；

长×宽×厚 = 600mm×800mm×50mm，定额控制范围在 0.5m² 以内；

长×宽×厚 = 900mm×1000mm×50mm，定额控制范围在 0.5m² 以外。

字底基层未做分类，定额已综合了各种字底基层，不论字底基层是混凝土面、砖墙面或其他面，均按定额执行。

(3) 压顶线、装饰条

压顶线和装饰条是用于各种交接面、分界面、层次面、封边封口线等的压顶线和装饰条，起封口、封边、压边、造型和连接的作用。目前，压顶线和装饰条的种类也很多，按材质分，主要有木线条、铝合金线条、铜线条、不锈钢线条和塑料线条、石膏线条等。按用途分，有天花角线、天花线、压边线、挂镜线、封边角线、造型线等。为适应装饰市场的需要，定额将装饰条分为成品装饰条安装和装饰条制作安装两种。

1) 成品装饰条。成品装饰条又分为木条和金属条二类。木装饰条按条宽为 25mm 以内、50mm 以内、50mm 以外分列子目。金属装饰条有铝合金线条、铜线条和不锈钢线条等。金属装饰条线条规格，定额是按铝合金角线 20mm×25mm×2mm、铝合金槽线 30mm×15mm×1.5mm、不锈钢条 50mm×1mm、铜嵌条 15mm×1mm 计算的，材质和规格不同时，单价允许调整，但定额含量不变。

2) 木装饰条。木装饰条一般多为造型复杂、线面多样化的木条，主要用于镜框压边线、墙面腰线、柱顶、柱脚等部位。

木装饰条制作安装按其造型线角的道数，分"三道线内"和"三道线外"两类编制，每类又按木装饰条宽度在 25mm 以内、50mm 以内、50mm 以外套用定额。常用木装饰线如图 2-7-1 所示。

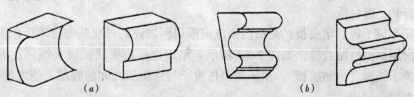

图 2-7-1 木装饰线条
(a) 三道线内；(b) 三道线外

3) 木装饰阴角线。木装饰阴角线，亦称压角线，主要用于转角部位，造型一般比装饰线更复杂，在转角部位的装饰线条都可按阴角线处理。定额中阴角线以其断面尺寸，按三个档次编制,即20mm×20mm以内、40mm×40mm以内、40mm×40mm以外。阴角线条的断面尺寸是按30mm×30mm、55mm×55mm、80mm×80mm对剖计算的,设计断面与定额子目不符时,不调整。图2-7-2是常见的几种阴角线外形图。

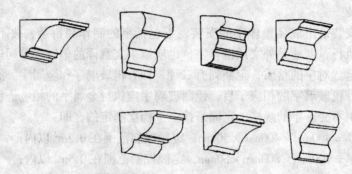

图2-7-2 阴角线

4)塑料线条。塑料装饰线条是用硬质聚氯乙烯塑料制成,耐磨、耐腐蚀、绝缘性好,且一次成形后不需再处理。常见的线条有聚氨酯(PU)硬泡饰线,PPC高分子材料饰线和PP型塑料雕花线条等。

5)石膏装饰线。石膏装饰线是以半水石膏为主要原料,掺加适量增强纤维、胶结剂、促凝剂、缓凝剂,经料浆配制,浇注成型,烘干而制成的线条。它具有重量轻,易于锯拼安装,浮雕装饰性强的优点。

装饰线条安装,定额均以安装在墙面上为准。设计安装在顶棚面层时,按以下规定执行(但墙与顶棚交界处的角线除外):钉在木龙骨基层上,其人工按相应定额乘系数1.34;钉在钢龙骨基层上乘系数1.68;钉木装饰线条图案者人工乘系数1.50(木龙骨基层上)及1.80(钢龙骨基层上)。

(4) 窗帘盒、窗帘轨

窗帘盒是用木材或塑料等材料制成安装于窗子上方,用以遮挡、支撑窗帘杆(轨)、滑轮和拉线等的盒形体。窗帘轨(杆)是安装于窗子上方,用于悬挂窗帘的横杆。窗帘盒分明式和暗式两类,暗窗帘盒仅适用于有吊顶顶棚的房间。图2-7-3是常用的明、暗窗帘盒的构造。窗帘轨一般用木棍、薄壁型钢、铝合金型材、不锈钢管等材料制做。

定额按明式和暗式两类窗帘盒编制,明式窗帘盒又分单轨和双轨窗帘盒两种,窗帘轨按铝合金窗帘轨列入,另列一项无窗帘盒明装窗帘轨子目,计列5个子项。

(5) 门窗套、窗台板

门窗套又称筒子板、堵头板,是沿门框或窗框周围加设的一层装饰性木板,在筒子板与墙接缝处常用贴脸钉贴盖缝,如图2-7-4所示。贴脸也称门头线或窗头线,是沿橙子周边加钉的一条木线脚(称贴脸板),用于封盖住橙子与涂刷层之间的缝隙,使之整齐美观。有时还再加木线条封边。

窗台板,这里是指用木板平装在窗台内侧,再做饰面处理(如油漆等)而形成的既有装饰性又有实用性的室内窗台平台板。如图2-7-4(a)及(b)所示。

(6) 盖口条

当两扇门、窗扇关闭时,通常存有缝口,为遮盖此缝口而装钉的盖缝线条就叫盖口

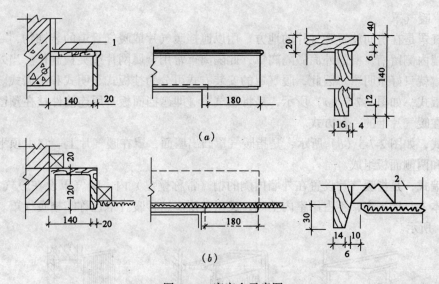

图 2-7-3 窗帘盒示意图
(a) 单轨明式；(b) 单轨暗式
1—φ6×35 圆头螺栓带垫圈；2—顶龙骨

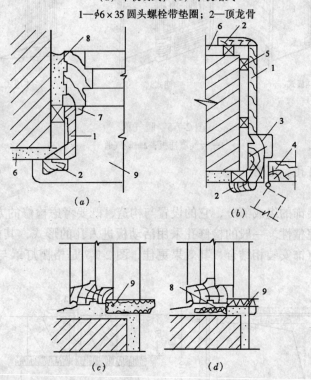

图 2-7-4 门窗套、窗台板构造示意
(a) 窗筒子板；(b) 门筒子板；(c) 水磨石窗台板；(d) 木窗台板
1—筒子板；2—贴脸板；3—木门框；4—木门扇；5—木块或木条；
6—抹灰面；7—盖缝条；8—沥青麻丝；9—窗台板

条。盖口条应钉在先行开启的一扇上，主要作用是遮风挡雨。若是贴盖木结构与墙面间的接缝，如门、窗框与墙之间，木墙裙与墙之间的压缝条，则常称为木压条，或压边线。

(7) 暖气罩

暖气罩是在房间放置暖气片的地方，用以遮挡暖气片或暖气管道的装饰物，一般做法是在外墙内侧留槽，槽的外面做隔离罩，此隔离罩常用金属网片或夹板制作。当外墙无法留槽时，就只好做明罩。因此，暖气罩的安装方式可分为挂板式、明式和平墙式。

挂板式，如图2-7-5（a）所示，是将暖气罩（即遮挡面板）用连接件挂在预留的挂钩上或挂在暖气片上的一种方式。

明式，如图2-7-5（b）所示，是指暖气罩凸出墙面，罩在暖气片上。它由顶平板、正立面板和两侧面板组成。

平墙式，是指暖气片设置在外墙内侧的槽（常称壁龛）内，暖气罩设在暖气片正面，表面基本上与墙平齐，不占用室内空间，又很美观。这种暖气罩也称暗槽暖气罩。如图2-7-5（c）所示。

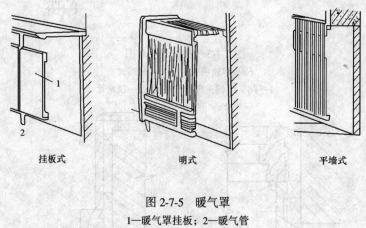

图2-7-5 暖气罩
1—暖气罩挂板；2—暖气管

(8) 检修孔、灯孔、灯槽

1) 检修孔

检修孔是顶棚装饰的组成部分，它的设置与构造，既要考虑检修的方便，又要尽量隐蔽，以保持顶棚的完整性。一般的检修孔采用活动板进人孔的形式，其构造如图2-7-6所示。检修进人孔与灯饰安装相结合，其效果更佳，图2-7-7是格栅灯罩与进人孔结合的构造图。

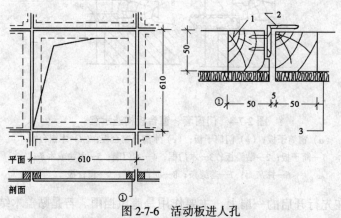

图2-7-6 活动板进人孔
1—活动吊顶盖；2—L38×3长50；3—吊顶面层

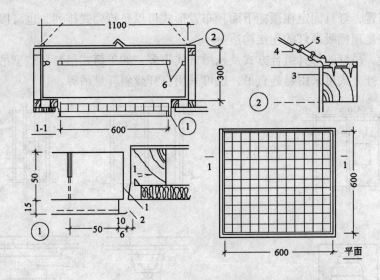

图 2-7-7　灯罩兼进人孔

1—1mm厚铝折光片；2—2mm厚铝板边框；3—24号镀锌铁皮；
4—1.5mm厚钢板内罩白漆；5—钢板铰链；6—荧光灯

利用顶棚侧面设置检修进人孔，可以取得构造和装饰两佳的效果，图 2-7-8 和图 2-7-9 是侧向检修孔的两个例子。

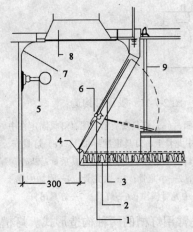
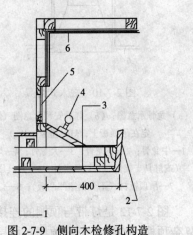

图 2-7-8　侧向金属检修孔构造

1—上下框 L50×4；2—吊顶面层；3—24号白铁皮检修门；
4—封口板 20×10；5—灯具；6—铁铰链；7—墙面抹灰；
8—送风口；9—钢吊筋

图 2-7-9　侧向木检修孔构造

1—吊顶内检修走道；2—封口板 20×200
(mm)；3—下层吊顶；4—灯具；5—木检修门
400×200 (mm)；6—上层吊顶

2）灯孔、灯槽

顶棚上安装灯饰，布置的方式很多。格栅灯罩是其中的一种（图 2-7-7）；嵌入式灯具布置又是一种，嵌入式是在需要安装灯具的位置，用龙骨按灯具的外形尺寸围合成孔洞边框，此边框（也称灯具龙骨）应设置在次龙骨之间，既作为灯具安装的连接点，也是灯具安装部位的局部加强，灯具同吊顶面保持平齐。筒式灯就属于这种构造，如图 2-7-10 所示。

吸顶式布置，灯具固定在顶棚下面，布置形式可以是行列式排列，也可以是交错式排列。图 2-7-11 是顶棚吸顶灯的连接构造。

吊灯布置，吊灯的灯具组合方式及悬吊方式很多，如单筒式吊灯、造型吊灯、多头艺术吊灯等，吊挂方式可采用悬链直吊，也可采用直杆或斜杆悬吊等。

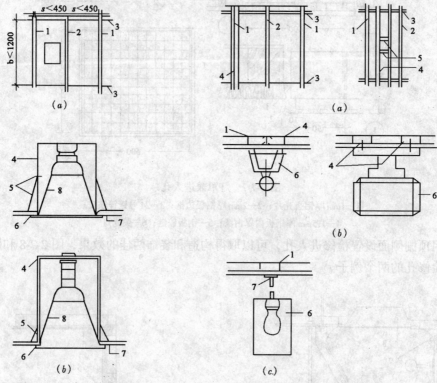

图 2-7-10　嵌入式灯具

（a）龙骨示意图；（b）灯具安装示意图（灯具固定在吊顶板上，灯具重量≤1kg）
1—中龙骨；2—小龙骨；3—大龙骨；4—灯具罩（或灯具支架）；5—灯具卡件；6—灯具压边；7—吊顶板材（不含钙塑凹凸板）；8—灯具

图 2-7-11　吸顶灯构造

（a）龙骨平面；（b）灯具安装示意图（灯具固定在中龙骨或附加中龙骨上，灯具重量≤4kg）；（c）灯具安装示意（灯具固定在中龙骨上，灯具重量≤2kg）
1—中龙骨；2—小龙骨；3—大龙骨；4—附加中龙骨；5—中龙骨横撑；6—灯具；7—灯具吊杆

图 2-7-12 是灯带与顶棚的连接构造，图 2-7-13 是常用灯槽的两种构造形式。灯槽即为复杂顶棚（或二、三级顶棚）面层中的回光灯槽。

定额的灯孔、灯槽部分，列格式灯孔、筒灯孔、灯带和灯槽4个子目。

(9) 卫生间内配件

1) 大理石洗漱台

洗漱台是卫生间内用于支承台式洗脸盆，搁放洗漱卫生用品，同时装饰卫生间的台面。洗漱台一般用纹理、颜色均具有较强装饰性的花岗岩、大理石板材，经磨边、开孔制作而成。台面的厚度一般为20mm，宽度约500～600mm，长度视卫生间大小而定，另设侧板。台面下设置支承构件，通常用角铁架子，木架子，半砖墙，或搁在卫生间两边的墙上。定额按大理石台板编制，台面尺寸：20mm×700（含侧板200）mm×1400mm，开单孔，若设计石材尺寸、品种规格与定额不符时，含量、单价应换算。台板磨边可为45°斜

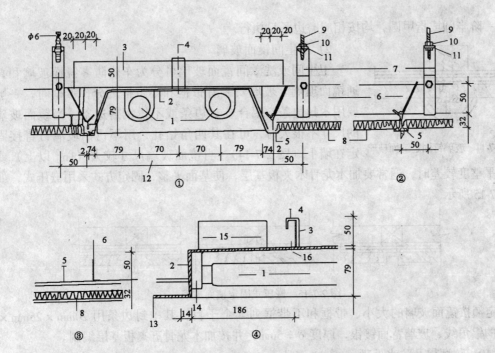

图 2-7-12 灯带与顶棚的连接构造

1—日光灯管；2—反光罩；3—附加大龙骨；4—灯具吊挂铁件；5—中龙骨；6—大龙骨；7—大龙骨垂直吊挂件；8—吊顶板；9—φ6钢筋吊杆；10—螺母；11—垫圈；12—300 或按设计；13—金属面板；14—灯脚示意；15—日光灯整流器示意；16—半圆头螺钉 M4×12

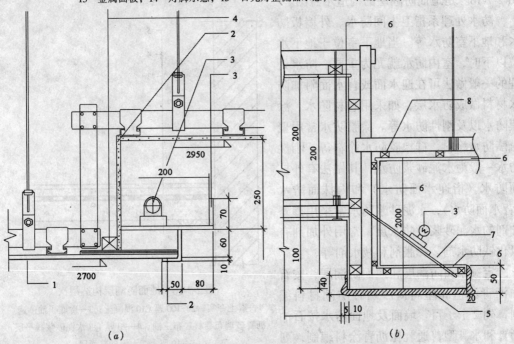

图 2-7-13 灯槽的两种构造

（a）灯槽构造之一；（b）灯槽构造之二

1—轻钢龙骨石膏板吊顶乳胶漆饰面；2—9mm 厚板乳胶漆饰面；3—日光灯；4—钢筋吊杆；5—仿瓷面人造木材；6—9mm 厚石膏板；7—φ10 斜坡拉钢条；8—金属护角

边、一阶半圆或指甲圆，均按相应磨边子目执行。

2）卫生间镜面玻璃

卫生间或洗漱间镜面玻璃可分为车边防雾镜面玻璃和普通镜面玻璃。玻璃安装有带框和不带框之分，带框时，一般要用木封边条、铝合金封边条或不锈钢封边条。当镜面玻璃的尺寸不很大时，可在其四角钻孔，用不锈钢玻璃钉直接固定在墙上（图2-7-14）。当镜面玻璃尺寸较大（1m² 以上）或

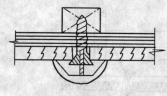

图2-7-14 玻璃钉固定镜面玻璃

墙面平整度较差时，通常要加木龙骨木夹板基层，使基面平整，固定方式采用嵌压式，如图2-7-15所示。

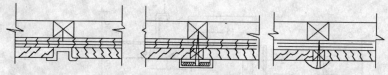

图2-7-15 嵌压式固定镜面玻璃

定额按镜面玻璃的大小、带框和不带框列4个子目，其中封边条用20mm×25mm×2mm的铝角线，玻璃背面镀银，厚度$\delta = 5$mm，并按加木龙骨五夹板基层编制。

（10）防潮层及防水处理

由于地表水的渗透和地下水的毛细作用，在土壤中形成毛细水，经基础上爬，使上部的墙身和地面受潮，为防止这类潮气的浸蚀，在墙面或地面、或墙面地面同时做防潮层，图2-7-16。是地面防潮层的构造示意图。

防水处理系指卫生间防水、外墙板防水和地下室防水等。当地下室位于地下水位以下时，室内防水就尤为重要。防水处理的一般做法可在迎水面或背水面附加防水材料做成防水层，如采用卷材防水、涂膜防水以及刚性防水等。涂膜防水常用聚氨酯防水涂料、硅橡胶防水涂料等；刚性防水一般为水泥砂浆防水，其做法有外抹面防水（指迎水面防水）和内抹面防水（背水面防水），水泥砂浆防水常采用掺外加剂的水泥砂浆做防水层，常用外加剂有氯化铁防水剂、膨胀剂和减水剂等。

定额墙面防潮层和地面防潮层，按石油沥青油毡和塑料薄膜两种防潮材料编制，列2个子目。墙面及地面防水按石油沥青和水乳型普通乳化沥青涂料编制，列4个子目。

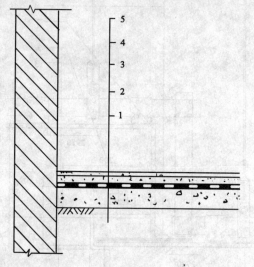

图2-7-16 地面防潮层构造层次
1—素土夯实；2—100厚C10混凝土；3—冷底子油一遍，沥青玻璃布卷材二布三油；4—20厚1:3水泥砂浆找平层；5—10厚1:2水泥砂浆面层

（11）成品保护

成品保护是指对已做好的项目面层上覆盖保护层。按保护工程部位分，有地面、墙

面、门窗三大类产品，包括的保护材料有花岗岩、大理石、木材面、铝合金及不锈钢面等。定额所列保护材料有麻袋、旧地毯、塑料薄膜及不锈钢面保护贴膜。

(12) 钢骨架、铁件制作

定额中钢骨架、铁件制作项目（6-101子目），是专为本定额各有关项目提供成品单价的，不能单独使用。钢骨架、铁件安装的人工已包括在相应定额中。另外，定额中已包括刷防锈漆一遍，防锈漆不得重复计算，如设计需在防锈漆上刷其他油漆时，应按定额的相应油漆子目执行。例如，定额2-105隔墙型钢龙骨子目中的钢骨架制安，其单价4.14元/kg，即为6-101子目的基价4140元/t。又如定额2-12砖墙面挂贴大理石子目中的铁件制安，其单价也是4.14元/kg。

(13) 柜、橱、货架

定额第四部分"柜、橱、货架和酒吧台、酒吧柜及其他"项目为参考定额，共列26个子目，其中包括：

货柜、货架、展橱、柜台、各式衣架、存包柜、收银台、服务台、鞋架、酒吧台、酒吧柜及文件橱等。这里货柜与货架的区别是：货柜是指高度在1m以内的柜台，货架是指高度在1m以上的架子。

2. 其他工程定额换算

(1) 装饰线条安装项目中，分为线条成品安装和线条制作安装两种，定额均以安装在墙面上为准。设计安装在顶棚面层时，按以下规定执行（但墙、顶交界处的角线除处）：钉在木龙骨基层上，其人工按相应定额乘系数1.34；钉在钢龙骨基层上乘系数1.68；钉木装饰线条图案者人工乘系数1.50（木龙骨基层上）及1.80（钢龙骨基层上）。设计装饰线条成品规格与定额不同应换算，但含量不变。

金属装饰线条规格，定额是按铝合金角线20mm×25mm×2mm、铝合金槽线30mm×15mm×1.5mm、不锈钢条50mm×1mm、铜嵌条15mm×1mm计算的，材质和规格不同时，单价允许调整，但定额含量不变。其中不锈钢装饰线按比例换算。

(2) 木装饰条制作安装，三道线以内定额按断面22mm×12m、43mm×13m、80mm×20mm计算，三道线以外木线条断面分别按25mm×14mm、48mm×15mm、88mm×20mm计算。设计断面不符，均按比例调整。

(3) 窗帘盒，无论是明窗帘盒还是暗窗帘盒，当其形状为弧线型时，人工增加20%，其他不变。

(4) 顶棚面层中回光灯槽所需增加的龙骨已在复杂顶棚中加以考虑，不得另行增加。曲线形平顶灯带、曲线形回光灯槽，按相应定额增加50%人工，其他不变。

(5) 地面铺设防潮层时，按墙面防潮层相应子目执行，人工乘以系数0.85，其他不变。

(6) 成品保护项目，实际覆盖保护层的材料与定额不同时，不得换算。实际施工中成品未覆盖保护材料的，不得计算成品保护费。

(7) 定额中的石材磨边是按在现场制作加工编制的，实际由外单位加工时，应另行计算。

(8) 大理石洗漱台是按开单孔计算的，设计不开孔或再增加一孔，另增减0.5工日。设计用成品或石材品种、尺寸规格与定额不符时，含量、单价应换算。

(二) 工程量计算

1. 招牌、灯箱工程量

(1) 平面型招牌按正立面投影面积以平方米（m^2）计算工程量；

(2) 箱体式钢结构招牌按体积（m^3）计算工程量；

(3) 灯箱按正立面投影面积（m^2）计算工程量。

2. 招牌字工程量

招牌字安装，不论安装在何种墙面或其他部位，均按字的个数计算工程量。

定额按每个字面积在 $0.2m^2$ 以内、$0.5m^2$ 以内和 $0.5m^2$ 以外划分为三个子目，使用时，按字的面积大小套用定额，面积以字体尺寸的最大外围面积计算。

字的安装是指成品单体字的安装，不论字体形式如何，均按定额执行，即使是外文字或拼音字，也应以中文意译的单字或单词进行计量，而不应以字符来计量。

3. 牌面板工程量

牌面板工程量按牌面板的块数计算。牌面板分金属、木质和大理石三种材料列项，牌面板面积分为 $0.5m^2$ 以内、$0.5m^2$ 以外，使用时按设计要求，分别套用定额。

4. 石膏乳雕灯座、角花工程量

石膏乳雕灯座、角花工程量按个数计算。灯盘按 $\phi900$，角花按 $280mm \times 280mm$ 编制。

5. 压条、装饰线条

单线木压条、木花式线条、木曲线条、金属装饰条及多线木装饰条、石材线条等，不论规格大小或造型繁简，均以延长米按实际设计长度，以 $100m$ 为单位计算。

不同材料装饰条、不同宽度装饰条、线条断面、线条道数、线条形式、成品线条安装、线条制作安装，均应分别计算其工程量。

踢脚线包阴角按阴角线相应定额执行；墙裙、踢脚线包阳角，按 6-35 子目木压顶线执行。

6. 石材线磨边

石材线磨边及石材板缝嵌云石胶，均按延长米以 $10m$ 为单位计算。石材磨边形状有 $45°$ 斜边、一阶半圆边、指甲圆三种，包括磨边及抛光等操作过程。弧形石材磨边，人工、机械乘系数 1.3。板缝嵌云石胶仅适用于贴进口石材的墙、地面板缝。

7. 窗台板、门窗套工程量

窗台板、门窗套按实铺面积（m^2）计算工程量。

8. 窗帘盒、窗帘

(1) 窗帘盒分明式和暗式两类，明窗帘盒又分为单轨窗帘盒和双轨窗帘盒两种，其工程量均以盒的外长按延长米（m）计算，如设计图纸未注明尺寸，可按洞口尺寸加 30cm 计算。

(2) 窗帘布、窗纱布、垂直窗帘的工程量按展开面积计算。

(3) 窗水波幔帘按延长米（m）计算。定额按"大波"和"小波"编制，每类按"带花"和"不带花"分别计算工程量，分别套用定额。

弧线型窗帘盒，无论是明窗帘盒还是暗窗帘盒，均按相应定额执行，人工增加 20%，其他不变。

【例1】试计算图 2-4-29 单间客房窗帘盒、窗帘布制安工程量及定额直接费。设计窗帘盒用细木工板、五夹板，铝合金窗帘轨，普通窗帘布制安。

【解】 1) 窗帘盒、窗帘轨定额直接费：

窗帘盒工程量按洞口宽度加 30cm 计算，即：$1.8 + 0.3 = 2.1m$

套定额 6-56，基价 3836.67 元/100m，定额直接费：

$$3836.67 \times 0.021 = 80.57 \text{元}$$

2) 窗帘布，按展开面积计算工程量，若窗帘下挂 25cm，则

$$(1.8 + 0.3) \times (1.8 + 0.25) = 4.31 m^2$$

由定额 6-62，其定额直接费为：

$$338.36 \times 0.431 = 145.83 \text{元}$$

3) 定额直接费合计：$80.57 + 145.83 = 226.4$ 元

9. 检修孔、灯孔、灯槽及开洞

(1) 检修孔、灯孔、开洞工程量均按个数计算。

检修孔尺寸按 $300mm \times 300mm$ 和 $600mm \times 600mm$ 编制，孔的尺寸不同分别套用定额。

灯孔分格式灯孔和筒灯孔，应分别计量套用定额。

开洞以 10 个为单位计算，定额开洞是指每个洞面积在 $0.015m^2$ 以内的孔洞，每个石材洞超过时，基价乘 1.30 系数。

(2) 灯槽、灯带工程量按延长米（m）计算。

曲线形平顶灯带、曲线形回光灯槽，按相应定额增加 50% 人工，其他不变。回光灯槽所需增加的龙骨已在复杂顶棚中考虑，不得另行增加。

10. 防潮层

防潮层、防水工程，按实铺面积（m^2）计算工程量。

当地面铺防潮层时，按墙面防潮层相应子目执行，人工乘以系数 0.85，其他不变。

不同防潮、防水材料，墙面或地面，应分别计算其工程量。

【例 2】 若图 2-5-12 所示小型住宅的地面及墙面均做石油沥青油毡防潮层，试计算工程量、定额直接费和主材用量。

【解】 地面和墙面防潮层应分别计算

1) 地面防潮层：工程量：

$$(9.6 - 0.24 \times 3) \times (5.8 - 0.24) = 49.37 m^2$$

按定额规定，地面防潮层执行墙面防潮层定额，人工乘系数 0.85，按定额 6-81 即得：

$$3.25 \times 0.85 + 22.34 + 2.00 = 27.59 - 3.25 \times 0.15 = 27.10 \text{元}/10m^2$$

定额直接费为：

$$27.1 \times 4.937 = 133.79 \text{元}$$

2) 墙面防潮：

考虑墙面防潮高度平窗台 900mm，则实做面积为：

$$[(9.6 - 0.24 \times 3) \times 2 - 1.00] \times 0.9 \text{（纵向）} + [(5.8 - 0.24)$$
$$\times 6 - 0.8 \times 4 + 0.24 \times 4] \times 0.9 \text{（横向）}$$
$$= 43.09 m^2$$

由定额 6-81，基价 27.59 元/$10m^2$，直接费为：

$$27.59 \times 4.309 = 118.89 \text{元}$$

3）定额直接费合计：
$$133.79 + 118.89 = 252.68 元$$
4）防潮层材料用量：
防潮层材料，350号石油沥青油毡，用量应为墙面用量与地面用量之和：
$$10.20 \times (4.309 + 4.937) = 94.31 m^2$$

11. 卫生间配件

（1）大理石洗漱台板工程量按块数计算。

大理石洗漱台定额是按单孔计算的，设计不开孔或再增加一孔，另增减0.5工日。

（2）浴帘杆以延长米计算，浴缸拉手及毛巾架以每付计算。

（3）镜面玻璃带框，按框的外围面积计算；不带框的镜面玻璃按玻璃面积计算工程量。

【例3】 设图2-4-29所示单间客房卫生间内大理石洗漱台、车边镜面玻璃及毛巾架等配件尺寸如下：大理石台板1400mm×500mm×20mm，侧板宽度200mm，开单孔；台板磨一阶半圆边；玻璃镜1400（宽）×1120（高）（mm），基层为木龙骨、五夹板、不带框；毛巾架为不锈钢架，1只/间。试计算15个标准间客房卫生间上述配件的工程量和定额直接费。

【解】 1）大理石洗漱台15块，设计要求与定额规定一致，则由定额6-93，有定额直接费：
$$364.66 \times 15 = 5469.9 元$$
2）大理石台板磨半圆边：
工程量按延长米计算，总长为：$1.4 \times 15 = 21m$
由6-76子目，一阶半圆基价152.0元/10m，定额直接费为：
$$152 \times 2.1 = 319.2 元$$
3）镜面玻璃：
设计要求不带框，工程量按玻璃面积计算，镜面积为：
$1.4 \times 1.12 = 1.568 m^2$，大于$1 m^2$以外，按定额6-100执行，基价989.83元/$10 m^2$则
$$989.83 \times 0.1568 \times 15 = 2328.08 元$$
4）不锈钢毛巾架，由定额6-96有：
$$893.44 \times 1.5 = 1340.16 元$$
5）定额直接费合计：
$$5469.9 + 319.2 + 2328.08 + 1340.16 = 9457.34 元$$

12. 成品保护

成品保护层按相应子目工程量计算，其中台阶、楼梯成品保护按水平投影面积（m^2）计算工程量。

实际覆盖保护层的材料与定额不同时，不得换算。实际施工中成品未覆盖保护层的，不得计算成品保护费。

13. 橱、柜、货架等

柜台、货架、酒吧台柜、服务台、收银台等的工程量，均以每只外围（高×长×宽）按只计算。

柜台、货架、橱柜和酒吧台、酒吧柜及其他等定额为参考定额,供投标报价时参考,结算时应按设计图纸和实际情况调整人工、材料、机械含量。

货柜、货架、柜、橱、酒吧台等,应分别计算,套用定额。

二、其他工程规范

B.6 其他工程

B.6.1 柜类、货架。工程量清单项目设置及工程量计算规则,应按表2-7-1的规定执行。

柜类、货架(编码:020601) 表2-7-1

项目编码	项目名称	项目特征	计量单位	工程量计算规则	工程内容
020601001	柜台	1. 台柜规格 2. 材料种类、规格 3. 五金种类、规格 4. 防护材料种类 5. 油漆品种、刷漆遍数	个	按设计图示数量计算	1. 台柜制作、运输、安装(安放) 2. 刷防护材料、油漆
020601002	酒柜				
020601003	衣柜				
020601004	存包柜				
020601005	鞋柜				
020601006	书柜				
020601007	厨房壁柜				
020601008	木壁柜				
020601009	厨房低柜				
020601010	厨房吊柜				
020601011	矮柜				
020601012	吧台背柜				
020601013	酒吧吊柜				
020601014	酒吧台				
020601015	展台				
020601016	收银台				
020601017	试衣间				
020601018	货架				
020601019	书架				
020601020	服务台				

B.6.2 暖气罩。工程量清单项目设置及工程量计算规则，应按表2-7-2的规定执行。

暖气罩（编码：020602） 表2-7-2

项目编码	项目名称	项目特征	计量单位	工程量计算规则	工程内容
020602001	饰面板暖气罩	1. 暖气罩材质 2. 单个罩垂直投影面积 3. 防护材料种类 4. 油漆品种、刷漆遍数	m²	按设计图示尺寸以垂直投影面积（不展开）计算	1. 暖气罩制作、运输、安装 2. 刷防护材料、油漆
020602002	塑料板暖气罩				
020602003	金属暖气罩				

B.6.3 浴厕配件。工程量清单项目设置及工程量计算规则，应按表2-7-3的规定执行。

浴厕配件（编码：020603） 表2-7-3

项目编码	项目名称	项目特征	计量单位	工程量计算规则	工程内容
020603001	洗漱台	1. 材料品种、规格、品牌、颜色 2. 支架、配件品种、规格、品牌 3. 油漆品种、刷漆遍数	m²	按设计图示尺寸以台面外接矩形面积计算。不扣除孔洞、挖弯、削角所占面积，挡板、吊沿板面积并入台面面积内	1. 台面及支架制作、运输、安装 2. 杆、环、盒、配件、安装 3. 刷油漆
020603002	晒衣架		根（套）	按设计图示数量计算	
020603003	帘子杆				
020603004	浴缸拉手				
020603005	毛巾杆（架）				
020603006	毛巾环		副		
020603007	卫生纸盒		个		
020603008	肥皂盒				
020603009	镜面玻璃	1. 镜面玻璃品种、规格 2. 框材质、断面尺寸 3. 基层材料种类 4. 防护材料种类 5. 油漆品种、刷漆遍数	m²	按设计图示尺寸以边框外围面积计算	1. 基层安装 2. 玻璃及框制作、运输、安装 3. 刷防护材料、油漆
020603010	镜箱	1. 箱材质、规格 2. 玻璃品种、规格 3. 基层材料种类 4. 防护材料种类 5. 油漆品种、刷漆遍数	个	按设计图示数量计算	1. 基层安装 2. 箱体制作、运输、安装 3. 玻璃安装 4. 刷防护材料、油漆

B.6.4 压条、装饰线。工程量清单项目设置及工程量计算规则，应按表2-7-4的规定执行。

压条、装饰线（编码：020604） 表2-7-4

项目编码	项目名称	项目特征	计量单位	工程量计算规则	工程内容
020604001	金属装饰线	1. 基层类型 2. 线条材料品种、规格、颜色 3. 防护材料种类 4. 油漆品种、刷漆遍数	m	按设计图示尺寸以长度计算	1. 线条制作、安装 2. 刷防护材料、油漆
020604002	木质装饰线				
020604003	石材装饰线				
020604004	石膏装饰线				
020604005	镜面玻璃线				
020604006	铝塑装饰线				
020604007	塑料装饰线				

B.6.5 雨篷、旗杆。工程量清单项目设置及工程量计算规则，应按表2-7-5的规定执行。

雨篷、旗杆（编码：020605） 表2-7-5

项目编码	项目名称	项目特征	计量单位	工程量计算规则	工程内容
020605001	雨篷吊挂饰面	1. 基层类型 2. 龙骨材料种类、规格、中距 3. 面层材料品种、规格、品牌 4. 吊顶（顶棚）材料、品种、规格、品牌 5. 嵌缝材料种类 6. 防护材料种类 7. 油漆品种、刷漆遍数	m²	按设计图示尺寸以水平投影面积计算	1. 底层抹灰 2. 龙骨基层安装 3. 面层安装 4. 刷防护材料、油漆
020605002	金属旗杆	1. 旗杆材料、种类、规格 2. 旗杆高度 3. 基础材料种类 4. 基座材料种类 5. 基座面层材料、种类、规格	根	按设计图示数量计算	1. 土石挖填 2. 基础混凝土浇筑 3. 旗杆制作、安装 4. 旗杆台座制作、饰面

B.6.6 招牌、灯箱。工程量清单项目设置及工程量计算规则，应按表2-7-6的规定执行。

招牌、灯箱（编码：020606） 表2-7-6

项目编码	项目名称	项目特征	计量单位	工程量计算规则	工程内容
020606001	平面、箱式招牌	1. 箱体规格 2. 基层材料种类 3. 面层材料种类 4. 防护材料种类 5. 油漆品种、刷漆遍数	m²	按设计图示尺寸以正立面边框外围面积计算。复杂形的凸凹造型部分不增加面积	1. 基层安装 2. 箱体及支架制作、运输、安装 3. 面层制作、安装 4. 刷防护材料、油漆
020606002	竖式标箱		个	按设计图示数量计算	
020606003	灯箱				

B.6.7 美术字。工程量清单项目设置及工程量计算规则，应按表2-7-7的规定执行。

美术字（编码：020607） 表2-7-7

项目编码	项目名称	项目特征	计量单位	工程量计算规则	工程内容
020607001	泡沫塑料字	1. 基层类型 2. 镌字材料品种、颜色 3. 字体规格 4. 固定方式 5. 油漆品种、刷漆遍数	个	按设计图示数量计算	1. 字制作、运输、安装 2. 刷油漆
020607002	有机玻璃字				
020607003	木质字				
020607004	金属字				

三、其他工程的预算编制注意事项

招牌基层是指招牌框架本身的形体部分，不包括字体、灯具、面板和油漆等内容，这些内容可按各自的相关项目定额执行。

招牌基层定额是参照有关地区资料进行编制，现以平面招牌为例，说明定额编制的内涵。

（一）平面招牌定额的材料量计算

平面招牌的定额材料是按 $1 \times 0.7 = 0.7 m^2$、$1 \times 1.2 = 1.2 m^2$、$1 \times 1.8 = 1.8 m^2$ 三种规格，通过调查测算制定出三种规格的取定量（如表2-7-8中②④⑥栏所示），经平均后按下式计算即可得出定额材料用量。计算式如下：

$$定额材料量 = 平均取定量 \times 10 m^2 \times （1 + 损耗率）$$

式中，平均取定量和损耗率见表2-7-8中⑨⑩栏。

平面招牌"一般"形定额材料的取定量 表2-7-8

材料名称	0.7m²内		1.2m²内		1.8m²		每m²合计	每m²平均取定量	损耗率
	取定值	每m²量	取定量	每m²量	取定量	每m²量			

按表内的每m²平均取定量和损耗率，即可计算出各材料的定额用量，如木结构平面招牌"一般"形的"一等木方"和"铁钉"的定额量计算为：

$$一等木方定额用量 = 0.028 \times 10 \times 1.03 = 0.288 m^3/10 m^2$$

$$铁钉定额用量 = 0.44 \times 10 \times 1.02 = 4.488 kg/10 m^2$$

平面招牌"复杂"形的平均取定量按"一般"形平均取定量乘以综合系数：木结构为

1.08、钢结构为 1.10。定额材料用量按定额材料量计算式计算。

（二）平面招牌定额的人工工日计算

平面招牌木结构的人工工日是按 1985 年劳动定额中"隔墙与隔断木框"项目制定的，其中考虑了木筋单面刨光系数 1.11，凌空作业降效系数 1.1。"复杂"形用工按"一般"形增加 8%。具体计算见表 2-7-9。

平面招牌木结构定额人工计算表　　表 2-7-9

项目名称	计算量	单位	1985 年劳动定额编号	时间定额	一般形工日	复杂形工日
木筋制安工	1	10m²	6-15-387（二）	2.50	2.50	2.50
木筋单面刨光工	11%		6-5 规定 5	2.50×1.11	2.775	2.775
木筋双面刨光工	11%		6-5 规定 5	2.775×1.11	3.080	3.080
铺钉玻璃钢瓦工	0.94	10m²	6-13-321	0.435	0.410	0.410
凌空降效系数	10%		"一般"形 3.08×1.1=3.388 "复杂"形 3.49×1.1=3.839		3.388	3.839
复杂形调增系数	8%		3.839×1.08			4.146
小　计					3.388	4.146
木材取料超运距用工（100m）	0.288	m³	6-19-475（六）	0.168	0.048	
	0.31	m³	6-19-475（六）	0.168		0.052
成品堆放超运距用工（100m）	0.288	m³	6-19-475（六）	0.168	0.048	
	0.31	m³	6-19-475（六）	0.168		0.052
堆放至安装超运距用工（250m）	0.288	m³	6-19-475（十一）换	0.35	0.101	
	0.31	m³	6-19-475（十一）换	0.35		0.108
小　计					0.197	0.212
合　计					3.585	4.358
人工幅度差			15%		0.54	0.654
定额工日					4.125	5.012

平面招牌钢结构的人工，是参照有关地区房产局维修工程预算定额所制定的，按主钢材用量取定：54 工日/吨、人工幅度差 15%。则：

"一般"形钢结构用工 = 0.118t×54 = 6.37 工日，增加人工幅度差后为：6.37×1.15 = 7.33 工日。

"复杂"形用工要增加"铺钉玻璃钢瓦"工 0.41 工日，并按"一般"形用工增加 10% 调增系数，则为：（6.37+0.41）×1.1 = 7.458 工日，增加人工幅度差后为：7.458×1.15 = 8.58 工日。

四、其他工程编制注意事项

（一）概况

本章共 7 节 48 个项目。包括柜类、货架、暖气罩、浴厕配件、压条、装饰线、雨篷、旗杆、招牌、灯箱、美术字等项目。适用于装饰物件的制作、安装工程。

（二）有关项目的说明

(1) 厨房壁柜和厨房吊柜以嵌入墙内为壁柜，以支架固定在墙上的为吊柜。

(2) 压条、装饰线项目已包括在门扇、墙柱面、顶棚等项目内的，不再单独列项。

(3) 洗漱台项目适用于石质（天然石材、人造石材等）、玻璃等。

(4) 旗杆的砌砖或混凝土台座，台座的饰面可按相关附录的章节另行编码列项，也可纳入旗杆报价内。

(5) 美术字不分字体，按大小规格分类。

（三）有关项目特征的说明

(1) 台柜的规格以能分离的成品单体长、宽、高来表示，如：一个组合书柜分上下两部分，下部为独立的矮柜，上部为敞开式的书柜，可以上、下两部分标注尺寸。

(2) 镜面玻璃和灯箱等的基层材料是指玻璃背后的衬垫材料，如：胶合板、油毡等。

(3) 装饰线和美术字的基层类型是指装饰线、美术字依托体的材料，如砖墙、木墙、石墙、混凝土墙、墙面抹灰、钢支架等。

(4) 旗杆高度指旗杆台座上表面至杆顶的尺寸（包括球珠）。

(5) 美术字的字体规格以字的外接矩形长、宽和字的厚度表示。固定方式指粘贴、焊接以及铁钉、螺栓、铆钉固定等方式。

（四）有关工程量计算的说明

(1) 台柜工程量以"个"计算，即能分离的同规格的单体个数计算，如：柜台有同规格为 1500×400×1200（mm）的 5 个单体，另有一个柜台规格为 1500×400×1150（mm），台底安装胶轮 4 个，以便柜台内营业员由此出入，这样 1500×400×1200（mm）规格的柜台数为 5 个，1500×400×1150（mm）柜台数为 1 个。

(2) 洗漱台放置洗面盆的地方必须挖洞，根据洗漱台摆放的位置有些还需选形，产生挖弯、削角，为此洗漱台的工程量按外接矩形计算。挡板指镜面玻璃下边沿至洗漱台面和侧墙与台面接触部位的竖挡板（一般挡板与台面使用同种材料品种，不同材料品种应另行计算）。吊沿指台面外边沿下方的竖挡板。挡板和吊沿均以面积并入台面面积内计算。

（五）有关工程内容的说明

(1) 台柜项目以"个"计算，应按设计图纸或说明，包括台柜、台面材料（石材、皮草、金属、实木等）、内隔板材料、连接件、配件等，均应包括在报价内。

(2) 洗漱台现场制作、切割、磨边等人工、机械的费用应包括在报价内。

(3) 金属旗杆也可将旗杆台座及台座面层一并纳入报价。

（六）举例

某厂厂区旗杆，混凝土 C10 基础 300mm×800mm×300mm，砖基座 3500mm×1000mm×300mm，基座面层贴芝麻白 20mm 厚花岗石板，3 根不锈钢管（OGrl8Nil9），每根长 12.192m，ϕ63.5、壁厚 1.2mm。

1. 业主根据施工图计算：

(1) 土方 0.84m³，回填土 0.64m³、余土运输 0.2m³。

(2) 混凝土 C10 旗杆基础体积 0.72m³。

(3) 砖基座砌筑体积 0.60m³。

(4) 芝麻白花岗岩 500mm×500mm 台座面层 6.24m²。
(5) 3 根不锈钢旗杆 0.93kg/m×36.58m=34.02kg。
2．投标人报价计算：
(1) 挖土方、运土方、回填土：
1) 人工费：挖土方：25 元/工日×0.537 工日/m³×0.84m³=11.28 元
　　　　　余土运输：25 元/工日×0.25 工日/m³×0.2m³=1.25 元
　　　　　回填土：25 元/工日×0.294 工日/m³×0.64m³=4.7 元
　　　　　小计：17.23 元
2) 机械费：挖土方：11 元/台班×0.0018 台班/m³×0.84m³=0.02 元
　　　　　回填土：11 元/台班×0.0798 台班/m³×0.64m³=0.56 元
　　　　　小计：0.58 元
3) 合计：17.81 元
(2) 混凝土基础：
1) 人工费：25 元/工日×1.058 工日/m³×0.72m³=19.04 元
2) 材料费：混凝土：140 元/m³×1.015m³/m³×0.72m³=102.31 元
　　　　　草袋子：3 元/m³×0.326m³/m³×0.72m³=0.70 元
　　　　　水：1.8 元/m³×0.931m³/m³×0.72m³=1.21 元
　　　　　小计：104.22 元
3) 机械费：混凝土搅拌机：96 元/台班×0.039 台班/m³×0.72m³=2.70 元
　　　　　震捣器：4.8 元/台班×0.077 台班/m³×0.72m³=0.27 元
　　　　　机动翻斗车：48 元/台班×0.078 台班/m³×0.72m³=2.70 元
　　　　　小计：5.67 元
4) 合计：128.93 元
(3) 砖基座砌筑：
1) 人工费：25 元/工日×2.3 工日/m³×0.6m³=34.5 元
2) 材料费：水泥砂浆 M5：135 元/m²×0.211m³/m³×0.6m³=17.09 元
　　　　　砖：180 元/千块×0.5514 千块/m³×0.6m³=59.55 元
　　　　　水：1.8 元/m³×0.11m³/m³×0.6m³=0.12 元
　　　　　小计：76.76 元
3) 机械费：压浆搅拌机 200L：49.18 元/台班×0.035 台班/m³×0.6m³=1.03 元
4) 合计：112.29 元
(4) 台座面层：
1) 人工费：25 元/工日×0.253 工日/m³×6.24m³=39.47 元
2) 材料费：白水泥：0.55 元/kg×0.103kg/m²×6.24m²=0.35 元
　　　　　花岗岩：124 元/m²×1.02m²/m²×6.24m²=789.24 元
　　　　　其他材料费：63.14 元
　　　　　小计：852.73 元
3) 机械费：压浆搅拌机 200L：49.18 元/台班×0.0052 台班/m²×6.24m²=1.60 元
　　　　　石料切割机：52.0 元/台班×0.0201 台班/m²×6.24m²=6.52 元

小计：8.12元

4）合计：900.32元

(5) 旗杆制作、安装：

1）人工费：25元/工日×0.855工日/kg×34.02kg=727.18元

2）材料费：螺栓：0.65元/只×0.272只/kg×34.02kg=6.02元

旗杆球珠：45元/只×3只=135元

定滑轮：62元/个×3个=186元

铁件：3.2元/kg×1.5671kg/kg×34.02kg=170.60元

电焊条：5元/kg×0.4331kg/kg×34.02kg=73.68元

不锈钢管：600元/根×3根=1800元

小计：2731.30元

3）机械费：交流焊机：54元/台班×0.12台班/kg×34.02kg=220.45元

4）合计：3678.93元

(6) 旗杆综合：

1）直接费合计：4838.28元

2）管理费：直接费×34%=1645.02元

3）利润：直接费×8%=387.06元

4）综合单价：2290.12元

分部分项工程量清单计价表

工程名称：　　　　　　　　　　　　　　　　　　　　　　　　　第　页　共　页

序号	项目编码	项目名称	计量单位	工程数量	金额（元）	
					综合单价	合价
	020605002001	B.6其他工程 金属旗杆 混凝土C10基础300×800×300 砖基座3500×1000×300 基座面层20mm厚花岗石板500×500 不锈钢管（OCr18Ni19） 每根长12.192m，φ63.5，壁厚1.2mm	根	3	2290.12	6870.36
		本页小计				
		合　计				

分部分项工程量清单综合单价计算表

工程名称：某工程　　　　　　　　　　　　　　　　　　　　计量单位：根
项目编码：020605002001　　　　　　　　　　　　　　　　　工程数量：3
项目名称：金属旗杆　　　　　　　　　　　　　　　　　　　综合单价：2290.12 元

序号	定额编号	工程内容	单位	数量	其中：(元)					
					人工费	材料费	机械费	管理费	利润	小计
	1-8	挖土方（三类土）	m³	0.28	3.76		0.01	1.28	0.3	5.35
	1-49	运土方（40m）	m³	0.667	0.42			0.14	0.03	0.59
	1-50									
	1-46	回填土	m³	0.213	1.57		0.19	0.60	0.14	2.50
	4-60	砖基座砌筑	m³	0.2000	11.50	25.59	0.34	12.73	2.99	53.15
	5-396	混凝土 C10 基础	m³	0.240	6.35	34.74	1.89	14.61	3.44	61.03
	1-008（装）	台座面层 20mm 厚芝麻白花岗岩板	m³	2.080	13.16	284.24	2.71	102.04	24.01	426.16
	6-205（装）	不锈钢旗杆	根	1.000	242.39	790.43	73.48	376.14	88.50	1570.94
		合　计			279.13	1135.00	78.62	507.54	119.41	2119.70

第八节　措　施　项　目

一、脚手架、垂直运输超高费工程造价概述

（一）脚手架、垂直运输超高费定额项目内容及定额运用

1. 定额项目内容

（1）脚手架。脚手架项目分为檐高在 20m 以内和 20m 以上两种，脚手架适用于外墙面、梁柱面的块料面层镶贴，内墙面、梁柱面、顶棚面超地 3.60m 的装修，计列 20 个子目。内容包括里脚手架、抹灰脚手架、满堂脚手架和外脚手架，其中外脚手架又分为吊篮脚手架和外墙挂、贴脚手架，外墙挂贴脚手架又有 20m 内和 20m 上两部分。

（2）垂直运输超高费。垂直运输超高费是指檐口高度超过 20m 的建筑物应增加的垂直运输费、人工费，定额按每增加 10m 为一个计算段，分段列项计算费用，计列 13 个子目。

（3）砌内墙里架子。定额中砌内墙里架子是指凡在室内砌隔墙或隔断下部砌墙，高度在 1.5m 以上的砌体需计算砌墙里脚手架，超过 3.60m 高度的应按外脚手架计算。

砌内墙里架子，常称里脚手架、内脚手架，是指沿室内墙面搭设的脚手架，常用于内墙砌筑、室内装修和框架外墙砌筑等。里脚手架一般为工具式脚手架，常用的有折叠式里脚手架、支柱式里脚手架和马凳式里脚手架。定额中按工具式金属脚手、木脚手板列 1 个子目，适用于 3.60m 以内的高度。

（4）满堂脚手架。满堂脚手架是指在工作范围内满设的脚手架，形如棋盘井格，如图 2-8-1 所示。主要用于室内顶棚安装、装饰。定额规定，顶棚（包括基层和面层）超过 3.60m 的装饰应计算满堂脚手架。定额按钢管扣件式脚手架列 1 个子目。

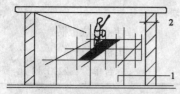

图 2-8-1 满堂脚手架
1—地面；2—粉刷顶棚

(5) 抹灰脚手架。抹灰脚手架是一种装饰脚手架，适用于室内梁、柱、各种墙高度超过 3.60m 的装饰项目。定额按扣件式钢管脚手架列 1 个子目。

(6) 外墙挂、贴脚手架

装饰工程中，用于外墙面镶贴（挂）块料和幕墙的脚手架就称为外墙镶贴（挂）脚手架。外墙脚手架通常是指沿建筑物外墙外围搭设的脚手架，搭设方式有单排和双排之分，如图 2-8-2 所示。外脚手架主要用于外墙砌筑和外墙的外部装饰。定额 7-3、7-4 及定额 7-8～定额 7-20 是外墙脚手

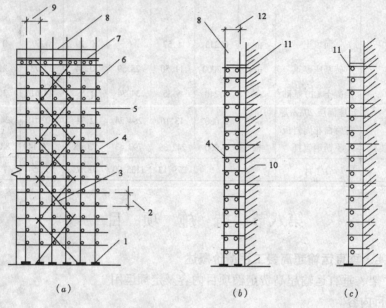

图 2-8-2 外脚手架
(a) 扣件式钢管外脚手架；(b) 双排脚手架；(c) 单排脚手架
1—底座；2—步距；3—剪刀撑；4—小横杆；5—立杆；6—大横杆
7—脚手板；8—栏杆；9—柱距；10—墙体；11—连墙杆；12—排距

架，它是按金属脚手架、竹脚手架综合考虑编制的。实际施工中，不论使用何种材料搭设的脚手架均按定额执行，并按其不同的高度分别套用定额。

(7) 吊篮脚手架。吊篮脚手架通称吊脚手架、悬吊脚手架，简称吊篮，是通过特设的支承点，利用吊索来悬吊吊篮（或称吊架）进行施工操作的一种脚手架。它的主要组成部分为：吊篮、支承设施（包括支承挑梁、挑架）、吊索（包括钢丝绳、铁链）及升降装置和安全设施等，如图 2-8-3 所示。吊篮按驱动机构不同，可分为卷扬式和爬升式两大类。卷扬式吊篮一般是将卷扬机构布置在建筑物屋顶的悬吊装置车架上，驱动机构钢丝绳向外引出，绳端与吊篮固结。另一类是悬空爬升式吊篮，这种吊篮的特点是一台吊篮配备两套驱动装置，它们分别安装在吊篮工作台的两侧。吊篮脚手架适用于外装饰装修工

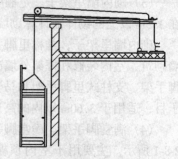

图 2-8-3 吊篮脚手架示意图

程，包括用于玻璃和金属玻璃幕墙的安装、维修及清理，外墙钢窗及装饰物的安装，外墙面料施工，及墙面的清洁、保养、修理等。特别对高层建筑的外装饰作业和维修保养，采用吊篮作业比使用外脚手架更为经济方便。

（8）脚手架、垂直运输和超高费是以檐高来划分的，分为檐高在20m内和20m上两种。20m以内的垂直运输是指单位工程各子项目在20m内的垂直运输费，其费用已包括在相应项目中，不另计算；20m内的脚手架按定额7-1～7的相应子目执行。

檐高在20m上是指一个单位工程的装饰部分在20m内，部分在20m上。在20m上的装饰就要将脚手架、人工费、垂直运输费提出来另外列项单独计算。

（9）垂直运输超高费包括檐高20m以上脚手架费用、室内外部分超过20m高的垂直运输费及人工增加费三部分。

檐高在20m以上脚手架费用按定额7-8至7-20子目计算。檐高20m以上的脚手架费用，除包括搭、拆外，还包括脚手架加固摊销、延长周期的摊销费用在内。

超过20m高的垂直运输增加费和人工增加费，是分计算段计算的，计算段的划分是按"檐高"和"层数"两个指标控制的，只要其中一个指标达到定额规定，即可套用该定额子目。当其中的某一层顶棚、楼面不在同一计算段内，按该层的顶棚面标高段计算。

（10）檐高。檐高是指建筑物设计室外地坪至檐口的高度。突出主体建筑物顶的电梯间、水箱等不计入檐口高度之内。

（11）层高在3.60m内的内墙面、柱（梁）面、顶棚面装饰所需脚手架已包括在相应定额的子目中，不另计算。如层高超过3.60m，应按定额有关规定计算脚手架费用。

室内砌隔墙，高度超过3.60m的，应计算外脚手架费用；超过3.60m高度的隔断应按抹灰脚手架计算。

室内挑台栏板外侧共享空间装饰和墙、柱、梁超过3.60m的装饰，应计算装饰脚手架。顶棚（包括基层和面层）超过3.60m的装饰应计算满堂脚手架。如已计算满堂脚手架，其柱、墙、梁、共享空间的装饰不再计算装饰脚手架。

（12）超高费的内容。超高费的内容包括机械降效和人工降效等。具体内容可归纳为：高层施工机械与多层施工机械垂直运输费用差、高层建筑运输机械降效、人工降效（如高空作业中工人上下班降低工效、高层垂直运输影响的时间等）、施工电梯增加费、施工用水加压、脚手架加固费用、上下通讯联络费、脚手架材料使用周期延长增加摊销费、多层安全笆（网）摊销费、电器防护、安全照明、消防设施摊销费、电梯口及临边等"四口、五临边"安全设施摊销费等。

（13）室内装饰超高部分人工、垂直运输费工程量。超高部分人工增加费和垂直运输增加费都是分计算段计算的，同一计算段内的工程量合并计算，套该段内的人工增加系数和垂直运输增加系数。具体计算方法是：各段高度（层数）的人工费、垂直运输费，在定额第一至第六章相应子目的基础上，分别增加7-21至7-33子目中的分段系数值。

单位工程由一个施工单位承包施工，檐高在20m内的各种装饰工程量应合并计算，超过20m的工程量应分段计算并分别套用定额。

单位工程由两个或两个以上的施工单位承包，其各种装饰的工程量应分段计算并分别套用定额。

2. 脚手架定额的运用

(1) 外脚手架定额的运用:

1) 如果装饰工程能够利用砌筑脚手架时,只能计算一次性外脚手架费用,装饰脚手架不再另行计算。不能利用砌筑脚手架者,凡内外墙的高度超过3.6m以上的墙面装饰,按上述1.(1)条执行。墙高在3.6m以下的不另行计算装饰脚手架费用。

2) 凡装饰高度超过3.6m以上的各种独立柱,以柱断面周长加3.6m乘以柱高,按双排外脚手架乘以0.3计算。凡能利用砌筑脚手架的柱,不再另行计算柱的装饰脚手架费用。

3) 外脚手架定额均已包括了上料平台和护卫栏杆的工料,如果施工时还配有垂直运输卷扬机者,其运输机械台班应按"建筑工程垂直运输定额"和"建筑物超高增加人工、机械定额"规定执行。

(2) 满堂脚手架定额的运用:

1) 只有当室内顶棚装饰面的净高超过3.6m以上时,才能计算满堂脚手架。在3.6m及其以下时,装饰脚手架费用已包括在装饰工程项目定额内,不得再另行计算。

2) 满堂脚手架按室内墙边线的长乘宽,以水平面积计算,当室内装饰工程已计算满堂脚手架后,室内墙面的装饰脚手架不再另行计算。

3) 满堂脚手架的定额项目有"基本层"和"增加层"两项,当室内净高在3.6~5.2(包括5.2)m之间时,套用"基本层"定额项目;当室内净高超过5.2m时,超过的部分按用1.2来除所得的整层数(层数仍按四舍五入法)乘以"增加层"定额项目。

(3) 悬挑脚手架定额的运用:

1) 悬空脚手架是通过一种支承吊杆,使用吊索来悬挂吊栏进行操作的一种活动脚手架,其位置可以移动。因此,计算面积时,是按搭设范围的移动水平投影面积进行计算。也就是说,以活动范围长度乘以搭设宽度。按层或次进行计算。

2) 挑脚手架是利用窗口或留洞,从建筑物内部搭设伸杆支架,伸挑出去的一种临时固定脚手架。一般只能左右延长,不能上下活动,故应按长度和层数进行计算。

(二) 脚手架工程计算例题

1. 常用计算公式

$$满堂脚手架增加层 = (室内净高度 - 5.2m) \div 1.2m$$

2. 建筑物外墙脚手架工程量计算

凡设计室外地坪至檐口(或女儿墙上表面)的砌筑高度在15m以下的按单排脚手架计算;砌筑高度在15m以上或砌筑高度虽不足15m,但外墙门窗及装饰面积超过外墙表面积60%以上时,均按双排脚手架计算。

外墙脚手架按外墙外边线长度乘以外墙砌筑高度以平方米(m^2)计算,突出墙外宽度在24cm以内的砖垛、附墙烟囱等不计算脚手架;宽度超过24cm以外时按图示尺寸展开计算,并入外墙脚手架工程量内。

【例1】 如图2-8-4所示,求外墙脚手架工程量(施工中一般使用钢管脚手架)。

【解】 外墙脚手架工程量 = [(13.2 + 10.2) × 2 + 0.24 × 4] × (4.8 + 0.4) + (7.2 × 3 + 0.24) × 1.2 + [(6 + 10.2) × 2 + 0.24 × 4] × 4.0

= 248.35 + 26.21 + 133.44

= 408.00m^2

3．建筑物的内墙脚手架工程量计算

凡设计室内地坪至屋顶板下表面（或山墙高度的1/2处）的砌筑高度在3.6m以下的，按里脚手架计算，砌筑高度超过3.6m以外时，按单排脚手架计算。

里脚手架按墙面垂直投影面积计算。

【例2】 如图2-8-4所示，求建筑物的内墙脚手架工程量。

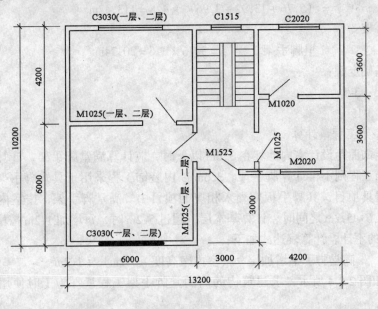

(a)

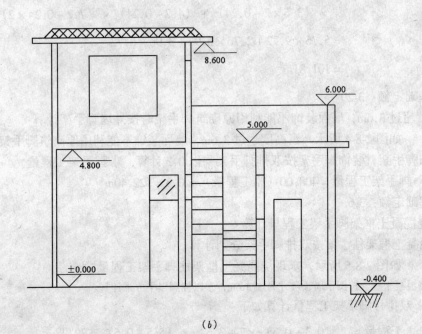

(b)

图2-8-4 某建筑平、立面示意图
(a)平面图；(b)立面图

注:计算内外墙脚手架时,均不扣除门、窗洞口、空圈洞口等所占的面积,同一建筑物高度不同时,应按不同高度分别计算。

【解】

(1) 内墙脚手架:

单排脚手架工程量 = [(6 - 0.24) + (3.6×2 - 0.24)×2 + (4.2 - 0.24)] × 4.8
= (5.76 + 13.92 + 3.96) × 4.8 = 113.47m²

(2) 里脚手架:

里脚手架工程量 = 5.76 × 3.6 = 20.74m²

(3) 套用基础定额:

单排脚手架:3-5

里脚手架:3-15

4. 满堂脚手架工程量计算

室内顶棚装饰面距设计室内地坪在3.6m以上时,应计算满堂脚手架,计算满堂脚手架后,墙面装饰工程则不再计算脚手架。3.6m以内装饰工程采用工具式脚手架,列入费用定额中的工器具项目,其脚手板应列入相应的项目中。满堂脚手架,按室内净面积计算,其高度在3.6~5.2m之间时,计算基本层,超过5.2m时,每增加1.2m按增加一层计算,不足0.6m的不计。计算表达式如下:

满堂脚手架增加层 = (室内净高度 - 5.2m) ÷ 1.2m

【例3】 如图2-8-4所示,求建筑物的内满堂脚手架工程量(施工时使用钢管脚手架)。

【解】 满堂脚手架 = (6 - 0.24) × (10.2 - 0.24×2) + (3 - 0.24)
× (3.6×2 - 0.24) + (4.2 - 0.24) × (7.2 - 0.24×2)

= 5.76 × 9.72 + 2.76 × 6.96 + 3.96 × 6.72

= 101.81m²

套用基础定额:3-20

5. 高度超过3.6m,墙面装饰不能利用原砌筑脚手架时按外墙脚手架计算

【例4】 如图2-8-4所示,当高度超过3.6m,墙面装饰不能利用原砌筑脚手架时,可以计算装饰脚手架,装饰脚手架按双排脚手架乘以0.3计算。求脚手架工程量。

【解】 脚手架工程量 = 408.00(原工程量) × 0.3 = 122.40m²

套用基础定额:3-6

6. 现浇混凝土框架脚手架工程量计算

现浇混凝土框架柱、梁按双排脚手架分别计算。

【例5】 如图2-8-5所示,求现浇混凝土框架柱脚手架工程量。

注:现浇混凝土柱,按图示周长尺寸另加3.6m,乘以柱高以平方米计算。

【解】 双排柱脚手架工程量计算如下:

工程量 = [(0.3 + 0.3)×2 + 3.6] × (5.5 + 0.6) = 29.28m²

套用基础定额:3-6

7. 现浇混凝土墙、梁脚手架工程量计算

现浇混凝土梁、墙按设计室外地坪或楼板上表面至楼板底之间的高度乘以梁、墙净长以平方米计算，套用相应双排外脚手架。

【例6】 如图2-8-6所示，求现浇混凝土框架梁脚手架工程量。

【解】 双排框架梁脚手架工程量计算如下：

$$工程量 = [(6.0-0.4)+(6-0.4)+(2.0-0.2)] \times 3.9 = 50.7 m^2$$

套用基础定额：3-6

8. 独立柱、围墙脚手架工程量计算

独立混凝土柱（砖柱）按图示柱结构外周长另加3.6m，乘以砌柱高度以平方米计算，套用相应外脚手架定额。

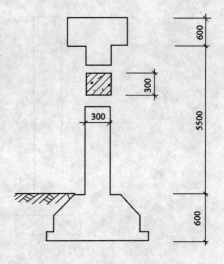

图2-8-5 现浇框架柱示意图

围墙脚手架，凡室外自然地坪至围墙顶面的砌筑高度在3.6m以下的，按里脚手架计算，砌筑高度超过3.6m以上时，按单排脚手架计算。

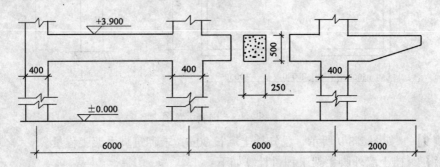

图2-8-6 现浇混凝土框架梁示意图

【例7】 如图2-8-7所示，求独立砖柱脚手架工程量。

【解】 求独立砖柱脚手架工程量计算如下：

$$工程量 = (0.4 \times 4 + 3.6) \times 3.6 = 18.72 m^2$$

套用基础定额：3-5

【例8】 如图2-8-8所示，求围墙砌筑脚手架工程量。

【解】 围墙里脚手架工程量计算如下：

$$工程量 = (110 \times 2 + 50 \times 2 + 20 + 50 \times 2) \times 2.5 = 1100.00 m^2$$

套用基础定额：3-15

9. 石墙的脚手架工程量计算

石砌墙体，凡砌筑高度超过1.0m时，按外脚手架计算。

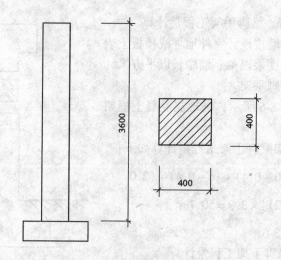

图 2-8-7 独立砖柱示意图

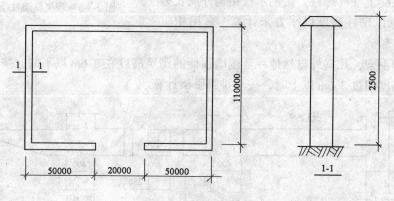

图 2-8-8 围墙示意图

【例9】 如图 2-8-9 所示,已知挡土墙长 30m,求砌筑脚手架工程量。

【解】 挡土墙外脚手架工程量计算如下:

工程量 = 30.00 × 6.00 = 180.00(m²)

套用基础定额:3-5

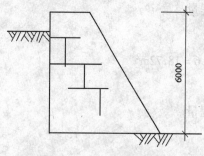

图 2-8-9 挡土墙示意图

10. 砌筑贮仓脚手架工程量计算

砌筑贮仓脚手架,不分单筒或贮仓组均按单筒外边线周长,乘以设计室外地坪至贮仓上口之间高度,以平方米计算,套用双排脚手架。

【例10】 如图 2-8-10 所示,求贮仓脚手架工程量。

注:滑升模板施工的混凝土烟囱、筒仓,不另计算脚手架。

【解】 贮仓双排脚手架工程量 = 2 × 3.14 × 2.04 × 8 = 102.49m²

套用基础定额:3-6

11. 贮水(油)池及大型设备基础的脚手架工程量计算

贮水(油)池脚手架,按外壁周长乘以室外地坪至池壁顶面之间高度,以平方米计算。

大型设备基础脚手架,按其外形周长乘以地坪至外形顶面边线之间高度,以平方米计

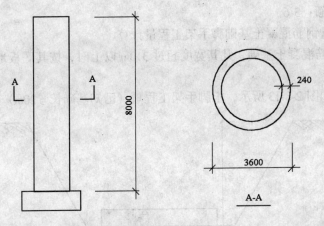

图 2-8-10 贮仓示意图

算。贮水(油)池、大型设备基础,凡距地坪高度超过 1.2m 以上的,均按双排脚手架计算。

【例 11】 如图 2-8-11 所示,求贮油池脚手架工程量。

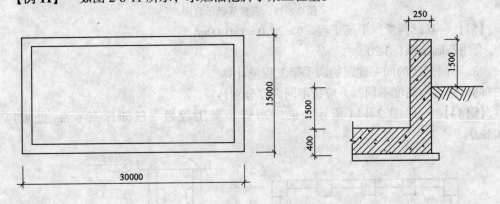

图 2-8-11 某油池示意图

【解】 贮油池双排脚手架 = 外边线 × 地坪至池顶高度
$$= (30 + 15) \times 2 \times 1.5 = 135.0 m^2$$

套用基础定额:3-6

【例 12】 如图 2-8-12 所示,求混凝土块体设备基础脚手架工程量。

【解】 设备基础脚手架工程量 = $(3 + 3.5) \times 2 \times 1.6 = 20.8 m^2$

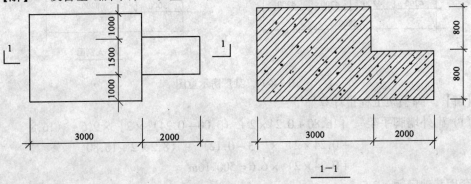

图 2-8-12 设备基础示意图

套用基础定额：3-6

12. 整体满堂钢筋混凝土基础脚手架工程量计算

整体满堂钢筋混凝土基础，凡其宽度超过 3.0m 以上时，按其底板地面积计算满堂脚手架计算。

【例13】 如图 2-8-13 所示，求脚手架工程量（已知基础长 = 20m）。

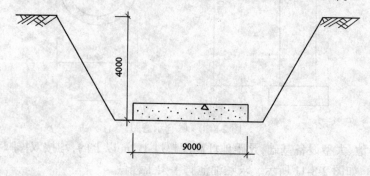

图 2-8-13 满堂基础示意图

【解】 基础满堂脚手架工程 = $9 \times 20.0 = 180.00 m^2$

套用基础定额：3-20

13. 不同高度的同一建筑物脚手架工程量计算

同一建筑物高度不同时，应按不同高度分别计算。

【例14】 如图 2-8-14 所示，求厂房脚手架工程量（已知标高 6.6m 处板厚为 120mm）。

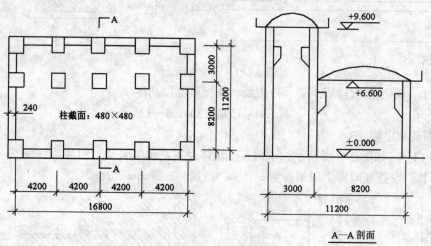

图 2-8-14 某厂房示意图

【解】 脚手架工程量计算如下：

(1) 砌外墙脚手架 = $[16.80 + 0.24 \times 2 + (3.00 + 0.24) \times 2] \times 9.6 + (16.8 + 0.24 \times 2) \times (3 - 0.12) + (8.2 \times 2 + 16.80 + 0.24 \times 2) \times 6.6 = 500.16 m^2$

套用基础定额：3-5

(2) 满堂脚手架：

基本层 = 3.00×16.80 + 8.2×16.80 = 188.16m²

套用基础定额：3-20

增加层：

3.0m 跨部分 = (9.6 - 5.2) ÷ 1.2 = 4 个增加层

注：超过 0.6m 的计算一层。

8.2m 跨度部分 = (6.6 - 5.2) ÷ 1.2 = 1 个增加层

注：余数不足 0.6m 不计。

增加层工程量 = 3.00×16.80×4 + 8.2×16.80×1 = 339.36m²

套用基础定额：3-21

14. 烟囱、水塔、电梯、斜道脚手架工程量计算

烟囱、水塔脚手架，区别不同高度以座计算；电梯井脚手架，按单孔以座计算；斜道区别不同高度以座计算。

【例15】 如图 2-8-15 所示，求高度为 35m 的电梯井脚手架工程量。

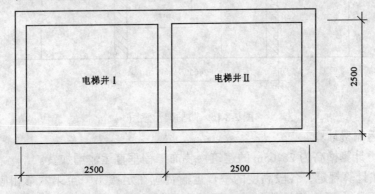

图 2-8-15　电梯井平面图

电梯井脚手架工程量 = 2（座）

套用基础定额：3-60

15. 施工防护架工程量计算

水平防护架，按实际铺板的水平投影面积，以平方米计算；垂直防护架，按自然地坪至最上一层横杆之间的搭设高度乘以实际搭设长度以平方米计算。

【例16】 如图 2-8-16 所示，求某商业楼二次扩建防护工程量（已知设防护长度为 60m）。

【解】 水平防护架工程量 = 24×60 = 1440.00m²

垂直防护架工程量 = 8×60×2 = 960.00m²

套用基础定额：水平防护架套 3-26

　　　　　　　　垂直防护架套 3-27

16. 安全网工程量计算

立挂式安全网按架网部分的实挂长度乘以实挂高度计算，挑出式安全网按挑出的水平投影面积计算。

【例17】 某工程挂安全网长 110m，挂网高度为 6m，求其安全网工程量。

【解】 安全网工程量 = 110×6 = 660m²

套用基础定额：3-45

【例18】 挑出式安全网挑出宽度为1.5m，搭设长度为50m，计算其安全网工程量（钢管挑出）。

【解】 工程量 = 50 × 1.5 = 75.00m²

套用基础定额：3-42

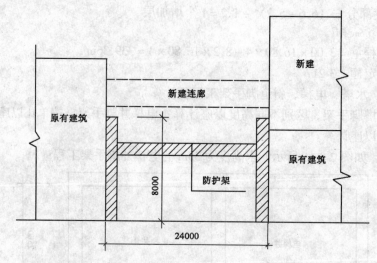

图 2-8-16 防护架示意图

17. 垂直运输费计算

【例19】 计算檐高为26.65m的建筑物装饰工程垂直运输增加费。

【解】 按计算规定，各段高度的垂直运输费应在定额第一至第六章相应子目运输费的基础上，分别增加垂直运输系数值，同时应按超过20m的工程量分段计算的原则，则该建筑物按20~30m计算段计算增加费，其垂直运输增加费可用如下算式表示：

垂直运输增加费 =（Σ该段内各子项工程量×相应垂直运输费）×垂直运输费增加系数（%）

= 该段内垂直运输费之和 × 15%

该计算段的垂直运输费可表述为：

垂直运输费 = 该段内垂直运输费之和 ×（1 + 系数%）

= 该段内垂直运输费之和 × 115%

用同样方法，可以计算出各计算段的垂直运输增加费和人工增加费。

二、脚手架工程的预算编制注意事项

（一）脚手架定额的制定

脚手架定额包括脚手架材料、架设人工和机械台班等三个数量。其中脚手架材料是一种周转性材料，它是按照一次提供、多次使用、分次摊销的办法列入定额，故称为定额摊销量。而人工和机械台班是搭设脚手架所需用的耗用量。

（二）脚手架定额材料摊销量的计算

1. 计算公式

脚手架材料定额摊销量的基本公式如下：

$$材料摊销量 = 一次使用量 \times \frac{(1-残值率) \times 一次使用期}{耐用期}$$

$$一次使用量 = \frac{取定值的材料计算量}{取定墙面面积} \times 100$$

取定值：是指在制定脚手架定额时统一规定的基本尺寸或基本数据。如外脚手架计算的墙面尺寸取定为：长度 50m、宽度 15m；脚手架上料平台服务长度取定为 70m，15m 内钢管脚手架的计算高度取定为 10 步 13m 等。

耐用期：是指脚手架材料使用的寿命时间。如钢管和底座耐用期为 180 个月、扣件耐用期为 120 个月、木板耐用期为 42 个月。

一次使用期：是指脚手架材料周转一次所使用的时间。如 15m 内脚手架的一次使用期按 6 个月。

残值率和损耗率：钢管残值率按 10%，扣件残值率按 5%，铁件、圆钉损耗率为 2%，防锈漆损耗率为 3%，油漆、溶剂油损耗率为 4%。

2. 材料计算量的确定

脚手架工程的材料计算量是指：依取定的脚手墙面面积、脚手架计算高度和选定的脚手架结构简图，分别按脚手架和上料平台两部分所需要的各种材料进行计算而得出的计算数量。钢管脚手架和上料平台的计算简图如图 2-8-17、图 2-8-18 所示。

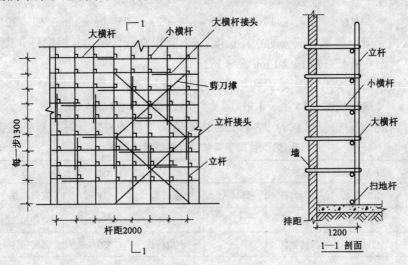

图 2-8-17 外脚手架

材料的计算数量：如 15m 内钢管脚手架部分的立杆长度：按纵向长 50m，横向宽 15m，杆距 2m；取定高 13m。则：

立杆长度 =（纵向根数 + 横向根数 + 四角根数）×（取定高 + 1.5）

$$= \left[\left(\frac{50}{2}+1\right) \times 2+\left(\frac{15}{2}+1\right) \times 2+4\right] \times (13+1.5)$$

= 73 根 × 14.5m = 1058.5m

大横杆长度：两端排距按 1.2m，两端外伸按 0.2m。则：

大横杆长度 = ［（墙长 + 两端排距 + 两端外伸）× 边数 +（墙宽 + 两端排距 + 两端外伸）× 边数］×（步数 + 1）

$= [(50+1.2 \times 2+0.2 \times 2) \times 2+(15+1.2 \times 2+0.2 \times 2) \times 2] \times (10+1)$

= 141.2m × 11 = 1553.2m

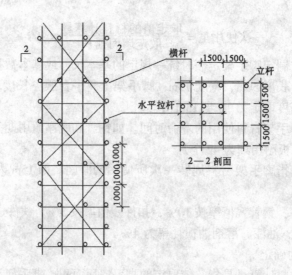

图 2-8-18 上料平台架

小横杆长度：小横杆搁置在墙上和伸出大横杆长度均按 0.2m，每根长按 1.6m。则：

小横杆长度 =（纵向根数 + 横向根数）×（步数 + 1）×（排距 + 伸长）

= （69）根 ×（11）×（1.2 + 0.2 × 2）= 759 根 × 1.6m/根 = 1214.4m

而 15m 内钢管上料平台部分的立杆长度：按 14 根立杆，每层 4 根横杆，则：

立杆长 = 14 根 × 13m/根 = 182m

横杆长度：每根按 4.9m，地面和架顶各增加一根。则：

横杆长度 = 14 层 × 4 根/层 × 4.9 + 2 根 × 4.9 = 284.2m。

其他材料的计算如此类推，则整个 15m 内钢管脚手架的材料计算数量见表 2-8-1。

15m 内钢管脚手架材料计算数量统计表　　　　　　表 2-8-1

脚手架部分材料计算数量				上料平台部分材料计算数量			
立杆长	1058.5m	直角扣件	1842 个	立杆长	182m	直角扣件	603 个
大横杆长	1553.2m	对接扣件	330 个	大横杆长	284.2m	对接扣件	25 个
小横杆长	1214.4m	回转扣件	96 个	小横杆长	230.3m	回转扣件	48 个
安全栏杆长	141.2m	底座	90 个	安全栏杆长	14.7m	底座	20 个
剪刀撑长	238.88m	木脚手板	8.666m^3	剪刀撑长	96m	木脚手板	1.09m^3
连墙点长	336m	8 号钢丝	60kg	连墙点长		8 号钢丝	4.44kg
小计杆长	4542.18m	圆钉	6.08kg	小计杆长	807.2m	缆风绳	17.26kg

3. 一次使用量的计算

一次使用量也按脚手架和平台两部分分别计算。

脚手架部分的墙面面积 =（50 + 15）× 2 × 13 = 1690m^2；平台部分的服务面积 = 70 × 13 = 910m^2；脚手架材料的一次使用量均可按表 2-8-2 中的数量，进行计算，如：

脚手杆一次使用量 = 4542.18 ÷ 1690 × 100 × 3.84kg/m（单位重）= 1032.07（kg/100m^2）

直角扣件一次使用量 = 1842 ÷ 1690 × 100 = 108.99（个/100m^2）

其他如此类推，具体计算见表 2-8-2、表 2-8-3。

建筑面积计算表 表2-8-2

项目	名 称		轴 线	计 算 式（m）	建筑面积（m²）
1	单层部分	隔离间	①~② F~B	0.12+3.3+0.12=3.54 0.12+1.5+1.8+3.3+0.12=6.84	3.54×6.84 =24.21
2		办公房	②~⑦ E~B	3.3×4+3.0-0.12-0.12=15.96	
3		有柱走廊	②~⑦ F~E		
4		门厅	⑥~⑦ B~1/A		
5	楼层部分	二楼檐廊	⑦~⑫ E~D	0.12+3.0×5+0.12=15.24 0.12+1.8-0.12=1.80	15.24×1.8÷2 =27.43÷2=13.715
6		一楼走廊	⑧~⑫ E~D		
7		楼梯进口	⑦~⑧ E~D		
8		楼梯间活动室	⑦~⑫ D~A		
	合　计				380.17

15m内钢管脚手架一次使用量计算表 表2-8-3

脚手架部分材料一次使用量		上料平台部分一次使用量	
脚手杆	4542.18/1690×100×3.84kg/m =1032.07（kg/100m²）	脚手杆	807.2÷910×100×3.84 （单位重）=340.62（kg/100m²）
直角扣件	1842÷1690×100=108.99（个/100m²）	直角扣件	603÷910×100=66.26（个/100m²）
对接扣件	330÷1690×100=19.53（个/100m²）	对接扣件	25÷910×100=2.75（个/100m²）
回转扣件	96÷1690×100=5.68（个/100m²）	回转扣件	48÷910×100=5.27（个/100m²）
底座	90÷1690×100=5.33（个/100m²）	底座	20÷910×100=2.2（个/100m²）
木脚手板	8.666÷1690×100=0.513（m³/100m²）	木脚手板	1.09÷910×100=0.12（m³/100m²）
垫木	280÷1690×100=16.57（块/100m²）	8号钢丝	4.44÷910×100=0.5（kg/100m²）
8号钢丝	60÷1690×100=3.55（kg/100m²）	圆钉	(15×8)÷(279×910)×100=0.05(kg/100m²)
圆钉	6.08÷1690×100=0.35（kg/100m²）	缆风绳	17.26÷910×100=1.90（kg/100m²）
		缆风桩木	2根×(0.113m³+0.0032m³)÷910 ×100=0.026（m³/1000m²）

4．定额摊销量的计算：具体列表见表2-8-4。

15m内单排钢管脚手架的材料摊销量 表2-8-4

项　目	一次使用量		一次使用量×（1-残值率）×使用期/耐用期	摊销量 /100m²
钢管	1395.98	kg	1395.98×0.9×6/180（基础定额有误）	41.88kg
直角扣件	175.25	个	175.25×0.95×6/120	8.33个
对接扣件	22.28	个	22.28×0.95×6/120	1.06个
回转扣件	10.95	个	10.95×0.95×6/120	0.52个

续表

项 目	一次使用量		一次使用量×（1-残值率）×使用期/耐用期	摊销量/100m²
底座	7.42	个	7.42×0.95×6/180	0.24个
木脚手板	0.633	m³	0.633×0.9×6/42	0.081m³
垫木	16.57	块	16.57×0.9×6/42	2.13块
8号钢丝	4.05	kg	4.05×1.02（损耗）	4.13kg
圆钉	0.39	kg	0.39×1.02	0.40kg
防锈漆	1.40	t	(1.4×6/180)×16次×4.904kg/次×1.03	3.77kg
溶剂油	1.40	t	(1.4×6/180)×16×0.552×1.04（损耗）	0.43kg
钢丝绳	1.90	t	(1.9×0.9×6/42)×1.04（损耗）	0.25kg
缆风木桩	0.026	m³	0.026×0.9×6/42	0.003m³

（三）脚手架定额人工耗用量的计算

1. 计算公式

定额人工耗用量是以综合工日表示的，计算式为：

定额工日 = Σ（项目计算量×时间定额）×（1+人工幅度差）

式中，项目计算量：它是指按定额的计量单位，对各相应工程项目在制定定额时的计算数量。如在计算基本用工时，一般按基础定额的计量单位100m²为计算量；在计算超运距用工时，则按运输的数量为计算量；而在计算刷油漆用工时，则按刷油工程量等。这里要说明的是：

（1）基本用工在基础定额中是按100m²为计量单位，而在劳动定额中则按10m为计量单位，因此，要将100m²换算成劳动定额的计量单位才能套用劳动定额，换算方法如下：

搭、拆15m内脚手架每100m² = 100÷脚手架高度 = 100÷（13+1.5）= 0.69/10m

搭、拆15m内上料平台每100m² = 100÷服务面积 = 100÷（70×14.5）= 0.099座

（2）超运距用工的运输量为：

钢管重为　　　　　1395.98kg

木脚手板重为 0.633×600kg/m³ = 380kg

直角扣件重为 175.25×1.25kg/个 = 219.06kg

铁丝、圆钉重为　4.53kg

对接扣件重为 22.28×1.66kg/个 = 36.98kg

钢丝绳重为　0.25kg

回转扣件重为 10.95×1.50kg/个 = 16.43kg

防锈漆和溶剂油重为　4.20kg

底座重为　7.43×2.14kg/个 = 15.88kg

共计重　2073.31kg = 2.07t

（3）刷油漆的工程量是脚手钢管1.396t，这是15m内钢管脚手架的一次使用量，它应按摊销量计算，则：脚手架使用期6个月，刷油按一年（12）月摊销。

刷油摊销工程量 = 1.396×6/12 = 0.698t

时间定额：它是采用1985年全国统一劳动定额中的各相应项目的时间定额。其中：

1) 脚手杆超运距用工：劳动定额§1-2-58-五是按每100根0.282工日，而基础定额是以吨为计量单位，因此，应换算为：

每吨的时间定额 = 0.282 ÷（100根 × 6m/根 × 3.84kg/m）× 1000 = 0.122工日。

2) 脚手杆的防腐油漆用工，基础定额按刷16次确定，其中第1年刷两次、第2~15年每年刷一次。这样，根据劳动定额§12-8-152的定额值，每年应摊销的时间定额为：

第1年：依劳动定额§12-8-152的一为：1.09工日/t

第2~15年：依劳动定额§12-8-152的四为：0.436 × 14（年）= 6.104工日/t

则每年应摊销的时间定额为：(1.09 + 6.104) ÷ 15（年）= 0.48工日/t

人工幅度差：脚手架工程的人工幅度差按12%。

2. 人工耗用量的计算

脚手架工程的人工，分别按搭、拆架子，搭、拆平台，绑、拆栏杆，刷油和材料超运距用工等，列表计算见表2-8-5。

15m内单排钢管脚手架人工计算表　　表2-8-5

项目名称	计算量		劳动定额		工日/100m²
	单位	数量	定额编号	时间定额	
搭、拆架子及翻板子	10m	0.69	§3-1-49（一）	4.43	3.06
搭、拆上料平台	座	0.099	§3-12-180（一）、注2	10.7 × 0.80	0.85
绑、拆护身栏杆	100m	0.69	§3-1,注解2	0.8	0.55
钢管刷油漆	t	0.698	见上述说明	0.48	0.34
超运距用工	t	2.07	见上述说明	0.122	0.25
小计					5.05
人工幅度差		5.05		0.12	0.61
机械配合运输工			$\dfrac{4人}{18.727} \times 2.07t$		0.44
定额用工					6.10

（四）脚手架定额机械台班的计算

在脚手架工程中，所用的机械只有材料运输机械，即5t汽车，它的台班产量为18.727t/台班。定额台班按下式计算：

5t汽车定额台班 = 运输量 ÷ 台班产量
　　　　　　　 = 2.07t ÷ 18.727 = 0.11台班/100m²

三、脚手架工程预算编制实例

（一）脚手架工程预算编制的前期工作

脚手架工程预算的计算项目，一般不完全可能由施工图纸加以确认出来，它应结合施工组织设计、施工现场主管的统一安排等进行考虑。所以在计算前应做好以下工作：

1. 收集了解计算依据

(1) 首先确定本装饰工程是否需要脚手架：使用脚手架的基本依据是装饰高度，当装饰高度在3.6m（含3.6m）以下者，均不计算脚手架；超过3.6m才能计算脚手架。这可通过施工图纸中室内外装饰尺寸进行确定。即使装饰高度超过3.6m，若能利用砌筑工程的脚手架时，也不再另行计算装饰脚手架费用。

(2) 了解工程采用的脚手架类别：通过查阅施工组织设计，或通过施工现场主管了解，本工程所采用的脚手架类别，如外脚手架是何类材质、室内脚手架采用何种形式等。

2. 查阅脚手架计算尺寸：通过施工图纸查阅装饰高度和长度，以便确定计算项目和工程量。

(二) 脚手架工程预算的编制方法和实践

1. 阅读脚手架工程部分的定额说明和工程量计算规则

装饰工程没有单独的脚手架定额，它是根据基础定额中砌筑工程脚手架的有关规定，结合具体情况进行确定而执行的。因此，应认真阅读，以便领会定额的实质内容。

2. 确定脚手架计算项目

装饰工程脚手架主要根据外墙高度和室内顶棚高度确定脚手架计算项目。在没有明确脚手架材质的情况下，一律按钢管脚手架计算。

外墙要求贴墙砖，因单层部分外墙高 5.07m，楼层部分外墙高 7.0m，所以均需要计算脚手架费用。按规则规定可依双排钢管脚手架定额乘 0.3 系数计算。而室内虽有顶棚吊顶，但装饰高度均不超过 3.6m，故不能计算室内脚手架费用。

因此，装饰工程的脚手架计算项目只有双排钢管外脚手架一项。装饰高度不高，装饰面积也不大，故不采用垂直运输机械。

3. 计算工程量

脚手架工程量按面积计算，因此，只需分别将单层部分三面外墙长乘以高、楼层部分三面外墙长乘以高即可，至于高低层分界处的楼层外墙，因没有超过 3.6m 高，可不予计算外脚手架，但该墙又有一部分超过 3.6m，为考虑脚手架的整体连接，所以一并计算脚手架。

计算工作在"工程量计算表"上进行。现依 1997 年《全国统一建筑工程基础定额湖北省统一基价表》，列项计算如表 2-8-6 所示。

工程量计算表 表 2-8-6

定额编号	项目名称	单位	工程量	计算式
三	脚手架工程			
3-5	钢管双排外脚手架	m^2	165.42	根据规则 (241.56 + 283.71 + 26.13) × 0.3 = 165.42
	单层部分	m^2	241.56	周长 (19.50 + 6.84 + 19.805 + 1.50) × 全高 5.07 = 241.56
	楼层部分	m^2	283.71	长 (1.15 + 15.24 + 9.02 + 15.12) × 高 7.0 = 283.71
	楼层外墙	m^2	26.13	长 5.34 × 高 (6.7 − 3.32) + 长 2.15 × 高 (6.7 − 2.94) = 26.13

4. 计算直接费

直接费按上表定额编号，查取定额基价表中相应数值，在"工程预算表"上进行计算，如表 2-8-7。

工程预算表 表 2-8-7

定额编号	项目名称	单位	工程量	直接费		其中：人工费		材料费		机械费	
				基价	元	定额	元	定额	元	定额	元
三	脚手架工程				777.51		291.84		444.03		41.65
3-5	钢管双排外脚手架	100m^2	1.65	471.22	777.51	176.87	291.84	269.11	444.03	25.24	41.65

5. 工料分析

在脚手架工程定额中的材料，多为摊销量，一般可不作材料分析。只需计算人工数量即可。具体计算见表2-8-8。

脚手架工程工料分析表　　　　表2-8-8

定额编号	项目名称	单位	工程量	综合工日		（有关材料名称）	
				定额	工日	定额	（单位）
三	脚手架工程				14.97		
3-5	钢管双排外脚手架	100m²	1.65	9.07	14.97		

第三章 装饰装修工程量清单计价实例

第一节 工程量清单设置与计价举例

一、B.1 楼地面工程工程量清单设置与计价举例

【例1】 某工程底层平面图如下图所示，地面为水磨石面层，踢脚线为高水磨石，回填土厚度为450mm。

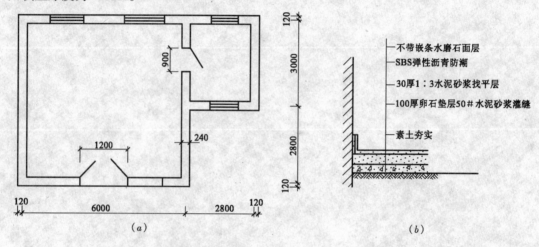

1. 业主根据施工图计算

（1）水磨石地面工程量

$$(6-0.24)\times(5.8-0.24)+(2.8-0.24)\times(3-0.24)=39.09\text{m}^2$$

（2）水磨石踢脚线工程量：

$$[(5.8-0.24+6-0.24)\times2+(2.8-0.24+3-0.24)\times2]\times0.15\text{m}$$
$$=33.28\text{m}\times0.15\text{m}=4.992\text{m}^2$$

（3）室内回填土工程量：

$$39.09\text{m}^2\times0.45\text{m}=17.59\text{m}^3$$

分部分项工程量清单

工程名称：某工程　　　　　　　　　　　　　　　　　　　　　　　　　第　页　共　页

序号	项目编码	项目名称	计量单位	工程数量
1	020102001001	石材面层 垫层：卵石垫层 　　　厚为100mm 　　　M5水泥砂浆灌缝 找平层：1:3水泥砂浆 　　　厚度为30mm 防潮层：SBS弹性沥青，2mm厚 面层：预制水磨石 　　　不带嵌条	m²	39.09

续表

序号	项目编码	项目名称	计量单位	工程数量
2	020105002001	石材踢脚线 踢脚线高度：150mm 面层：预制水磨石 　　　不带嵌条	m²	4.992
3	010103001001	土（石）方回填 室内素土回填 人工夯实 运距12km	m³	17.59

2．投标人根据施工图及施工方案计算

（1）预制水磨石石材面层：

1）预制普通水磨石，不带嵌条

人工费：8.51 元/m² × 39.09m² = 332.66 元

材料费：59.86 元/m² × 39.09m² = 2339.93 元

机械费：2.84 元/m² × 39.09m² = 111.02 元

2）SBS 弹性沥青防水，2mm 厚

人工费：4.04 元/m² × 39.09m² = 157.92 元

材料费：19.78 元/m² × 39.09m² = 773.20 元

机械费：0.31 元/m² × 39.09m² = 12.12 元

3）20mm 厚 1:3 水泥砂浆找平层，在硬基层上

人工费：2.48 元/m² × 39.09m² = 96.94 元

材料费：4.79 元/m² × 39.09m² = 187.24 元

机械费：0.40 元/m² × 39.09m² = 15.64 元

4）1:3 水泥砂浆找平层，增 10mm

人工费：0.51 元/m² × 39.09m² × 2 = 19.94 元 × 2 = 39.87 元

材料费：1.05 元/m² × 39.09m² × 2 = 41.04 元 × 2 = 82.08 元

机械费：0.09 元/m² × 39.09m² × 2 = 3.52 元 × 2 = 7.04 元

5）卵石灌浆垫层，100mm 厚，39.09m² × 0.1m = 3.91m³

人工费：23.41 元/m³ × 3.91m³ = 91.53 元

材料费：74.77 元/m³ × 3.91m³ = 292.35 元

机械费：5.62 元/m³ × 3.91m³ = 21.97 元

6）综合

直接费合计：4561.52 元

管理费：　4561.52 元 × 34% = 1550.92 元

利润：　　4561.52 元 × 8% = 364.92 元

总计：　　4561.52 + 1550.92 + 364.92 = 6477.36 元

综合单价：6477.36 元 ÷ 39.09m² = 165.71 元/m²

（2）石材踢脚线：

1) 预制水磨石踏脚线，普通的
人工费：2.08 元/m × 33.28m = 69.22 元
材料费：6.07 元/m × 33.28m = 202.01 元
机械费：0.38 元/m × 33.28m = 12.65 元
2) 综合
直接费合计：283.88 元
管理费：283.88 × 34% = 96.52 元
利润：283.88 × 8% = 22.71 元
总计：283.88 + 96.52 + 22.71 = 403.11 元
综合单价：403.11 元 ÷ 4.992m^2 = 80.75 元/m^2

(3) 土（石）方回填：
1) 房心回填，人工夯实
人工费：9.08 元/m^3 × 17.59m^3 = 159.72 元
材料费：——
机械费：0.72 元/m^2 × 17.59m^3 = 12.66 元
2) 亏土运输，运距 12km
人工费：3.00 元/m^3 × 17.59m^3 = 52.77 元
材料费：——
机械费：17.37 元/m^3 × 17.59m^3 = 305.54 元
3) 综合
直接费合计：530.69 元
管理费：530.69 × 34% = 180.43 元
利润：530.69 × 8% = 42.46 元
总计：530.69 + 180.43 + 42.46 = 753.58 元
综合单价：753.58 元 ÷ 17.59m^3 = 42.84 元/m^3

分部分项工程量清单计价表

工程名称：某工程　　　　　　　　　　　　　　　　　　　　　第　页　共　页

序号	项目编码	项目名称	计量单位	工程数量	金额（元）	
					综合单价	合价
1	020102001001	石材面层 垫层：卵石垫层 　　　厚为 100mm 　　　M5 水泥砂浆灌缝 找平层：1:3 水泥砂浆 　　　厚为 30mm 防潮层：SBS 弹性沥青 　　　厚为 2mm 面层：预制水磨石 　　　不带嵌条	m^2	39.09	165.71	6477.36

续表

序号	项目编码	项目名称	计量单位	工程数量	金额（元）	
					综合单价	合价
2	020105002001	石材踢脚线 踢脚线：预制水磨石 　　　　不带嵌条 　　　　高度150mm	m²	4.992	80.75	403.11
3	010103001001	土（石）方回填 室内素土回填 人工夯实 运距12km	m³	17.59	42.84	753.58
		合　　计				

分部分项工程量清单综合单价计算表

工程名称：某工程　　　　　　　　　　　　　　　　　　　　　计量单位：m²
项目编码：020102001001　　　　　　　　　　　　　　　　　　工程数量：39.09
项目名称：石材面层　　　　　　　　　　　　　　　　　　　　综合单价：165.71

序号	定额编号	工程内容	单位	数量	其中：（元）					
					人工费	材料费	机械费	管理费	利润	小计
1	1-44	预制普通水磨石 （不带嵌条）	m²	39.09	332.66	2339.93	111.02			
	建筑 13-71	SBS弹性沥青防水 （2mm厚）	m²	39.09	157.92	773.20	12.12			
	1-14	1:3水泥砂浆找平层 （20mm厚）	m²	39.09	96.94	187.24	15.64			
	1-16	1:3水泥砂浆找平层 （增10mm）	m²	39.09	39.87	82.08	7.04			
	1-4	卵石灌浆垫层 （厚100mm）	m³	3.91	91.53	292.35	21.97			
		合计：			718.92	3674.8	167.79	1550.92	364.92	6477.36

分部分项工程量清单综合单价计算表

项目名称：某工程　　　　　　　　　　　　　　　　　　　　　计量单位：m²
项目编码：020105002001　　　　　　　　　　　　　　　　　　工程数量：4.992
项目名称：石材踢脚线　　　　　　　　　　　　　　　　　　　综合单价：80.75

序号	定额编号	工程内容	单位	数量	其中：（元）					
					人工费	材料费	机械费	管理费	利润	小计
2	1-169	预制水磨石踢脚线 （普通型的）	m	33.28	69.22	202.01	12.65			
		合计：			69.22	202.01	12.65	96.52	22.71	403.11

分部分项工程量清单综合单价计算表

工程名称：某工程
项目编码：010103001001
项目名称：土（石）方回填

计量单位：m³
工程数量：17.59
综合单价：42.84

序号	定额编号	工程内容	单位	数量	其中：（元）					
					人工费	材料费	机械费	管理费	利润	小计
3	建筑1-14	房心回填（人工夯实）	m³	17.59	159.72	——	12.66			
	建筑1-15	亏土运输（运距12km）	m³	17.59	52.77		305.54			
		合计：			212.49	318.2	180.43	42.46	753.58	

【例2】 一台阶水平投影面积（不包括最后一步踏步 300mm）为 29.34m²，台阶长度为 32.6m，宽度为 300mm，高度为 150mm，80mm 厚混凝土 C10 基层，体积 6.06m³，100mm 厚灰土垫层，体积 3.59m³，面层为芝麻白花岗石板，板厚 25mm。

1. 业主根据施工图计算，花岗石台阶面为 29.34m³。

分部分项工程量清单

工程名称：某工程　　　　　　　　　　　　　　　　　　　　　　第　页　共　页

序号	项目编码	项目名称	计量单位	工程数量
1	020108001001	石材台阶面 垫层：3:7 灰土垫层 　　　厚度为 100mm 基层：C10 混凝土基层 　　　厚度为 80mm 粘结层：1:3 水泥砂浆 面层：芝麻白花岗石 　　　厚度为 25mm	m²	29.34

2. 投标人根据施工图及施工方案计算。
   （1）花岗石面层 25mm 厚，工程量为 29.34m²
   　　1）人工费：13.80 元/m² × 29.34m² = 404.89 元
   　　2）材料费：184.35 元/m² × 29.34m² = 5408.83 元
   　　3）机械费：6.73 元/m² × 29.34m² = 197.46 元
   （2）C10 混凝土基层，厚 80mm，工程量为 6.06m³
   　　1）人工费：32.27 元/m³ × 6.06m³ = 195.56 元
   　　2）材料费：151.30 元/m³ × 6.06m³ = 916.88 元
   　　3）机械费：15.61 元/m³ × 6.06m³ = 94.60 元
   （3）3:7 灰土垫层，厚 100mm，工程量为 3.59m³
   　　1）人工费：22.73 元/m³ × 3.59m³ = 81.60 元
   　　2）材料费：22.37 元/m³ × 3.59m³ = 80.31 元
   　　3）机械费：1.78 元/m³ × 3.59m³ = 6.39 元
   （4）花岗石踢脚板，厚 25mm，工程量 32.6m

1) 人工费：2.81元/m×32.6m=91.61元
2) 材料费：37.13元/m×32.6m=1210.44元
3) 机械费：1.42元/m×32.6m=46.29元

(5) 综合
1) 直接费合计：8734.86元
2) 管理费：　8734.86×34%=2969.85元
3) 利润：　　8734.86×8%=698.79元
4) 总计：　　8734.86+2969.85+698.79=12403.5元
5) 综合单价：　422.75元/m²

分部分项工程量清单计价表

工程名称：某工程　　　　　　　　　　　　　　　　　　　　　　　　　第　页 共　页

序号	项目编码	项目名称	计量单位	工程数量	金额（元）	
					综合单价	合价
1	020108001001	石材台阶面： 垫层：3:7灰土垫层 　　　厚度为100mm 基层：C10混凝土基层 　　　厚度为80mm 粘结层：1:3水泥砂浆 面层：芝麻白花岗石 　　　厚度为25mm	m²	29.34	422.75	12403.5

分部分项工程量清单综合单价计算表

工程名称：某工程　　　　　　　　　　　　　　　　　　　　　　　　　计量单位：m²
项目编码：020108001001　　　　　　　　　　　　　　　　　　　　　　工程数量：29.34
项目名称：石材台阶面　　　　　　　　　　　　　　　　　　　　　　　综合单价：422.75

序号	定额编号	工程内容	单位	数量	其中：（元）					
					人工费	材料费	机械费	管理费	利润	小计
1	1-65	花岗石面层 （每块面积0.75m²以内）	m²	29.34	404.89	5408.83	197.46			
	1-7	C₁₀混凝土基层 （厚80mm）	m³	6.06	195.56	916.88	94.60			
	1-1	3:7灰土垫层 （厚100mm）	m³	3.59	81.60	80.31	6.39			
	1-174	花岗石踢脚板 （厚25mm）	m	32.6	91.61	1210.44	46.29			
		合计			773.66	7616.46	344.74	2969.85	698.79	12403.5

二、B.2 墙、柱面工程工程量清单设置与计价举例

【例1】 某工程平面及剖面图如下图所示，墙面为混凝土墙面，内墙抹水泥砂浆。

1. 业主根据施工图计算：

内墙抹灰工程量 =(6+0.25×2+4)×2×3-1.5×1.8×3-1×2-0.9×2+(3+4)
　　　　　　　　×2×3.0-1.5×1.8×2-0.9×2×1=85.9m²

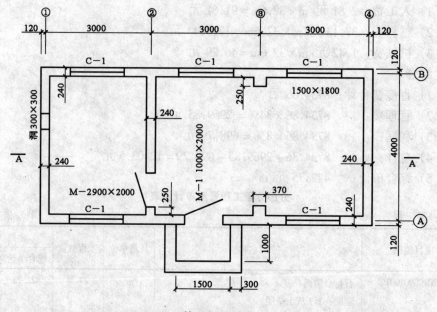

某工程平面图

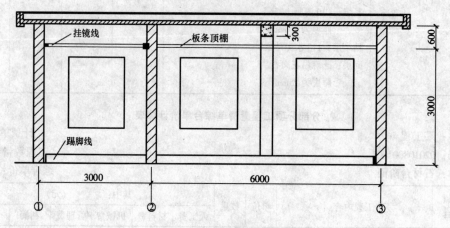

A-A 剖面图

分部分项工程量清单

工程名称：某工程　　　　　　　　　　　　　　　　　　　　　　　　　　第　页　共　页

序号	项目编码	项目名称	计量单位	工程数量
1	020201001001	墙面一般抹灰 混凝土墙面 内墙面 抹 1:3 水泥砂浆 厚度为 6mm	m²	85.9

2. 投标人根据施工图及施工方案计算：
   (1) 内墙面抹 1:3 水泥砂浆
       人工费：4.80 元/m² × 85.9m² = 412.32 元

材料费：4.10 元/m² × 85.9m² = 352.19 元

机械费：0.44 元/m² × 85.9m² = 37.80 元

(2) 综合

直接费合计：802.31 元

管理费： 802.31 × 34% = 272.79 元

利润：   802.31 × 8% = 64.18 元

总计：   802.31 + 272.79 + 64.18 = 1139.28 元

综合单价：1139.28 元 ÷ 85.9m² = 13.26 元/m²

分部分项工程量清单计价表

工程名称：某工程　　　　　　　　　　　　　　　　　　　　　　　　　　第　页 共　页

序号	项目编码	项目名称	计量单位	工程数量	金额（元） 综合单价	合价
1	020201001001	墙面一般抹灰 混凝土墙面 内墙面 抹1:3水泥砂浆 厚度为6mm		85.9	13.26	1139.28
		合计				1139.28

分部分项工程量清单综合单价计算表

工程名称：某工程　　　　　　　　　　　　　　　　　　　　　　　　　　计量单位：m²
项目编码：020201001001　　　　　　　　　　　　　　　　　　　　　　　工程数量：85.9
项目名称：墙面一般抹灰　　　　　　　　　　　　　　　　　　　　　　　综合单价：13.26

序号	定额编号	工程内容	单位	数量	其中：（元） 人工费	材料费	机械费	管理费	利润	小计
	3-82	内墙面抹1:3水泥砂浆	m²	85.9	412.32	352.19	37.80			
		合计			412.32	352.19	37.80	272.79	64.18	1139.28

【例2】 某宾馆玻璃隔断带电子感应自动门，其隔断为12mm厚钢化玻璃，边框为不锈钢，12mm厚钢化玻璃门，带有电磁感应装置一套（日本ABA）。

1. 经业主根据施工图计算：

(1) 12mm 厚钢化玻璃隔断 10.8m²

(2) 电子感应门一樘

分部分项工程量清单

工程名称：某工程　　　　　　　　　　　　　　　　　　　　　　　　　　第　页 共　页

序号	项目编码	项目名称	计量单位	工程数量
1	020209001001	隔断： 玻璃隔断 12mm厚钢化玻璃 边框为不锈钢 0.8mm厚 玻璃胶嵌缝	m²	10.8

续表

序号	项目编码	项目名称	计量单位	工程数量
2	020404001001	电子感应门 电磁感应器（日本 ABA） 钢化玻璃门 12mm 厚	樘	1

2. 投标人根据施工图及施工方案计算：

（1）玻璃隔断：

1）12mm 厚钢化玻璃隔断，工程量为 10.8m²

　　人工费：16.53 元/m² × 10.8m² = 178.52 元

　　材料费：322.14 元/m² × 10.8m² = 3479.11 元

　　机械费：17.08 元/m² × 10.8m² = 184.46 元

2）不锈钢边框，工程量为 1.26m²

　　人工费：28.57 元/m² × 1.26m² = 36.00 元

　　材料费：434.58 元/m² × 1.26m² = 547.57 元

　　机械费：19.18 元/m² × 1.26m² = 24.17 元

3）综合

　　直接费合计：4449.83 元

　　管理费：　　4449.83 × 34% = 1512.94 元

　　利润：　　　4449.83 × 8% = 355.99 元

　　总计：　　　4449.83 + 1512.94 + 355.99 = 6318.76 元

　　综合单价：　6318.76 元 ÷ 10.8m² = 585.07 元/m²

（2）电子感应门：

1）电子感应玻璃门电磁感应装置，一套

　　人工费：72.90 元/套 × 1 套 = 72.90 元

　　材料费：15012.26 元/套 × 1 套 = 15012.26 元

　　机械费：3.02 元/套 × 1 套 = 3.02 元

2）12mm 厚钢化玻璃门，其工程量 9.6m²

　　人工费：45.58 元/m² × 9.6m² = 437.57 元

　　材料费：909.95 元/m² × 9.6m² = 8735.52 元

　　机械费：29.36 元/m² × 9.6m² = 281.86 元

3）综合

　　直接费合计：24543.13 元

　　管理费　　　24543.13 × 34% = 8344.66 元

　　利润：　　　24543.13 × 8% = 1963.45 元

　　总计：　　　24543.13 + 8344.66 + 1963.45 = 34851.24 元

　　综合单价：　34851.24 ÷ 1 樘 = 34851.24 元/樘

分部分项工程量清单

工程名称：某工程　　　　　　　　　　　　　　　　　　　　　　　　　　　　第　页　共　页

序号	项目编码	项目名称	计量单位	工程数量	金额（元） 综合单价	金额（元） 合价
1	020209001001	隔断： 玻璃隔断 12mm厚钢化玻璃 边框为不锈钢 0.8mm厚 玻璃胶嵌缝	m²	10.8	585.07	6318.76
2	020404001001	电子感应门 电磁感应器 （日本ABA） 钢化玻璃门 12mm厚	樘	1	34851.24	34851.24
		合计				41170

分部分项工程量清单综合单价计算表

工程名称：某工程　　　　　　　　　　　　　　　　　　　　　　　　　计量单位：m²
项目编码：020209001001　　　　　　　　　　　　　　　　　　　　　　工程数量：10.8
项目名称：隔断　　　　　　　　　　　　　　　　　　　　　　　　　　综合单价：585.07

序号	定额编号	工程内容	单位	数量	其中：（元） 人工费	材料费	机械费	管理费	利润	小计
	4-35	钢化玻璃隔断 （12mm厚）	m²	10.8	178.52	3479.11	184.46			
	6-60	不锈钢玻璃边框	m²	1.26	36	547.57	24.17			
		合计			214.52	4026.68	208.63	1512.94	355.99	6318.76

分部分项工程量清单综合单价计算表

工程名称：某工程　　　　　　　　　　　　　　　　　　　　　　　　　计量单位：樘
项目编码：020404001001　　　　　　　　　　　　　　　　　　　　　　工程数量：1
项目名称：电子感应门　　　　　　　　　　　　　　　　　　　　　　　综合单价：34851.24

序号	定额编号	工程内容	单位	数量	其中：（元） 人工费	材料费	机械费	管理费	利润	小计
	6-67	电子感应门电磁感应装置	套	1	72.9	15012.26	3.02			
	6-64	12mm厚钢化玻璃门	m²	9.6	437.57	8735.52	281.86			
		合计			510.47	23747.78	284.88	8344.66	1963.45	34851.24

三、B.3　顶棚工程工程量清单设置与计价举例

【例】　某工程有一套三室一厅商品房，其客厅为不上人型轻钢龙骨石膏板顶棚，如图所示，龙骨间距为450mm×450mm。

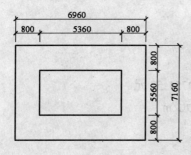 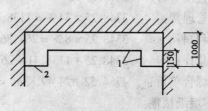

1—金属墙纸；2—织锦缎贴面

1. 经业主根据施工图计算：
(1) 顶棚龙骨工程量为 $6.96 \times 7.16 = 49.83 m^2$
(2) 墙纸工程量为：$5.36 \times 5.56 + 5.36 \times 2 \times 0.15 + 5.56 \times 2 \times 0.15 = 33.08 m^2$
(3) 织锦缎：$6.96 \times 7.16 - 5.36 \times 5.56 = 20.03 m^2$

分部分项工程量清单

工程名称：某工程　　　　　　　　　　　　　　　　　　　　　　第　页　共　页

序号	项目编码	项目名称	计量单位	工程数量
1	020302001001	顶棚吊顶 龙骨类型为跌级，不上人型 材料为轻钢 U形 间距为 450mm×450mm 面层：石膏板	m^2	49.83
2	020509001001	墙纸裱糊 基层为石膏板 裱糊顶棚 对花	m^2	33.08
3	020509002001	织锦缎裱糊 基层为石膏板 裱糊顶棚 无海绵底	m^2	20.03

2. 投标人根据施工图及施工方案计算：
(1) 顶棚吊顶
1) U形轻钢龙骨不上人型，双层，面板规格 $0.5m^2$ 以外
　　人工费：$6.42 元/m^2 \times 49.83 m^2 = 319.91$ 元
　　材料费：$30.12 元/m^2 \times 49.83 m^2 = 1500.88$ 元
　　机械费：$1.94 元/m^2 \times 49.83 m^2 = 96.67$ 元
2) 石膏板面层，安装在U型龙骨上面，工程量 $53.11 m^2$
　　人工费：$4.62 元/m^2 \times 53.11 m^2 = 245.37$ 元
　　材料费：$21.52 元/m^2 \times 53.11 m^2 = 1142.93$ 元
　　机械费：$0.80 元/m^2 \times 53.11 m^2 = 42.49$ 元
3) 综合
　　直接费合计：3348.25 元
　　管理费：　　$3348.25 \times 34\% = 1138.41$ 元
　　利润：　　　$3348.25 \times 8\% = 267.86$ 元
　　总计：　　　$3348.25 + 1138.41 + 267.86 = 4754.52$ 元
　　综合单价：　$4754.52 元 \div 49.83 m^2 = 95.42 元/m^2$
(2) 墙纸裱糊
1) 顶棚粘贴墙纸，对花

人工费：5.96 元/m² × 33.08m² = 197.16 元
材料费：20.85 元/m² × 33.08m² = 689.72 元
机械费：0.82 元/m² × 33.08m² = 27.13 元

2) 综合
直接费合计：914.01 元
管理费：　914.01 × 34% = 310.76 元
利润：　　914.01 × 8% = 73.12 元
总计：　　914.01 + 310.76 + 73.12 = 1297.89 元
综合单价：1297.89 元 ÷ 33.08m² = 39.23 元/m²

(3) 织绵缎裱糊

1) 顶棚粘贴织锦缎，无海绵底
人工费：8.11 元/m² × 20.03m² = 162.44 元
材料费：42.89 元/m² × 20.03m² = 859.07 元
机械费：1.56 元/m² × 20.03m² = 31.25 元

2) 综合
直接费合计：1052.76 元
管理费：　1052.76 × 34% = 357.94 元
利润：　　1052.76 × 8% = 84.22 元
总计：　　1052.76 + 357.94 + 84.22 = 1494.92 元
综合单价：1494.92 元 ÷ 20.03m² = 74.63 元/m²

分部分项工程量清单计价表

工程名称：某工程　　　　　　　　　　　　　　　　　　　　　　第　页 共　页

序号	项目编码	项目名称	计量单位	工程数量	金额（元） 综合单价	合价
1	020302001001	顶棚吊顶 龙骨类型为跌级，不上人型 材料为轻钢 U形 间距为 450mm × 450mm 面层：石膏板	m²	49.83	95.42	4754.52
2	020509001001	墙纸裱糊 基层为石膏板 裱糊顶棚 对花	m²	33.08	39.23	1297.89
3	020509002001	织锦缎裱糊 基层为石膏板 裱糊顶棚 无海绵底	m²	20.03	74.63	1494.92
		总计				7547.33

分部分项工程量清单综合单价计算表

工程名称：某工程　　　　　　　　　　　　　　　　　　　　　　　计量单位：m²
项目编码：020302001001　　　　　　　　　　　　　　　　　　　　　工程数量：49.83
项目名称：顶棚吊顶　　　　　　　　　　　　　　　　　　　　　　　综合单价：95.42

序号	定额编号	工程内容	单位	工程数量	其中：（元）					
					人工费	材料费	机械费	管理费	利润	小计
	2-11	U形轻钢龙骨不上人型吊顶双层，面板规格0.5m²以外	m²	49.83	319.91	1500.88	96.67			
	2-70	石膏板面层（安装在U形龙骨上面）	m²	53.11	245.37	1142.93	42.49			
		总计			565.28	2643.81	139.16	1138.41	267.86	4754.52

分部工程工程量清单综合单价计算表

工程名称：某工程　　　　　　　　　　　　　　　　　　　　　　　计量单位：m²
项目编码：020509001001　　　　　　　　　　　　　　　　　　　　　工程数量：33.08
项目名称：墙纸裱糊　　　　　　　　　　　　　　　　　　　　　　　综合单价：39.23

序号	定额编号	工程内容	单位	工程数量	其中：（元）					
					人工费	材料费	机械费	管理费	利润	小计
	2-115	顶棚粘贴墙纸，对花	m²	33.08	197.16	689.72	27.13			
		总计			197.16	689.72	27.13	310.76	73.12	1297.89

分部分项工程量清单综合单价计算表

项目名称：某工程　　　　　　　　　　　　　　　　　　　　　　　计量单位：m²
项目编码：020509002001　　　　　　　　　　　　　　　　　　　　　工程数量：20.03
项目名称：织锦缎裱糊　　　　　　　　　　　　　　　　　　　　　　综合单价：74.63

序号	定额编号	工程内容	单位	工程数量	其中：（元）					
					人工费	材料费	机械费	管理费	利润	小计
	2-119	顶棚粘贴织锦缎，无海绵底	m²	20.03	162.44	859.07	31.25			
		总计			162.44	859.07	31.25	357.94	84.22	1494.92

四、B.4 门窗工程工程量清单设置与计价举例

【例1】 某工程有两樘卷闸门，如下图所示，卷闸门宽为3500mm，安装于洞口高2900mm的车库门口，提升装置为电动。

1. 业主根据施工图计算：

铝合金卷闸门为两樘

分部分项工程量清单

工程名称：某工程　　　　　　　　　　　　　　　　　　　　　　　　第　页 共　页

序号	项目编码	项目名称	计量单位	工程数量
1	020403001001	金属卷闸门 铝合金卷闸门 框外围尺寸为3.5m×2.9m 启动装置为电动	樘	2

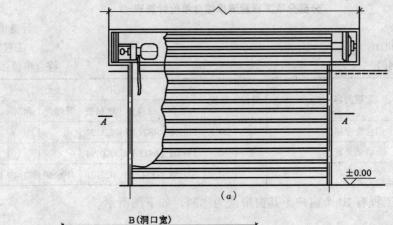

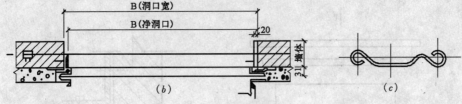

铝合金卷帘门简图

2. 投标人根据施工图及施工方案计算：

(1) 铝合金卷闸门，工程量为 $2.9 \times 3.5 = 10.15m^2 \times 2 = 20.3m^2$

　　1) 人工费：$26.53 元/m^2 \times 20.3m^2 = 538.56 元$

　　2) 材料费：$236.91 元/m^2 \times 20.3m^2 = 4809.27 元$

　　3) 机械费：$10.9 元/m^2 \times 20.3m^2 = 221.27 元$

(2) 电动装置，二套

　　1) 人工费：　$69.51 元/套 \times 2 套 = 139.02 元$

　　2) 材料费：　$3216.92 元/套 \times 2 套 = 6433.84 元$

　　3) 机械费：　$100.47 元/套 \times 2 套 = 200.94 元$

(3) 综合

　　1) 直接费合计：12342.9 元

　　2) 管理费：　$12342.9 \times 34\% = 4196.59 元$

　　3) 利润：　　$12342.9 \times 8\% = 987.43 元$

　　4) 总计：　　$12342.9 + 4196.59 + 987.43 = 17526.92 元$

　　5) 综合单价：$17526.92 元 \div 2 樘 = 8763.46 元/樘$

分部分项工程量清单计价表

工程名称：某工程

序号	项目编码	项目名称	计量单位	工程数量	综合单价	合价
1	020403001001	金属卷闸门 铝合金卷闸门 框外围尺寸为 3.5m×2.9m 启动装置为电动	樘	2	8763.46	17526.92

分部分项工程量清单综合单价计算表

工程名称：某工程　　　　　　　　　　　　　　　　　　　　计量单位：樘
项目编码：020403001001　　　　　　　　　　　　　　　　　　工程数量：2
项目名称：金属卷闸门　　　　　　　　　　　　　　　　　　综合单价：8763.46

序号	定额编号	工程内容	单位	数量	其中：（元）					
					人工费	材料费	机械费	管理费	利润	小计
1	6-91	铝合金卷闸门	m²	20.3	538.56	4809.27	221.27			
	6-94	电动装置	套	2	139.02	6433.84	200.94			
		合计			677.58	11243.11	422.21	4196.59	987.43	17526.92

【例2】　某工程有20个窗户，其窗帘盒为木制，如下图所示。

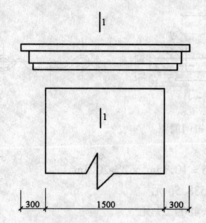
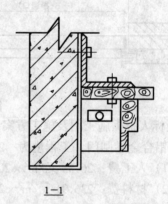

1. 业主根据施工图计算：

窗帘盒工程量为：$(1.5+0.3\times2)\times20=42m$

分部分项工程量清单

工程名称：某工程　　　　　　　　　　　　　　　　　　　　　　　　第　页　共　页

序号	项目编码	项目名称	计量单位	工程数量
1	020408001001	木窗帘盒 硬木 单轨道 明装	m	42

2. 投标人根据施工图及施工方案计算：

(1) 明装硬木单轨窗帘盒

　　1) 人工费：11.89元/m × 42m = 499.38元

　　2) 材料费：31.52元/m × 42m = 1323.84元

　　3) 机械费：3.61元/m × 42m = 151.62元

(2) 综合

　　1) 直接费合计：1974.84元

　　2) 管理费：　1974.84 × 34% = 671.45元

3) 利润：　　1974.84×8% = 157.99元
4) 总计：　　1974.84 + 671.45 + 157.99 = 2804.28元
5) 综合单价：2804.28元 ÷ 42m = 66.77元/m

分部分项工程量清单计价表

序号	项目编码	项目名称	计量单位	工程数量	金额（元）	
					综合单价	合价
1	020408001001	木窗帘盒 硬木 单轨道 明装	m	42	66.77	2804.28

分部分项工程量清单综合单价计算表

工程名称：某工程　　　　　　　　　　　　　　　　　　计量单位：m
项目编码：020408001001　　　　　　　　　　　　　　　工程数量：42
项目名称：木窗帘盒　　　　　　　　　　　　　　　　　综合单价：66.77

序号	定额编号	工程内容	单位	数量	其中　　　（元）					
					人工费	材料费	机械费	管理费	利润	小计
	6-133	明装硬木单轨窗帘盒	m	42	499.38	1323.84	151.62			
		合计			499.38	1323.84	151.62	671.45	157.99	2804.28

五、B.5 油漆、涂料、裱糊工程工程量清单设置与计价举例

【例】 已知某工程单层木窗长1.8m，宽1.8m，共64樘，润油粉，刮一遍腻子，调合漆三遍，磁漆一遍。

1. 业主根据施工图计算

$$木窗油漆工程量 = 1樘 \times 64 = 64樘$$

分部分项工程量清单

工程名称：某工程　　　　　　　　　　　　　　　　　　　　　第　页　共　页

序号	项目编码	项目名称	计量单位	工程数量
1	020502001001	窗油漆 窗类型：单层推拉窗 刮一遍腻子 润滑粉 调合漆三遍 磁漆一遍	樘	64

2. 投标人根据施工图及施工方案计算

(1) 单层木窗涂润油粉，刮一遍腻子，一遍调合漆，二遍磁漆，其工程量为：1.8m × 1.8m × 64 = 207.36m²

1) 人工费：12.32元/m² × 207.36m² = 2554.68元
2) 材料费：10.71元/m² × 207.36m² = 2220.83元

3）机械费：0.70 元/m² × 207.36m² = 145.15 元

(2) 单层木窗增加两遍调合漆

1）人工费：1.61 元/m² × 207.36m² × 2 = 667.70 元

2）材料费：2.66 元/m² × 207.36m² × 2 = 1103.16 元

3）机械费：0.13 元/m² × 207.36m² × 2 = 53.91 元

(3) 单层木窗减少一遍磁漆

1）人工费：2.15 元/m² × 207.36m² = 445.82 元

2）材料费：3.02 元/m² × 207.36m² = 626.23 元

3）机械费：0.16 元/m² × 207.36m² = 33.18 元

(4) 综合

1）直接费合计：5640.2 元

2）管理费：5640.2 × 34% = 1917.67 元

3）利润：5640.2 × 8% = 451.22 元

4）合计：5640.2 + 1917.67 + 451.22 = 8009.09 元

5）综合单价：8009.09 元 ÷ 64 樘 = 125.14 元/樘

分部分项工程量清单计价表

工程名称：某工程　　　　　　　　　　　　　　　　　　　　　　　第　页　共　页

序号	项目编码	项目名称	计量单位	工程数量	金额（元）	
					综合单价	合价
1	020502001001	窗油漆 窗类型：单层推拉窗 刮一遍腻子 润滑粉 调合漆三遍 磁漆一遍	樘	64	125.14	8009.09

分部分项工程量清单综合单价计算表

工程名称：某工程　　　　　　　　　　　　　　　　　　　　　　　计量单位：樘
项目编码：020502001001　　　　　　　　　　　　　　　　　　　　工程数量：64
项目名称：窗油漆　　　　　　　　　　　　　　　　　　　　　　　综合单价：125.14

序号	定额编号	工程内容	单位	工程数量	其中：（元）					
					人工费	材料费	机械费	管理费	利润	小计
	11-61	单层木窗涂润油粉，刮一遍腻子，一遍调合漆，二遍磁漆	m²	207.36	2554.68	2220.83	145.15			
	11-154	单层木窗增加两遍调合漆	m²	207.36	667.70	1103.16	53.91			
	11-176	单层木窗减少一遍磁漆	m²	207.36	-445.82	-626.23	-33.18			
		总计			2776.56	2697.76	165.88	1917.67	451.22	8009.09

六、B.6 其他工程工程量清单设置与计价举例

【例1】 某工程有单间客房15间，卫生间内有大理石洗漱台、车边镜面玻璃及毛巾架等配件，尺寸如下：大理石台板 1400mm × 500mm × 20mm，侧板宽度 200mm，开单孔；

台板磨半圆边；玻璃镜1400（宽）mm×1120（高）mm，不带框，毛巾架为不锈钢架，1只/间

1. 业主根据施工图计算

(1) 大理石洗漱台工程量：$1.4 \times 0.5 \times 15 = 10.50 m^2$

(2) 镜面玻璃工程量：$1.4 \times 1.12 \times 15 = 23.52 m^2$

(3) 不锈钢毛巾架工程量：$1 \times 15 = 15$ 套

分部分项工程量清单

工程名称：某工程　　　　　　　　　　　　　　　　　　　　第　页　共　页

序号	项目编码	项目名称	计量单位	工程数量
1	020603001001	洗漱台 大理石洗漱台 大理石台板：1400mm×500mm×20mm 侧板：宽度200mm 开单孔 台板磨半圆边	m²	10.50
2	020603009001	镜面玻璃 尺寸为1400mm×1120mm 不带框 镜面车边玻璃6mm	m²	23.52
3	020603005001	毛巾架 不锈钢毛巾架	套	15

分部分项工程量清单计价表

工程名称：某工程　　　　　　　　　　　　　　　　　　　　第　页　共　页

序号	项目编码	项目名称	计量单位	工程数量	金额（元） 综合单价	金额（元） 合价
1	020603001001	洗漱台 大理石洗漱台 大理石台板，规格为1400mm×500mm×20mm 侧板宽200mm 开单孔 台板磨半圆边	m²	10.50	672.11	7057.2
2	020603009001	镜面玻璃 尺寸为1400mm×1120mm 不带框 镜面车边玻璃6mm	m²	23.52	140.89	3313.78
3	020603005001	毛巾架 不锈钢毛巾架	套	15	86.34	1295.04
		总计				11666.02

2. 投标人根据施工图及施工方案计算
(1) 洗漱台：
1) 大理石洗漱台，带下柜，1.4×15 = 21m
　　人工费：55.27元/m × 21m = 1160.67元
　　材料费：174.07元/m × 21m = 3655.47元
　　机械费：7.32元/m × 21m = 153.72元
2) 综合单价：
　　直接费合计：4969.86元
　　管理费：　　4969.86 × 34% = 1689.75元
　　利润：　　　4969.86 × 8% = 397.59元
　　总计：　　　4969.86 + 1689.75 + 397.59 = 7057.2元
　　综合单价：　7057.2元 ÷ 10.50m^2 = 672.11元/m^2

(2) 镜面玻璃：
1) 镜子
　　人工费：4.24元/m^2 × 23.52m^2 = 99.72元
　　材料费：92.09元/m^2 × 23.52m^2 = 2165.96元
　　机械费：2.89元/m^2 × 23.52m^2 = 67.97元
2) 综合单价
　　直接费合计：2333.65元
　　管理费：　　2333.65 × 34% = 793.44元
　　利润：　　　2333.65 × 8% = 186.69元
　　总计：　　　2333.65 + 793.44 + 186.69 = 3313.78元
　　综合单价：　3313.78元 ÷ 23.52m^2 = 140.89元/m^2

(3) 毛巾架：
1) 不锈钢毛巾架
　　人工费：7.17元/套 × 15套 = 107.55元
　　材料费：51.91元/套 × 15套 = 778.65元
　　机械费：1.72元/套 × 15套 = 25.8元
2) 综合：
　　直接费合计：912元
　　管理费：　　912 × 34% = 310.08元
　　利润：　　　912 × 8% = 72.96元
　　总计：　　　912 + 310.08 + 72.96 = 1295.04元
　　综合单价：　1295.04元 ÷ 15套 = 86.34元/套

【例2】 某厂厂区旗杆，混凝土 C20 基础 3000mm × 800mm × 300mm，砖基座 3500mm × 1000mm × 300mm，基座面层贴芝麻白 20mm 厚花岗石板，3 根不锈钢管（0Cr18Ni19），每根长 12.192m，ϕ63.5，壁厚 1.2mm。
1. 业主根据施工图计算：
(1) 土方 0.84m^3，回填土 0.64m^3，余土运输 0.2m^3

分部分项工程量清单综合单价计算表

工程名称：某工程　　　　　　　　　　　　　　　　　　　　　　　计量单位：m²
项目编码：020603001001　　　　　　　　　　　　　　　　　　　　工程数量：10.50
项目名称：洗漱台　　　　　　　　　　　　　　　　　　　　　　　　综合单价：672.11

序号	定额编号	工程内容	单位	数量	其中：（元）					
					人工费	材料费	机械费	管理费	利润	小计
	10-63	大理石洗漱台，带下柜	m	21	1160.67	3655.47	153.72			
		总计			1160.67	3655.47	153.72	1689.75	397.59	7057.2

分部分项工程量清单综合单价计算表

工程名称：某工程　　　　　　　　　　　　　　　　　　　　　　　计量单位：m²
项目编码：020603009001　　　　　　　　　　　　　　　　　　　　工程数量：23.52
项目名称：镜面玻璃　　　　　　　　　　　　　　　　　　　　　　综合单价：140.89

序号	定额编号	工程内容	单位	数量	其中：（元）					
					人工费	材料费	机械费	管理费	利润	小计
	10-79	镜子	m²	23.52	99.72	2165.96	67.97			
		总计			99.72	2165.96	67.97	793.44	186.69	3313.78

分部分项工程量清单综合单价计算表

工程名称：某工程　　　　　　　　　　　　　　　　　　　　　　　计量单位：套
项目编码：020603005001　　　　　　　　　　　　　　　　　　　　工程数量：15
项目名称：毛巾架　　　　　　　　　　　　　　　　　　　　　　　综合单价：86.34

序号	定额编号	工程内容	单位	数量	其中：（元）					
					人工费	材料费	机械费	管理费	利润	小计
	10-53	不锈钢毛巾架	套	15	107.55	778.65	25.8			
					107.55	778.65	25.8	310.08	72.96	1295.04

（2）混凝土 C20 旗杆基础体积 0.72m³
（3）砖基座砌筑体积 0.60m³
（4）芝麻白花岗石 500mm×500mm，台座面层 6.24m²
（5）3 根不锈钢旗杆 0.93kg/m×36.58m＝34.02kg

分部分项工程量清单

工程名称：某工程　　　　　　　　　　　　　　　　　　　　　　　　　　第　页　共　页

序号	项目编码	项目名称	计量单位	工程数量
1	020605002001	金属旗杆 混凝土 C20 基础 300×800×300 砖基座 3500×1000×300 基底面层 20mm 厚花岗石板 500×500 不锈钢管（0Cr18Ni19） 每根长 12.19m，ϕ63.5 壁厚 1.2mm	根	3

2. 投标人根据施工图及施工方案计算：

（1）人工挖基坑，工程量 0.84m³

　　1）人工费：13.21 元/m³ × 0.84m³ ＝ 11.10 元

2）材料费：——

3）机械费：——

(2) 余土外运，工程量 0.2m³

 1）人工费：3.00 元/m³ × 0.2m³ = 0.6 元

 2）材料费：——

 3）机械费：17.37 元/m³ × 0.2m³ = 3.47 元

(3) 回填土，夯填，工程量 0.64m³

 1）人工费：6.10 元/m³ × 0.64m³ = 3.90 元

 2）材料费：——

 3）机械费：0.72 元/m³ × 0.64m³ = 0.46 元

(4) 混凝土 C20 独立基础，工程量 0.72m³

 1）人工费：30.61 元/m³ × 0.72m³ = 22.04 元

 2）材料费：189.38 元/m³ × 0.72m³ = 136.35 元

 3）机械费：13.47 元/m³ × 0.72m³ = 9.70 元

(5) 砌筑砌基座、工程量 0.6m³

 1）人工费：34.51 元/m³ × 0.6m³ = 20.71 元

 2）材料费：126.57 元/m³ × 0.6m³ = 75.94 元

 3）机械费：4.05 元/m³ × 0.6m³ = 2.43 元

(6) 芝麻白花岗石台座面层，工程量 6.24m²

 1）人工费：20.35 元/m² × 6.24m² = 126.98 元

 2）材料费：282.28 元/m² × 6.24m² = 1761.43 元

 3）机械费：11.62 元/m² × 6.24m² = 72.51 元

(7) 不锈钢旗杆制作安装，工程量 34.02kg

 1）人工费：52.49 元/t × 0.034t = 1.78 元

 2）材料费：5180.66 元/t × 0.034t = 176.14 元

 3）机械费：23.26 元/t × 0.034t = 0.79 元

分部分项工程量清单计价表

工程名称：某工程   第 页 共 页

序号	项目编码	项目名称	单位	数量	金额（元）	
					综合单价	合价
1	020605002001	金属旗杆 混凝土 C20 基础 300×800×300 砖基座 3500×1000×300 基座面层 20mm 厚花岗石 板 500×500 不锈钢管（0Cr18Ni19） 每根长 12.19m，φ63.5 壁厚 1.2mm	根	3	1148.46	3445.39

(8) 综合：

 直接费合计：2426.33 元

 管理费： 2426.33 × 34% = 824.95 元

 利润： 2426.33 × 8% = 194.11 元

总计：　　　　　2426.33 + 824.95 + 194.11 = 3445.39 元

综合单价：　3445.39 元 ÷ 3 根 = 1148.46 元/根

分部分项工程量清单综合单价计算表

工程名称：某工程　　　　　　　　　　　　　　　　　　　　　　　　　计量单位：根
项目编码：020605002001　　　　　　　　　　　　　　　　　　　　　工程数量：3
项目名称：金属旗杆　　　　　　　　　　　　　　　　　　　　　　　综合单价：1148.46

序号	定额编号	工程内容	单位	数量	其中：（元）					
					人工费	材料费	机械费	管理费	利润	小计
	建筑1-3	人工挖基坑	m³	0.84	11.10	—	—			
	建筑1-15	余土外运	m³	0.2	0.6	—	3.47			
	建筑1-7	回填土（夯填）	m³	0.64	3.90	—	0.46			
	建筑5-7	混凝土C20独立基础	m³	0.72	22.04	136.35	9.7			
	建筑4-1	砌筑砖基座	m³	0.6	20.71	75.94	2.43			
	1-199	芝麻白花岗岩台座面层	m²	6.24	126.98	1761.43	72.51			
	建筑11-1	不锈钢旗杆制作安装	t	0.034	1.78	176.14	0.79			
		合　计			187.11	2149.86	89.36	824.95	194.11	3445.39

第二节　某区小别墅室内装饰工程量清单报价示例

一、小别墅室内装饰工程设计说明

（一）工程概况

该小别墅工程为一楼一底二层砖混结构工程，建筑面积 147.60m²，240 厚标准砖墙，室内外地坪高差 450mm，工程施工图如图 3-3-1～图 3-2-3 所示。

（二）房间名称

1. 底层

(1) 建筑物正立面进屋后有一门斗间（轴线尺寸为 1800mm×1200mm）。

(2) 带弧形窗的房间为客厅。

(3) 客厅左边是居室一（轴线尺寸为 4800mm×3900mm）。

(4) 有洗面器、坐便器、浴盆的房间是卫生间。

(5) 有水池、灶台、案板设施的房间是厨房。

(6) 楼梯间在卫生间边上（轴线尺寸为 3600mm×2400mm）。

(7) 底层过道（轴线尺寸为 4400mm×1800mm）。

2. 二层

(1) 楼梯间位置及尺寸同底层。

(2) 过道位置及尺寸同底层。
(3) 居室二紧靠过道（轴线尺寸为 4400mm × 3900mm）。
(4) 最后一个房间是居室三（轴线尺寸为 4800mm × 3900mm）。
(5) 其余为上人屋面。
（三）门窗洞口尺寸见表 3-2-1

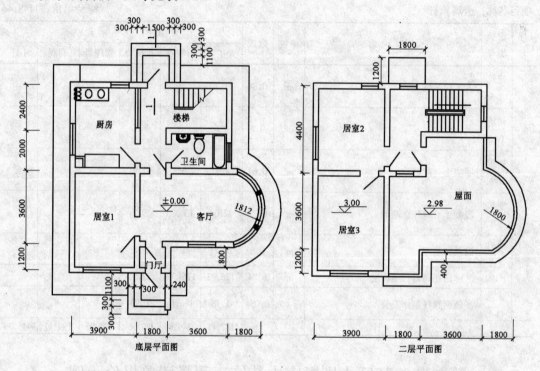

图 3-2-1　小别墅工程施工图（1）

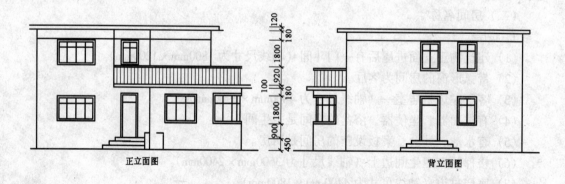

图 3-2-2　小别墅工程施工图（2）

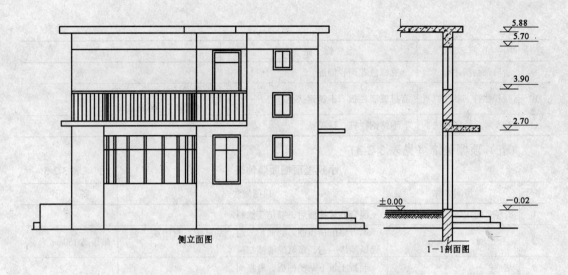

图 3-2-3 小别墅工程施工图（3）

小别墅门窗洞口尺寸表　　　　　　　　　　　　　　　　　表 3-2-1

序号	名　称	宽（mm）	高（mm）	数量	所　在　部　位	备　注
1	铝合金弧形窗	5213（弧长）	1800	1	底层客厅	铝合金窗用5mm厚蓝色玻璃，铝合金隔断用5mm厚白玻璃
2	铝合金推拉窗	2100	1800	2	居室一、三	
3	铝合金平开窗	1800	1800	3	厨房、客厅、居室二	
4	铝合金平开窗	900	1800	5	厨房、居室二、二层过道两端头	
5	铝合金固定窗	900	900	3	楼梯间	
6	金属防盗门	900	2700	3	底层前、后门、二层上人屋面门	
7	胶合板门	900	2000	6	厨房、进门厅、居室一、居室二、居室三	
8	百叶胶合板门	900	2000	1	卫生间	
9	铝合金玻璃隔断	2100	2000	1	厨　房	

（四）楼地面装饰（见表 3-2-2）

小别墅楼地面装饰表　　　　　　　　　　　　　　　　　表 3-2-2

序号	房间名称	装　饰　做　法	备　注
1	门斗地面	铺橡胶绒地毯	不扣除挂衣柜所占面积
2	客　厅	浅红色花岗石地面	
3	居室一	浅灰色大理石地面	
4	厨房、卫生间	浅棕色防滑地砖	不扣除坐便器、洗面器、灶台、案板、水池所占面积，扣除浴盆所占面积
5	过　道	米黄色地砖	包括上下两层过道和底层楼梯间地面
6	楼　梯	铺化纤地毯（固定式）	包括踏步和休息平台
7	居室二、三	硬木地板、刷底油一遍、地板漆二遍	企口板条硬木地板铺在毛地板上
8	踢脚板	除门斗间、楼梯间、休息平台为瓷砖外，其余做法同地面材料	踢脚板高为150mm

续表

序号	房间名称	装饰做法	备注
9	台阶及台阶平台	豆绿色花岗岩饰面	
10	楼梯栏杆、扶手	有机玻璃栏板、不锈钢扶手	梯栏杆水平长：2400mm 楼梯高：3000mm
11	上人屋面栏杆、扶手	不锈钢栏杆、扶手	

（五）顶棚装饰（见表 3-2-3）

小别墅顶棚面装饰表　　　　　　表 3-2-3

序号	房间名称	顶棚做法	备注
1	厨房、门斗间、过道、梯间	混合砂浆抹面后，喷仿瓷涂料	
2	卫生间	木方格吊顶顶棚，润油粉二遍，刮腻子，封闭漆一遍，聚氨酯漆一遍，聚氨酯清漆二遍	吊顶高 150mm
3	居室一	混凝土板下贴矿棉板，彩喷面	
4	客厅	T形铝合金龙骨上安装胶合板面（水面柳），底油一遍，调合漆二遍，磁漆二遍	吊顶高 150mm
5	居室二、三	混凝土板下吊方木楞龙骨，水曲柳胶合板面层，刷底油，刮一遍腻子，调合漆二遍	吊顶高 150mm

（六）墙面装饰（见表 3-2-4）

小别墅墙面装饰表　　　　　　表 3-2-4

序号	房间名称	墙面顶棚做法	备注
1	厨房	1800mm 高白底淡花瓷砖墙裙，其余墙面混合砂浆抹面后喷仿瓷涂料	室内窗台距地面 900mm 高
2	卫生间	米黄色瓷砖（150mm×200mm）墙面到顶	
3	客厅	混合砂浆抹面后贴仿锦缎壁纸	
4	居室一	混合砂浆抹面后彩色喷涂面	
5	居室二、三	水曲柳胶合板护壁板，润油粉刮一遍腻子，调合漆一遍，磁漆三遍	
6	其余墙面	混合砂浆抹面后喷仿瓷涂料	

（七）其他装饰

1．客厅、居室、卫生间内安装硬木窗帘盒（双轨），窗帘盒长按窗洞口尺寸再加 500mm 计算。

2．卫生间设塑料镜箱一个，不锈钢毛巾杆一根。

（八）有关尺寸

1．除底层客厅、卫生间、门斗间层高为 2.98m 外，其余层高均为 3.00m。

2．上人屋面板厚 100mm，非上人屋面板厚 120mm，其他楼板厚 120mm。

3．砖墙厚均为 240mm。

4．浴盆尺寸为 680mm×1700mm×450mm。

5．楼梯间水平投影尺寸：

（1）休息平台：1200mm×2160mm

（2）楼梯踏步：2160mm×2400mm

6．胶合板门运输距离：6km。

二、小别墅室内装饰工程

工程量清单

招　标　人　：(单位签字盖章)

法 定 代 表 人：(签字盖章)

中介机构法定代表人：(签字盖章)

造价工程师及注册证号：(签字盖执业专用章)

编 制 时 间 ：× 年 × 月 × 日

总 说 明

工程名称：某区小别墅室内装饰工程　　　　　　　　　第　页　共　页

1. 工程概况：该小别墅工程为一楼一底二层砖混结构工程，建筑面积 147.60m^2，240mm 厚标准砖墙，室内外地坪高差 450mm。底层建筑物正立面进屋后有一门斗间，带弧形窗的房间为客厅，客厅左边是居室一，有洗面器、坐便器、浴盆的房间是卫生间，有水池、灶台等设施的房间是厨房，卫生间边上是楼梯间，二层有一个楼梯间、二个居室，其余为上人屋面；

2. 招标范围：室内装饰；

3. 工程质量要求：优良工程；

4. 工程量清单编制依据：

4.1 由××市建筑工程设计事务所设计的施工图一套；

4.2 由××房地产开发公司编制的《××楼建筑工程施工招标书》、《××楼建筑工程招标答疑》；

4.3 工程量清单计量按照国标《建设工程工程量清单计价规范》编制。

5. 因工程质量要求优良，故所有材料必须持有市以上有关部门颁布的《产品合格证书》及价格在中档以上的建筑材料。

分部分项工程量清单

工程名称：某区小别野室内装饰工程　　　　　　　　　　　　　第　页　共　页

序号	项目编码	项目名称	计量单位	工程数量
\multicolumn{5}{c}{B.1　楼地面工程}			
1	020104001001	楼地面地毯,门斗间橡胶绒地毯,单层	m^2	1.82
2	020102001001	石材楼地面,客厅浅红色花岗石地面,拼花,600×600×20	m^2	21.62
3	020102001002	石材楼地面,居室一浅灰色大理石地面,400×400×20	m^2	16.69
4	020102002001	块料楼地面,厨房、卫生间浅棕色防滑地砖,600×600	m^2	19.98
5	020102002002	块料楼地面,米黄色地砖,一层、二层过道及底层楼梯间地面,建筑胶砂浆粘贴,单块规格500×500	m^2	20.76
6	020106005001	地毯楼梯面,楼梯踏步及休息平台铺化纤地毯,固定式	m^2	7.78
7	020104002001	竹木地板,居室二、三企口板条硬木地板,铺在毛地板上,使用CY-401粘结剂,润油粉,刮一遍腻子,调合漆一遍,磁漆一遍	m^2	32.25
8	020105002001	石材踢脚线,客厅花岗石踢脚线,浅红色,150mm高	m^2	2.83
9	020105002002	石材踢脚线,居室一大理石踢脚线,浅灰色,150mm高	m^2	2.47
10	020105003001	块料踢脚线,过道、门斗间、底层楼梯间瓷砖踢脚线,150mm高	m^2	4.19
11	020108001001	石材台阶面,豆绿色花岗石台阶,400×400×20,建筑胶砂浆粘结	m^2	6.38
12	020102001003	石材楼地面,豆绿色花岗石地面,400×400×20,建筑胶砂浆粘贴	m^2	1.58
13	020107001001	金属扶手带栏杆、栏板,楼梯不锈钢扶手,有机玻璃栏板	m	6.86
14	020107001001	金属扶手带栏杆、栏板,上人屋面不锈钢栏杆、扶手	m	14.25
\multicolumn{5}{c}{B.2　墙、柱面工程}			
15	020204003001	块料墙面,厨房瓷砖墙裙,砖墙,内墙,用砂浆粘贴	m^2	22.17
16	020204003002	块料墙面,卫生间米黄瓷砖墙面,砖墙,内墙,粉状胶粘剂粘贴	m^2	26.07
17	020207001001	装饰板墙面,居室二、三水曲柳(胶合板)护壁,厚3mm,润油粉,刮一遍腻子,调合漆一遍,磁漆三遍	m^2	80.15
18	020201001001	墙面一般抹灰,砖墙面抹混合砂浆	m^2	193.86
19	020209001001	隔断,铝合金框,5mm厚白玻璃	m^2	4.2
\multicolumn{5}{c}{B.3　顶棚工程}			
20	020301001001	顶棚抹灰,顶棚抹混合砂浆,现浇板面	m^2	45.78
21	020302001001	顶棚吊顶,卫生间木方格吊顶,吊顶高150mm,润油粉二遍,刮腻子,封闭漆一遍,聚氨酯漆一遍,聚氨酯清漆二遍	m^2	5.91
22	020302001002	顶棚吊顶,T型铝合金龙骨,面层为胶合板(水曲柳)吊顶高150mm,刷底油,刮一遍腻子,调合漆二遍,磁漆二遍	m^2	21.62
23	020302001003	顶棚吊顶,居室二、三混凝土板下带方木楞龙骨,胶合板面层,吊顶高150mm,刷底油,刮一遍腻子,调合漆二遍	m^2	31.92
24	020302001004	顶棚吊顶,居室一混凝土板下粘贴矿棉板	m^2	16.69
\multicolumn{5}{c}{B.4　门窗工程}			
25	020406002001	金属平开窗,铝合金平开窗,一樘5213×1800,三樘1800×1800,五樘900×1800,玻璃均为5mm厚蓝色玻璃	樘	9
26	020406001001	金属推拉窗,铝合金推拉窗,2100×1800,玻璃为5mm厚蓝色玻璃	樘	2
27	020406003001	金属固定窗,铝合金固定窗,900×900玻璃为5mm厚蓝色玻璃	樘	3

续表

序号	项目编码	项目名称	计量单位	工程数量
28	020402006001	防盗门,金属防盗门,900×2700,钢框	樘	3
29	020401004001	胶合板门,900×2000,带暗插销,刷一遍底油,两遍调合漆	樘	6
30	02040104002	胶合板门,百叶胶合板门,900×2000,带暗插销,刷底油,两遍清漆	樘	1
31	020408001001	木窗帘盒,硬木窗帘盒,双轨,刷一遍底油,两遍清漆	m	16.91
		B.5 油漆、涂料、裱糊工程		
32	020507001001	刷喷涂料,厨房、卫生间等顶棚喷聚氨脂液体瓷,一道底瓷二道面瓷	m²	45.78
33	020507001002	刷喷涂料,厨房、卫生间等墙面喷仿瓷涂料	m²	116.17
34	020507001003	刷喷涂料,居室一墙面喷多彩涂料	m²	41.77
35	020507001004	刷喷涂料,居室一顶棚矿棉板彩喷	m²	16.69
36	020509002001	织绵缎裱糊,客厅仿锦缎壁纸,整体裱糊	m²	35.92
		B.6 其他工程		
37	020603010001	镜箱,卫生间镜箱,材料为塑料	个	1
38	020603005001	毛巾杆,卫生间不锈钢毛巾杆	根	1

措施项目清单

工程名称:某区小别墅室内装饰工程　　　　　　　　　　　　　　第　页 共　页

序号	项目名称	金额(元)
	装饰装修工程	
1	脚手架费	
2	环境保护费	
3	文明、安全施工费	
4	临时设施费	
5	室内空气污染测试费	
	合　计	

其他项目清单

工程名称:某区小别墅室内装饰工程　　　　　　　　　　　　　　第　页 共　页

序号	项目名称	金额(元)
1	招标人项目	
	预留金	
	材料购置费	
	小　计	
2	投标人部分	
	总承包服务费	
	零星工作项目费	
	小　计	
	合　计	

零星工作项目表

工程名称：某区小别墅室内装修工程　　　　　　　　　　　　　　　　第　页　共　页

序号	名　　　称	计量单位	数量
	装饰装修工程		
1	人工		
1.1			
	小　　计		
2	材料		
2.1			
	小　　计		
3	机械		
3.1			
	小　　计		

装饰装修工程量计算式

序号	工程项目及名称	单位	数量
	直接费项目		
1	建筑面积： 　　　　147.60m^2	m^2	147.60
2	门斗间橡胶绒地毯： $S=(1.2-0.24)\times(1.8-0.24)=1.5m^2$ 门洞开口部分：$0.9(门宽)\times 0.24\times 1.5个=0.32m^2$	m^2	1.82
3	客厅浅红色花岗石地面： $S=(1.812-0.24)^2\times\pi\times\dfrac{1}{2}+(1.8+3.6-0.12)\times(3.6-0.24)=21.62m^2$	m^2	21.62
4	居室一浅灰色大理石地面： $S=(3.9-0.24)\times(1.2+3.6-0.24)$ 　$=16.69m^2$	m^2	16.69
5	厨房、卫生间浅棕色防滑地砖 $S_{厨房}=(2+2.4-0.24)\times(3.9-0.24)$ 　　　$=15.23m^2$ $S_{卫生间}=(3.6-0.24)\times(2-0.24)-(0.68\times 1.7)(浴缸)$ 　　　　$=5.91-1.16=4.75m^2$ 合计：$15.23+4.75=19.98m^2$	m^2	19.98
6	过道米黄色地砖，一层、二层过道及底层楼梯间地面 $S=(1.8-0.24)\times(2+2.4-0.24)\times 2+(2.4-0.24)\times 3.6$ 　$=20.76m^2$	m^2	20.76

续表

序号	工程项目及名称	单位	数量
	直接费项目		
7	楼梯踏步及休息平台铺化纤地毯,固定式 $S = 2.16 \times 2.4(踏步) + 1.2 \times 2.16(平台)$ $\quad = 7.78 m^2$	m^2	7.78
8	居室二、三企口板条硬木地板,铺在毛地板上, $S_{居室} = (1.2 + 3.6 - 0.24) \times (3.9 - 0.24) + 0.9 \times 0.24 \times 0.5$ $\quad = 16.69 + 0.11 = 16.8 m^2$ $S_{居室} = (4.4 - 0.24) \times (3.9 - 0.24) + 0.9 \times 0.24$ $\quad = 15.23 + 0.22 = 15.45 m^2$ 合计:$16.8 + 15.45 = 32.25 m^2$	m^2	32.25
9	客厅花岗石踢脚,150mm 高 $S = [(1.8 + 3.6 - 0.12) \times 2 + (3.6 - 0.24) + (1.812 - 0.24) \times 2\pi \times \frac{1}{2})] \times 0.15$ $\quad = 18.86 \times 0.15$ $\quad = 2.83 m^2$	m^2	2.83
10	居室一大理石踢脚: $S = [(1.2 + 3.6 - 0.24) + (3.9 - 0.24)] \times 2 \times 0.15$ $\quad = 16.44 \times 0.15 = 2.47 m^2$	m^2	2.47
11	过道、门斗间、底层楼梯间瓷砖踢脚线 $S = \{[(1.8 - 0.24) \times 2 + (4.4 - 0.24) + 2] \times 2 + 3.6 \times 2 + (2.4 - 0.24)\} \times 0.15$ $\quad = 27.92 \times 0.15 = 4.19 m^2$	m^2	4.19
12	豆绿色花岗石台阶 $S_{后门} = (1.5 + 0.3 \times 4) \times (1.1 + 0.3 + 0.3) - (1.1 - 0.3) \times (1.5 - 0.3 \times 2)$ $\quad = 4.59 - 0.72$ $\quad = 3.87 m^2$ $S_{前门} = (1.8 + 0.3 - 0.12) \times (1.1 + 0.3 \times 2) - (1.1 - 0.3) \times (1.8 - 0.3 \times 2 - 0.12)$ $\quad = 3.37 - 0.86$ $\quad = 2.51 m^2$ 合计:$3.87 + 2.51 = 6.38 m^2$	m^2	6.38
13	豆绿色花岗石地面: $S_{后门} = (1.1 - 0.3) \times (1.5 - 0.3 \times 2) = 0.72 m^2$ $S_{前门} = (1.1 - 0.3) \times (1.8 - 0.3 \times 2 - 0.12) = 0.86$ 合计:$0.72 + 0.86 = 1.58 m^2$	m^2	1.58
14	楼梯不锈钢扶手,有机玻璃栏板 $L = \sqrt{2.4^2 + 1.5^2} \times 2 + 2.4 \times \frac{1}{2} = 6.86 m$	m	6.86

续表

序号	工程项目及名称	单位	数量
	直 接 费 项 目		
15	上人屋面不锈钢栏杆,扶手 $L = 1.8 + 1.2 + 3.6 + 1.8 \times 2 \times \pi \times \frac{1}{2} + 2$ $= 14.25m$	m	14.25
16	厨房瓷砖墙裙 $S = (3.9 - 0.24 + 4.4 - 0.24) \times 2 \times 1.8 - 0.9 \times 1.8(门洞) - 1.8 \times 0.9(窗) - 0.9 \times 0.9(窗)$ $- (2 + 1.8 + 0.12 - 3)(隔断) \times 2.1$ $= 22.17m^2$	m^2	22.17
17	卫生间米黄瓷砖墙面,150mm×200mm $S = (3.6 - 0.24 + 2 - 0.24) \times 2 \times (2.98 - 0.1) - 0.9 \times 1.8 - 0.9 \times 2$ $= 26.07m^2$	m^2	26.07
18	居室二、三水曲柳胶合板 $S = [(3.9 - 0.24) + 4.8 - 0.24) \times 2 + (3.9 - 0.24 + 4.4 - 0.24) \times 2] \times (3 - 0.12) - 0.9 \times 2$ $\times 2 - (2.1 \times 1.8 + 1.8 \times 1.8 + 0.9 \times 1.8)$ $= 80.15m^2$	m^2	80.15
19	厨房、客厅、居室一、门斗、走道、楼梯墙面混合砂浆抹面 $S_{厨房} = (4.4 - 0.24 + 3.9 - 0.24) \times 2 \times (3.0 - 0.12) - 0.9 \times 2 - (1.8 \times 1.8 + 0.9 \times 1.8) -$ $\quad 22.17$ $\quad = 16.21$ $S_{客厅} = 35.92m^2$ $S_{居室一} = (3.9 - 0.24 + 4.8 - 0.24) \times 2 \times (3.0 - 0.12) - 0.9 \times 2 - 2.1 \times 1.8$ $\quad = 41.77m^2$ $S_{门斗} = (1.8 - 0.24 + 1.2 - 0.24) \times 2 \times (2.98 - 0.1)$ $\quad = 14.52m^2$ $S_{走道、楼梯间} = (4.4 - 0.24 + 3.6 + 1.8 - 0.24) \times 2 \times (6 - 0.12 \times 2) - (0.9 \times 2.7 \times 2 + 0.9 \times 2.0 \times$ $\quad 4) - (0.9 \times 1.8 \times 2 + 0.9 \times 0.9 \times 3) - 2.1 \times 2$ $\quad = 85.44m^2$ 合计:$16.21 + 35.92 + 41.77 + 14.52 + 85.44 = 193.86m^2$	m^2	193.86
20	铝合金玻璃隔断,用5mm厚白玻璃 $S = 2.10 \times 2.00 = 4.2m^2$	m^2	4.2
21	厨房、门斗、过道、楼梯间等顶棚抹混合砂浆 $S_{厨房} = (4.4 - 0.24) \times (3.9 - 0.24) = 15.23m^2$ $S_{门斗} = (1.8 - 0.24) \times (1.2 - 0.24) = 1.5m^2$ $S_{过道} = (1.8 - 0.24) \times (4.4 - 0.24) \times 2 = 12.98m^2$ $S_{楼梯间} = 3.6 \times (2.4 - 0.24) = 7.78m^2$ $S_{楼梯底} = (2.4 - 0.24) \times 3.84 = 8.29m^2$ 合计:$15.23 + 1.5 + 12.98 + 7.78 + 8.29 = 45.78m^2$	m^2	45.78

续表

序号	工程项目及名称	单位	数量
	直 接 费 项 目		
22	卫生间木方格顶棚,顶棚高 150mm $S = (3.6 - 0.24) \times (2.0 - 0.24) = 5.91\text{m}^2$	m²	5.91
23	居室一混凝土板下贴矿棉板,彩喷 $S = (3.9 - 0.24) \times (1.2 + 3.6 - 0.24) = 16.69\text{m}^2$	m²	16.69
24	客厅 T 型铝合金龙骨上安装胶合板面(水曲柳),顶棚高 150mm $S = (1.812 - 0.24)^2 \times \pi \times \frac{1}{2} + (1.8 + 3.6 - 0.12) \times (3.6 - 0.24)$ $= 21.62\text{m}^2$	m²	21.62
25	居室二、三混凝土板下吊方木楞龙骨,水曲柳胶合板面层,吊顶高 150mm $S = (4.4 - 0.24) \times (3.9 - 0.24) + (1.2 + 3.6 - 0.24) \times (3.9 - 0.24)$ $= 31.92\text{m}^2$	m²	31.92
26	铝合金平开窗 $n = 1 + 5 + 3 = 9$ 樘 $S_\text{弧} = 5.213 \times 1.8 = 9.38\text{m}^2$ $S_\text{其他} = 1.8 \times 1.8 \times 3 + 0.9 \times 1.8 \times 5 = 17.82\text{m}^2$	樘	9
27	铝合金推拉窗 $n = 2$ $S = 2.1 \times 1.8 \times 2 = 7.56\text{m}^2$	樘	2
28	铝合金固定窗 $n = 3$ $S = 0.9 \times 0.9 \times 3 = 2.43\text{m}^2$	樘	3
29	金属防盗门 $n = 3$ $S = 0.9 \times 2.7 \times 3 = 7.29\text{m}^2$	樘	3
30	胶合板门 $n = 6$ $S = 0.9 \times 2.0 \times 6 = 10.8\text{m}^2$	樘	6
31	百叶胶合板门 $n = 1$ $S = 0.9 \times 2.0 \times 1 = 1.8\text{m}^2$	樘	1
32	客厅、居室硬木窗帘盒 $L_\text{客厅} = 1.8 + 0.5 + 5.213 + 0.5 = 8.013\text{m}$ $L_\text{居室} = 2.1 + 0.5 = 2.6\text{m}$ $L_\text{居室} = 0.9 + 0.5 + 1.8 + 0.5 = 3.7\text{m}$ $L_\text{居室} = 2.1 + 0.5 = 2.6\text{m}$ 合计:$8.013 + 2.6 + 3.7 + 2.6 = 16.91\text{m}$	m	16.91

续表

序号	工程项目及名称	单位	数量
	直接费项目		
33	厨房、门斗、过道、楼梯间等顶棚仿瓷涂料 $S_{厨房} = (4.4-0.24) \times (3.9-0.24) = 15.23 m^2$ $S_{门斗} = (1.8-0.24) \times (1.2-0.24) = 1.5 m^2$ $S_{过道} = (1.8-0.24) \times (4.4-0.24) \times 2 = 12.98 m^2$ $S_{楼梯间} = 3.6 \times (2.4-0.24) = 7.78 m^2$ $S_{楼梯底} = (2.4-0.24) \times 3.84 = 8.29 m^2$ 合计:15.23 + 1.5 + 12.98 + 7.78 + 8.29 = 45.78 m^2	m^2	45.78
34	厨房、门斗、过道、楼梯间等墙面喷仿瓷涂料 $S_{厨房} = (4.4-0.24+3.9-0.24) \times 2 \times (3-0.12) - 0.9 \times 2 - (1.8 \times 1.8 + 0.9 \times 1.8) - 22.17$ $= 16.21 m^2$ $S_{门斗} = (1.8-0.24+1.2-0.24) \times 2 \times (2.98-0.10)$ $= 14.52 m^2$ $S_{走道、梯间} = (4.4-0.24+3.6+1.8-0.24) \times 2 \times (6.0-0.12 \times 2) - (0.9 \times 2.7 \times 2 + 0.9 \times 2$ $+ 41 - 10.9 \times 1.8 \times 2 + 0.9 \times 0.9 \times 3) - 2.1 \times 2$ $= 85.44 m^2$ 合计:16.21 + 14.52 + 85.44 = 116.17 m^2	m^2	116.17
35	客厅仿锦缎壁纸 $S = (18.68+0.12 \times 2) \times (2.98-0.1-0.15) - 0.9 \times 2.0 \times 2 - (1.8 \times 1.8 + 5.213 \times 1.8)$ $= 35.42 m^2$	m^2	35.42
36	居室一墙面彩喷 $S = (3.9-0.24+4.8-0.24) \times 2 \times (3.0-0.12) - 0.9 \times 2 - 2.1 \times 1.8$ $= 41.77 m^2$	m^2	41.77
37	卫生间镜箱 $n = 1$	个	1
38	卫生间不锈钢毛巾杆 $n = 1$	根	1
	综合措施费项目		
	略		

三、小别墅室内装饰工程

工程量清单报价表

投　标　人　：(单位签字盖章)

法　人　代　表　：(签字盖章)

造价工程师及证号：(签字盖执业专用章)

编　制　时　间　：_____

投 标 总 价

建设单位：_____

工程名称：<u>某区小别墅室内装饰工程</u>

投标总价（小写）：_____

（大写）：_____

投 标 人：_____（单位签字盖章）

法定代表人：_____（签字盖章）

编 制 时 间：_____

单位工程费汇总表

工程名称：某区小别墅室内装饰工程

序号		
1	分部分项工程费合计	略
2	措施项目费	略
3	其他项目费合计	略
4	规费	略
5	税金	略
	合　　计	略

总 说 明

工程名称：某区小别墅室内装饰工程　　　　　　　　　　第　页　共　页

1. 工程概况：该小别墅工程为一楼一底二层砖混结构工程，建筑面积 147.60m^2，240mm 厚标准砖墙，室内外地坪高差 450mm，底层建筑物正立面进屋后有一门斗间，带弧形窗的房间为客厅，客厅左边是居室一，有洗面器、坐便器、浴盆的房间是卫生间，有水池、灶台等设施的房间是厨房，卫生间边上是楼梯间，二层有一个楼梯间、二个居室，其余为上人屋面；

2. 招标范围：室内装饰；

3. 工程质量要求：优良工程；

4. 工程量清单编制依据：

    4.1 由××市建筑工程设计事务所设计的施工图一套；

    4.2 由××房地产开发公司编制的《××楼建筑工程施工招标书》、《××楼建筑工程招标答疑》；

    4.3 工程量清单计量按照国标《建设工程工程量清单计价规范》编制；

    4.4 市场材料价格参照××市建设工程造价管理站×年×月发布的材料价格及结合市场调查后，综合取定；

5. 因工程质量要求优良，故所有材料必须持有市以上有关部门颁布的《产品合格证书》及价格在中档以上的建筑材料。

分部分项工程量清单计价表

工程名称：某区小别墅室内装饰工程

序号	项目编码	项目名称	计量单位	工程数量	综合单价	合价
	B.1 楼地面工程						
1	020104001001	楼地面地毯，门斗间橡胶绒地毯，单层	m²	1.82	77.29	140.66
2	020102001001	石材楼地面，客厅浅红色花岗石地面，拼花，600×600×20	m²	21.62	456.54	9870.49
3	020102001002	石材楼地面，居室一浅灰色大理石地面，400×400×20	m²	16.69	265.17	4425.7
4	020102002001	块料楼地面，厨房、卫生间浅棕色防滑地砖，600×600	m²	19.98	98.58	1969.55
5	020102002002	块料楼地面，米黄色地砖，一层、二层过道及底层楼梯间地面，建筑胶砂浆粘贴，单块规格500×500	m²	20.76	95.79	1988.67
6	020106005001	地毯楼梯面，楼梯踏步及休息平台铺化纤地毯，固定式	m²	7.78	121.25	943.35
7	020104002001	竹木地板，居室二、三企口板条硬木地板，铺在毛地板上，使用CY-401粘结剂，润油粉，刮一遍腻子，调合漆一遍，磁漆一遍	m²	32.25	300.57	9693.43
8	020105002001	石材踢脚线，客厅花岗石踢脚线，浅红色，150mm高	m²	2.83	391.40	1107.67
9	020105002002	石材踢脚线，居室一大理石踢脚线，浅灰色，150mm高	m²	2.47	382.49	944.76
10	020105003001	块料踢脚线，过道、门斗间、底层楼梯间瓷砖踢脚线，150mm高	m²	4.19	312.34	1308.71
11	020108001001	石材台阶面，豆绿色花岗石台阶，400×400×20，建筑胶砂浆粘结	m²	6.38	446.24	2846.98
12	020102001003	石材楼地面，豆绿色花岗石地面，400×400×20，建筑胶砂浆粘结	m²	1.58	290.92	459.66
13	020107001001	金属扶手带栏杆、栏板，楼梯不锈钢扶手，有机玻璃栏板	m	6.86	590.84	4053.13
14	020107001002	金属扶手带栏杆、栏板，上人屋面不锈钢栏杆、扶手	m	14.25	495.77	7064.75
	B.2 墙、柱面工程						
15	020204003001	块料墙面，厨房瓷砖墙裙，砖墙，内墙，砂浆粘贴	m²	22.17	51.39	1139.31
16	020204003002	块料墙面，卫生间米黄瓷砖墙面，砖墙，内墙，粉状胶粘剂粘贴	m²	26.07	71.37	1860.6
17	020207001001	装饰板墙面，居室二、三水曲柳（胶合板）护壁，厚3mm，润油粉，刮一遍腻子，调合漆一遍，磁漆三遍	m²	80.15	73.91	5923.96
18	020201001001	墙面一般抹灰，砖墙面抹混合砂浆	m²	193.86	8.55	1657.19
19	020209001001	隔断，铝合金框，5mm厚白玻璃	m²	4.2	311.99	1310.34
	B.3 顶棚工程						
20	020301001001	顶棚抹灰，顶棚抹混合砂浆，现浇板面	m²	45.78	8.50	389.11
21	020302001001	顶棚吊顶，卫生间木方格吊顶，吊顶高150mm，润油粉二遍，刮腻子，封闭漆一遍，聚氨酯漆一遍，聚氨酯清漆二遍	m²	5.91	89.10	526.57
22	020302001002	顶棚吊顶，T型铝合金龙骨，面层为胶合板（水曲柳）吊顶高150mm，刷底油，刮一遍腻子，调合漆二遍，磁漆二遍	m²	21.62	130.02	2810.97
23	020302001003	顶棚吊顶，居室二、三混凝土板下吊方木楞龙骨，胶合板面层，吊顶高150mm，刷底油，刮一遍腻子，调合漆二遍	m²	31.92	105.96	3382.24
24	020302001004	顶棚吊顶，居室一混凝土板下粘贴矿棉吸音板	m²	16.69	52.03	868.36
	B.4 门窗工程						
25	020406002001	金属平开窗，铝合金平开窗，一樘5213×1800，三樘1800×1800，五樘900×1800，玻璃均为5mm厚蓝色玻璃	樘	9	1442.78	12985.01

续表

序号	项目编码	项目名称	计量单位	工程数量	金额(元) 综合单价	金额(元) 合价
26	020406001001	金属推拉窗,铝合金推拉窗2100×1800,玻璃为5mm厚蓝色玻璃	樘	2	1514.2	3028.4
27	020406003001	金属固定窗,铝合金固定窗900×900,玻璃为5mm厚蓝色玻璃	樘	3	239.92	719.76
28	020402006001	防盗门,金属防盗门,900×2700,钢框	樘	3	1321.03	3963.08
29	020401004001	胶合板门,900×2000,带暗插销,刷一遍底油,两遍调合漆	樘	6	593.18	3559.05
30	020401004002	胶合板门,百叶胶合板门,带暗插销900×2000,刷底油,两遍清漆	樘	1	595.1	595.1
31	020408001001	木窗帘盒,硬木窗帘盒,双轨,刷一遍底油,两遍清漆	m	16.91	90.27	1526.46
B.5 油漆、涂料、裱糊工程						
32	020507001001	刷喷涂料,厨房、卫生间等顶棚喷聚氨脂液体瓷,一道底瓷二道面瓷	m^2	45.78	14	640.97
33	020507001002	刷喷涂料,厨房、卫生间等墙面喷仿瓷涂料	m^2	116.17	13.89	1613.32
34	020507001003	刷喷涂料,居室一墙面喷多彩涂料	m^2	41.77	14.38	600.83
35	020507001004	刷喷涂料,居室一顶棚矿棉板彩喷	m^2	16.69	11.23	187.47
36	020509002001	织绵缎裱糊,客厅仿绵缎壁纸,整体裱糊	m^2	35.42	108.67	3849.09
B.6 其他工程						
37	020603010001	镜箱,卫生间镜箱,材料为塑料	个	1	280.25	280.25
38	020603005001	毛巾杆,卫生间不锈钢毛巾杆	根	1	86.33	86.33

措施项目清单计价表

工程名称:某区小别墅室内装饰工程

序号	项目名称	金额(元)
	装饰装修工程	
1	脚手架费	略
2	环境保护费	略
3	文明、安全施工费	略
4	临时设施费	略
5	室内空气污染测试费	略
	合　计	略

其他项目清单计价表

工程名称:某区小别墅室内装饰工程　　　　　　　　　　　　第　页　共　页

序号		金额(元)
1	招标人部分	
	预留金	略
	材料购置费	略
	小　　计	略

续表

序号	项目名称	金额(元)
2	投标人部分	
	总承包服务费	略
	零星工作项目费	略
	小　计	略
	合　计	略

零星工作项目表

工程名称：某区小别墅室内装修工程　　　　　　　　　第　页　共　页

序号	名　称	计量单位	数量	金额(元)	
				综合单价	合价
	装饰装修工程				
1	人工				
1.1		略	略	略	略
	小　计				
2	材料				
2.1			略	略	略
	小　计				
3	机械				
3.1			略	略	略
	小　计	略	略	略	略

分部分项工程量清单综合单价分析表

工程名称：某区小别墅室内装饰工程　　　　　　　　　第　页　共　页

序号	项目编码	项目名称	定额编号	工程内容	单位	数量	其中：(元)					综合单位	合价
							人工费	材料费	机械费	管理费	利润		
1	020104001001	楼地面地毯			m²	1.82						77.29	140.66
			1-111	门斗间铺地毯	m²	1.82	24.42	71.71	2.93	33.68	7.92		140.66
2	020102001001	石材楼地面			m²	21.62						456.54	9870.49
			1-67	花岗石地面,拼花	m²	21.62	368.62	6361.04	221.39	2363.36	556.08		9870.49
3	020102001002	石材楼地面			m²	16.69						265.17	4425.7
			1-62	大理石地面	m²	16.69	229.32	2784.06	103.31	1059.67	249.34		4425.7
4	020102002001	块料楼地面			m²	19.98						98.58	1969.55
			1-57	浅棕色防滑地砖	m²	19.98	140.06	1198.60	48.35	471.58	110.96		1969.55
5	020102002002	块料楼地面			m²	20.76						95.79	1988.67
			1-53	地砖(0.16m²/块以外)	m²	20.76	232.10	1118.34	50.03	476.16	112.04		1988.67

续表

序号	项目编码	项目名称	定额编号	工程内容	单位	数量	人工费	材料费	机械费	管理费	利润	综合单价	合价
6	020106005001	地毯楼梯面			m²	7.78						121.25	943.35
			1-155	楼梯铺地毯(满铺)	m²	7.78	188.04	456.61	19.68	225.87	53.15		943.35
7	020104002001	竹木地板			m²	32.25						300.57	9693.43
			1-80	硬木长条地板(粘铺)	m²	32.25	777.87	5453.80	228.65	2196.51	516.83		9173.66
			11-64	润油粉,刮一遍腻子,调合漆一遍,磁漆二遍	m²	32.25	277.67	175.12	13.87	158.66	37.33		662.65
			11-179	减一遍磁漆	m²	32.25	-48.70	-49.02	-2.90	-34.21	-8.05		-142.88
8	020105002001	石材踢脚线			m²	2.83						391.40	1107.67
			1-174	花岗石踢脚线	m	18.86	53.00	700.27	26.78	265.22	62.40		1107.67
9	020105002002	石材踢脚线			m²	2.47						382.49	944.76
			1-173	大理石踢脚线	m	16.44	42.74	600.39	22.19	226.21	53.23		944.76
10	020105003001	块料踢脚线			m²	4.19						312.34	1308.71
			1-177	金属(钒钛)瓷砖踢脚线	m	27.92	64.77	825.59	31.27	313.35	73.73		1308.71
11	020108001001	石材台阶面			m²	6.38						446.24	2846.98
			1-199	光面花岗石台阶	m²	6.38	129.83	1800.95	74.14	681.67	160.39		2846.98
12	020102001003	石材楼地面			m²	1.58						290.92	459.66
			1-65	花岗石楼地面	m²	1.58	21.80	291.27	10.63	110.06	25.90		459.66
13	020107001001	金属扶手带栏杆、栏板			m	6.86						590.84	4053.13
			7-11	楼梯不锈钢栏杆有机玻璃栏板,直形	m²	6.17	194.79	1468.15	54.60	583.96	137.40		2438.9
			7-48	楼梯不锈钢扶手,(直形)	m	6.86	33.55	1058.02	45.21	386.5	90.94		1614.23
14	020107001002	金属扶手带栏杆、栏板			m	14.25						495.77	7064.75
			7-31	上人屋面不锈钢栏杆	m²	12.83	203.74	2631.18	93.66	995.72	234.29		4158.59
			7-62	上人屋面不锈钢扶手	m	14.25	60.28	1904.94	81.37	695.84	163.73		2906.16
15	020204003001	块料墙面			m²	22.17						51.39	1139.31
			3-144	厨房瓷砖墙裙	m²	22.17	300.40	476.88	25.05	272.79	64.19		1139.31
16	020204003002	块料墙面			m²	26.07						71.37	1860.6
			3-145	卫生间米黄瓷砖墙面	m²	26.07	349.86	920.53	39.89	445.50	104.82		1860.6
17	020207001001	装饰板墙面			m²	80.15						73.91	5923.96
			3-166	胶合板(3mm厚)	m²	80.15	673.26	1976.50	112.21	939.07	220.96		3922
			11-64	润油粉,刮一遍腻子,调合漆一遍,磁漆二遍	m²	80.15	690.09	435.21	34.46	394.32	92.78		1646.86

续表

序号	项目编码	项目名称	定额编号	工程内容	单位	数量	人工费	材料费	机械费	管理费	利润	综合单位	合价
			11-179	增加一遍磁漆	m²	80.15	121.03	121.83	7.21	85.02	20.01		355.1
18	020201001001	墙面一般抹灰			m²	193.86						8.55	1657.19
			3-77	砖墙抹混合砂浆	m²	193.86	709.53	393.54	63.97	396.79	93.36		1657.19
19	020209001001	隔断			m²	4.2						311.99	1310.34
			4-34	玻璃隔断	m²	4.2	63.25	1018.33	68.38	390.99	92.00		1310.34
20	020301001001	顶棚抹灰			m²	45.78						8.50	389.11
			2-97	混凝土顶棚抹灰	m²	45.78	183.12	80.57	10.53	93.17	21.92		389.11
21	020302001001	顶棚吊顶			m²	5.91						89.10	526.57
			2-1	卫生间木方格吊顶	m²	5.91	28.01	119.44	4.67	51.72	12.17		216.07
			11-196	木方格吊顶刷油	m²	5.91	96.63	90.3	5.73	65.5	15.41		273.57
			11-211	减一遍聚氨酯漆	m²	5.91	10.05	15.19	0.77	8.84	2.08		36.93
22	020302001002	顶棚吊顶			m²	21.62						130.02	2810.97
			2-43	T型铝合金双层龙骨	m²	21.62	139.23	762.32	43.89	321.45	75.64		1342.53
			2-63	胶合板装在龙骨上	m²	21.62	102.91	625.68	22.27	255.29	60.70		1066.85
			11-46	胶合板刷漆	m²	21.62	104.64	104.21	6.49	73.22	17.23		305.79
			11-179	增加一遍磁漆	m²	21.62	32.65	32.86	1.95	22.94	5.40		95.8
23	020302001003	顶棚吊顶			m²	31.92						105.96	3382.24
			2-2	方木楞龙骨	m²	31.92	175.88	996.22	37.03	411.10	96.73		1716.96
			2-66	胶合板面层	m²	31.92	98.63	827.37	28.41	324.50	76.35		1355.26
			11-46	胶合板刷漆	m²	31.92	154.49	153.85	9.58	108.09	25.43		451.44
			11-179	减少一遍磁漆	m²	31.92	-48.20	-48.52	-2.87	-33.86	-7.97		-141.42
24	020302001004	顶棚吊顶			m²	16.69						52.03	868.36
			2-80	粘贴矿棉板	m²	16.69	102.64	490.69	18.19	207.92	48.92		868.36
25	020406002001	金属平开窗			樘	9						1442.78	12985.01
			6-31	铝合金平开窗	m²	27.2	381.89	8487.76	274.72	3109.09	731.55		12985.01
26	020406001001	金属推拉窗			樘	2						1514.2	3028.4
			6-33	铝合金推拉窗	m²	7.56	89.51	1979.06	64.11	725.11	170.61		3028.4
27	020406003001	金属固定窗			樘	3						239.92	719.76
			6-35	铝合金固定窗	m²	2.43	22.16	469.45	15.26	172.34	40.55		719.76
28	020402006001	防盗门			樘	3						1321.03	3963.08
			6-74	金属防盗门	m²	7.29	96.96	2609.38	84.56	948.91	223.27		3963.08
29	020401004001	胶合板门			樘	6						593.18	3559.05
			6-2	胶合板门	m²	10.8	98.82	2043.25	65.45	750.56	176.60		3134.68
			6-104	胶合板门暗插销	个	6	23.1	142.62	5.04	58.06	13.66		242.48
			11-1	底油,二遍调合漆	m²	10.8	60.16	64.15	3.78	43.55	10.25		181.89
30	020401004002	胶合板门			樘	1						595.1	595.1
			6-2	百叶胶合板门	m²	1.80	16.47	340.54	10.91	125.09	29.43		522.44
			6-104	暗插销	个	1	3.85	23.77	0.84	9.68	2.28		40.42
			11-17	底油,二遍清漆	m²	1.8	12.44	9.59	0.67	7.72	1.82		32.24
31	020408001001	木窗帘盒			m	16.91						90.27	1526.46

续表

序号	项目编码	项目名称	定额编号	工程内容	单位	数量	人工费	材料费	机械费	管理费	利润	综合单价	合价
			6-134	硬木窗帘盒	m	16.91	218.82	722.06	67.13	342.72	80.64		1413.37
			11-25	底油,二遍清漆	m	16.91	50.73	14.20	2.03	22.77	5.36		95.09
32	020507001001	刷喷涂料			m²	45.78						14	640.97
			2-113	聚氨脂液体瓷	m²	45.78	76.45	361.66	13.28	153.47	36.11		640.97
33	020507001002	刷喷涂料			m²	116.17						13.89	1613.32
			3-109	墙面喷仿瓷涂料	m²	116.17	123.14	979.31	33.69	386.29	90.89		1613.32
34	020507001003	刷喷涂料			m²	41.77						14.38	600.83
			3-108	墙面彩喷	m²	41.77	51.78	358.39	12.95	143.86	33.85		600.83
35	020507001004	刷喷涂料			m²	16.69						11.23	187.47
			2-111	顶棚矿棉板彩喷	m²	16.69	24.03	104.15	3.84	44.89	10.56		187.47
36	020509002001	织绵缎裱糊			m²	35.42						108.67	3849.16
			3-123	客厅仿绵缎壁纸	m²	35.42	228.10	2402.18	80.40	921.63			3849.16
37	020603010001	镜箱			个	1						280.25	280.25
			10-67	塑料镜箱	套	1	18.84	172.91	5.61	67.10	15.79		280.25
38	020603005001	毛巾杆			根	1						86.33	86.33
			10-53	不锈钢毛巾杆	套	1	7.17	51.91	1.72	20.67	4.86		86.33

措施项目费分析表

工程名称:某区小别墅室内装饰工程　　　　　　　　　　　　　第 页 共 页

序号	措施项目名称	单位	数量	人工费	材料费	机械费	管理费	利润	小计
	装饰装修工程								
2.1	脚手架费								
2.2	环境保护费	略	略	略	略	略	略	略	略
2.3	文明、安全施工费								
2.4	临时设施费								
2.5	室内空气污染测试费								
	合　计								

主要材料价格表

工程名称:某小别墅室内装饰工程　　　　　　　　　　　　　第 页 共 页

序号	材料编号	名称规格	单位	数量	单价(元)	合价(元)